지금 **북극**은

What is happening in the Arctic?

제2권 북극, 인문지리 공간

지금 북극은
What is happening in the Arctic?
제2권 북극, 인문지리 공간

2021년 8월 20일 초판 1쇄 인쇄
2021년 8월 31일 초판 1쇄 발행

엮은이 배재대학교 한국-시베리아센터
글쓴이 김정훈, 라미경, 한종만, 양정훈, 박성현, 계용택, 이양경 · 최우익, 서승현, 김자영, 방민규
펴낸이 권혁재

편집 조혜진
출력 성광인쇄
인쇄 성광인쇄

펴낸곳 학연문화사
등록 1988년 2월 26일 제2-501호
주소 서울시 금천구 가산동 371-28 우림라이온스밸리 B동 712호
전화 02-2026-0541~4
팩스 02-2026-0547
E-mail hak7891@chol.net

책값은 뒷표지에 있습니다.
잘못된 책은 바꾸어 드립니다.

ISBN 978-89-5508-441-2 94960

이 총서는 정부재원(교육부)으로 한국연구재단의 지원을 받아 출판되었음(NRF-2019S1A8A101759)
This Book was supported by the National Research Foundation of Korea Grant funded by the Korean Government(MOE)(NRF-2019S1A8A8101759)

지금 **북극**은

What is happening in the Arctic?

제2권 북극, 인문지리 공간

학연문화사

목 차

1. 북극권의 인문지리 현황 분석 : 러시아를 중심으로 김정훈 ·················· 7

2. 스발바르조약 100주년의 함의와 북극권 안보협력의 과제 라미경 ················ 45

3. 북부해항로(NSR)와 러시아의 해양 안보 : 현황과 이슈 한종만 ····················· 73

4. 서구문화사의 보존 가치 - 북극 러시아 원주민의 경제적 환경을 중심으로 -
   양정훈 ·· 115

5. '러시아의 콜럼버스'를 꿈꾼 로모노소프의 북극해 항로 프로젝트 박성현 ······ 145

6. 러시아 언론의 '북극'에 관한 보도내용 및 성향 분석 : '타스 통신사'의 뉴스 기사
   텍스트를 중심으로 계용택 ··· 183

7. 러시아 야말로네네츠자치구의 기후변화 대응 거버넌스 연구
   이양경 · 최우익 ·· 211

8. 러시아 야말로네네츠 자치구 교육기관에서 사용되는 소수민족어의 현황과 보존

　서승현 ··· 255

9. 북극 토착소수민족 아이들의 민족정체성 형성의 문제 : 사하공화국을 중심으로

　김자영 ··· 289

10. 러시아연방 바렌츠해·카라해 연안 소수 원주민의 치아인류학 특징

　방민규 ··· 307

북극권의 인문지리 현황 분석 : 러시아를 중심으로

김정훈*

Ⅰ. 서론

북극에 관련된 관심은 수세기에 걸쳐 많은 학술 연구결과물들로 표출됐다. 그들 중 상당부분을 차지하고 있는 북극 탐험에 관련된 역사적 문건 중 초기의 자료들은 이미 320-350년 전의 사건들을 기록하고 있다. 자료들에 의하면, 아시아 북극권의 최초의 사람들의 존재에 대한 언급은 약 9세기 무렵이며, 11세기 경 러시아인들의 북부해안의 탐험이 시작됐다.

거의 13세기 무렵까지 토착민을 포함한 오래된 정주민들은 맹수와 적들로부터의 습격을 피할 수 있는 작은 정착지를 옮겨 다니며 거주했다. 14세기에 이르면 이들 거주양식은 지속적인 형태로 변모하기 시작한다. 이에 따라 형성된 정착지는 방어적 목적을 수행하는 행정과 경제적 기능을 동시에 수행했다.

14세기부터 19세기에 이르기까지 수많은 선단에 의해 북극권 내에 아르한

※ 이 글은 『한국 시베리아연구』 24권 4호에 게재된 것임
   이 논문은 2019년 대한민국 교육부와 한국연구재단의 지원을 받아 수행된 연구임 (NRF-2019S1A5C2A01081461)
   이 글은 2018년 러시아 학술 잡지 「Арктика: экология и экономика」 3호에 게재된 Фаузер В. В.와 Смирнов А. В.의 "МИРОВАЯ АРКТИКА: ПРИРОДНЫЕ РЕСУРСЫ, РАССЕЛЕНИЕ НАСЕЛЕНИЯ, ЭКОНОМИКА"를 토대로 내용 보완 작업을 통해 재구성했음을 밝힘
* 배재대학교 한국-시베리아센터 소장

겔스크(Arkhangelsk, 1584년), 오울루(Oulu, 1610년), 룰레오(Luleå, 1621년), 무르만스크(Murmansk, 1916년), 앵커리지(Anchorage, 1920년), 보르쿠타(Vorkuta, 1943년), 노릴스크(Norilsk, 1953년), 로바니에미(Rovaniemi, 1960년) 산업 및 인프라가 발달된 다기능성 도시들이 생성됐다.[1]

현재 북극권에는 인구 천명 이상 규모의 정착지 415개 정도가 있다. 그 중 러시아 북극권에는 135개의 정착지가 분포되어 있다. 북극권 전체에서 인구수가 4만 명을 상회하는 도시는 20여 개 정도이며, 그 중 최대 인구수 보유 도시는 아르한겔스크로 약 351,5000명(참고로 무르만스크 도시의 경우, 2013년 기준 307,257명), 앵커리지의 경우 이에 약간 뒤지는 298,200명 정도이다. 아울러 러시아 북극권 내에는 39개 도시를 포함하여 82개의 도시에 준하는 정착촌이 있으며, 그 중 12개 도시는 인구수 4만을 상회한다.[2]

지금까지 북극개발은 거주 공간의 확장뿐만 아니라, 주로 이 지역의 효용성과 실용적 측면에서 관심을 받아왔다. 북극의 광물자원은 표트르대제 훨씬 이전부터 적극적으로 활용되었다. 13세기-15세기부터 우스티-찔리마(Ust-Tsilma, 코미공화국에 위치)와 만가제야(Mangazeya, 야말로-네네츠자치구의 서부 시베리아에 위치)에는 구리 주조공장이 존재했으며, 북방 여러 지역에서 주철산업, 소금 양조장과 운모 채굴장 등이 가동되었다.

지난 3세기에 걸쳐 북극개발의 방향성과 경제적 기능에 관련된 관심은 크게 변모했다. 시기 별로 보면, 18-19세기 사이에는 생물자원(모피와 식량)이 중요한 경제 요인이었으며, 주된 산업은 사냥과 어업활동이었다. 19세기말 이후부터

---

1) Фаузер В. В., Смирнов А. В. Российская Арктика: от острогов к городским агломерациям // ЭКО. 2018. № 7. pp. 115-119.
2) Фаузер В. В., Смирнов А. В. МИРОВАЯ АРКТИКА: ПРИРОДНЫЕ РЕСУРСЫ, РАССЕЛЕНИЕ НАСЕЛЕНИЯ, ЭКОНОМИКА, *Арктика: экология и экономика*, Номер 3(31) 2018. p. 6.

현재까지는 주로 교통 기능과 국가 및 국제적 차원의 효용과 만족도에 대한 관심이 집중되고 있다. 특히 1930년대부터 군사적 안보에 대한 기능 강화 그리고 냉전기간인 1950-1970년대에 이러한 경향이 더욱 고조됐다. 현재는 북극경제의 중심에 광물 및 원자재에 대한 관심이 집중되고 있으며, 이러한 현상은 19세기 말인 1880년대 알래스카에서의 금채굴로부터 시발되었다고 볼 수 있다.[3]

북극권의 민족구성은 독특한 성격을 보유하고 있다. 백인계열의 민족들이 시베리아와 그린란드 인구의 상당부분을 차지하고 있으며, 특히 아이슬란드는 구성원 대다수가 백인계열이다. 20세기에 접어들어 광산의 개척을 통해 부를 창출해내려는 수많은 사람들의 무리가 북극을 향했다. 이러한 흐름은 북극의 여러 지역에서 이민자와 토착민들 사이의 균형을 크게 변화시켰다. 북극권, 특히 최북단 북극 지역 내의 최초의 유럽정착민들은 러시아와 핀우그리아(Finno-Ugric) 계였다.[4] 최북단 지역의 원주민을 구성하는 러시아 이민자 계통으로는 뽀모르 인(Pomor), 우스티-찔리마 인, 콜리마 인(Pokhodchane, Kolyma people), 기지간 인(Gizhigan) 등이 있으나, 현재 이들의 수는 매우 적다. 가장 많은 인구 수를 보유하고 있는 원주민으로는 북극의 유럽지역의 사미(Lapps), 러시아 동부의 퉁구스(Tungus), 유카기르 인(Yukaghirs)과 축치 인(Chukchi) 그리고 베링해 연안에 거주하고 있는 북미 알루에트(Aaleuts) 인 등이 있다. 이들 중 그린란드와 추코트카 지역에 거주하고 있는 이누이트 인들은 매우 동질적인 집단이다. 이누이트 인들의 총수는 시베리아와 알래스카 지역에 거주하는 15,000명

---

3) Юшкин Н. П., Бурцев И. Н. Минеральные ресурсы Российской Арктики // *Север как объект комплексных региональных исследований* / Отв. ред. В. Н. Лаженцев. Сыктывкар, 2005. p. 512.
4) Фаузер В. В. *Финно-угорские народы: история демографического развития.* Сыктывкар, 2005. p. 24.

을 포함해 약 17만 명에 달한다.[5] 유럽계의 대표적 소수민족들은 대체적으로 북극권 남부 지역의 대도시를 중심으로 분포한다. 중심지역으로는 유콘 주의 화이트호스(Whitehorse, Yukon), 노스웨스트 준주의 옐로우나이프(Yellowknife, Northwest Territories), 알래스카의 페어뱅크스(Fairbanks, Alaska)와 앵커리지 그리고 그린란드의 대도시 누우크(Nuuk, Greenland) 등이 있다.

이에 따라 본고를 통해 천연자원의 독보성, 인구정착의 특성 및 지역총생산(GRP, Gross Regional Product) 등과 같은 북극권의 세 가지 특성을 분석해보고자 한다. 지역적인 연구 범위는 행정 및 영토 경계를 포함한 북극권 지역, 연구의 대상은 북극권의 인구정착, 행정적 영토 형성에 따른 경제발전의 특징 등이다.

Ⅱ. 본론

1. 북극권의 행정 및 영토 경계와 구성의 정의

북극은 지구의 최북단 지역에 위치하고 있다. 일반적으로 북극은 계절적으로 변화하는 얼음이 덮힌 광대한 북극양과 영구동토를 포함한다. 북극은 단일 공간으로 간주될 수도 있지만 다양한 방법에 따라 구획될 수 있다. 실제로 북극권의 정의는 북극권 국가들도 상이하게 정의하고 있으며, 연구목적에 따라 다양하게 규정하고 있다. 또한 북극 공간은 다양한 북극이사회의 실무그룹과 프로젝트 상황과 연구목적에 따라 정의되고 있다. 북극의 정의에서 북극의 북부 한계선, 즉 북극점은 문제가 없으나 북극의 남부 경계선은 기후와 식생과

---

5) Фаузер В. В., Смирнов А. В. Российская Арктика: от остроғов к городским агломерациям // ЭКО. 2018. № 7. pp. 112-130.

영구동토층 등의 자연환경의 변화와 인문환경의 변화 등으로 유동적으로 변모할 수 있다는 것이다6).

상기한 바와 같이 북극권은 독특한 지리적 특성을 보유하고 있으며, 그 중심으로부터 유럽, 아시아 및 북아메리카 등 세 개 대륙의 해안을 포함하고 있다. 러시아 북극 백과사전에 의하면, 북극 경계에 관련된 정의를 내리기 위해서는 위도에 따른 북극권, 북위 66°33′44″ 이상; 경관 및 지형의 차이, 툰드라 및 삼림-툰드라와 타이가 등; 기온 7월 등온선 영상 10°C 이하, 식생 기후 조건; 인간생활이 불편한 고위도; 북극 국가들의 지방 및 자치단체의 내부 영토; 행정 경계; 민족문화적 풍토, 원주민의 권리, 문화-역사적 전통; 해기(海氣, Thalassocracy), 북빙양으로 진출할 수 있는 영토를 보유한 지역; 고가의 인건비, 생산비, 감가상각비 등; 인간 삶의 질, 사회적 결속, 인적자산의 축적 및 활용 등과 같은 여러 학제 간 접근 방식이 필요하다.7)

이와 같이 북극 정의에 관련된 여러 기준에도 불구하고 일반적으로 허용될 수 있는 명백한 북극의 경계는 존재하지 않는다. 지리적 접근 방식을 도입해 볼 경우, 북극의 영토는 북극해와 그에 연계된 바다를 포함한 지역(그린란드, 바렌츠, 카라, 랍테프, 동시베리아, 축치, 보퍼트 및 배핀 등); 폭스 바신 분지(Foxe Basin Bay); 캐나다 북극 군도의 해협과 만; 태평양과 대서양의 북부 지역; 캐나다 북극 군도, 그린란드, 스피츠베르겐, 프란쯔 조셉 랜드(Franz Josef Land), 노바야 제믈랴, 세베르나야 제믈랴, 노보시비르스크 제도(New

---

6) 북극 공간의 다양한 정의에 관해서는 다음 자료 참고. Han Jong Man, Kim Joung Hun, Yi Jae Hyuk, "Definition of Arctic Spaces based on Physical and Human Geographical Division", *KMI International Journal of Maritime Affairs and Fisheries*, June 2020, Vol. 12(Issue 1), pp. 1-16.
7) Арктическая энциклопедия: дополненное и переработанное издание «Северной энциклопедии». Т. 2. М.: Паулсен, 2017, p. 17.

Siberian Islands), 브란겔 섬(Wrangel Island), 유라시아 및 북미의 북부 해안지대 등이 포함된다. 이에 따른 북극의 면적은 북극점에서 북극권까지 해당하는 약 2,100만㎢에 달한다. 북극권을 포함하고 있는 국가로는 러시아, 미국, 캐나다, 노르웨이, 덴마크(그린라드와 페로 제도), 스웨덴, 핀란드 및 아이슬란드가 있다. 그 중 러시아는 전체 길이 38,700km의 약 58.4%에 해당하는 22,600km의 가장 긴 국경선을 보유하고 있다.[8]

1982년 해양법에 따른 유엔 협약(UNCLOS, 1982 UN Convention on the Law of the Sea) 제 4조에 의하면, 영해의 외부한계는 기선상의 가장 가까운 점으로부터 영해의 폭과 같은 거리에 있는 모든 점을 연결한 선으로 한다. 제 3조에서는 모든 국가는 이 협약에 따라 결정된 기선으로부터 12해리를 넘지 않는 범위에서 영해의 폭을 설정할 권리를 가진다고 규정하고 있다. 제 57조에서는 배타적 경제수역은 영해기선으로부터 200해리를 넘을 수 없음을 적시하고 있다[9]. 이를 기준으로 영해의 폭이 측정된다. 이와 같은 현대 국제법의 관점에서 보면, 극지방을 구분 짓는 여러 경계선들을 직접적으로 국경의 개념에 포함시킬 수는 없다. 북극 인접국가들의 국경선은 12해리로 규정되는 경계에 의해 그어지고 있다. 본토와 국가에 귀속되는 섬들의 가장 큰 만 혹은 직선의 썰물선으로부터 산정되는 지리적 좌표들이 해당 국가의 정부에 의해 확정된다.[10] 결과

---

8) Фаузер В. В., Смирнов А. В. "МИРОВАЯ АРКТИКА: ПРИРОДНЫЕ РЕСУРСЫ, РАССЕЛЕНИЕ НАСЕЛЕНИЯ, ЭКОНОМИКА", *Арктика: экология и экономика*, Номер 3(31) 2018. p. 7.
9) 해양법에 관한 국제연합협약 및 1982년12월10일자 해양법에 관한 국제연합협약 제11부이행에 관한 협정(United Nations Convention on the Law of the Sea) 출처: http://www.law.go.kr/trtyInfoP.do?mode=4&trtySeq=2274&chrClsCd=010202 (검색일: 2020. 8. 26.)
10) Барциц И. Российский арктический сектор: правовой статус // *Обозреватель–Observer*. 2000. № 12. pp. 121-125.

적으로, 러시아, 미국, 캐나다, 노르웨이와 덴마크만이 200마일 배타적 경제수역 내에서 북극권의 대륙붕을 개발할 수 있는 법적 권리를 확보하고 있다. 아북극 국가에 해당하는 스웨덴, 핀란드 및 아이슬란드를 '북극 클럽(Arctic Club)'에 포함시키려는 '북극'에 관련된 새로운 해석의 확산 노력이 이들 국가들을 중심으로 전개되고 있다. 그러나 이러한 시도들에 대해 러시아는 "국제법적으로 부정확하며, 단지 북극권의 천연자원에 접근하기 위한 정치 및 외교적 투쟁 목적에 불과"하다고 주장한다.[11]

여러 다른 관점에도 불구하고, 현시점에서는 러시아, 미국, 캐나다, 노르웨이, 덴마크, 스웨덴, 핀란드 및 아이슬란드의 8개 북극권 국가들이 북극권 내에 영토, 대륙붕과 배타적 경제수역이 존재하고 있다는 것이 일반적 인식이다. 지리학적 관점에서 볼 때, 북극권은 러시아, 북미 및 서유럽 등 세 개의 부분으로 분리해 볼 수 있다. 이러한 분류는 북극권 영토 구성을 규정하고 있는 '북극에서의 인간 개발에 관한 보고서'와 '북극이사회의 권장사항'[12]과 같은 두 건의 중요한 서류들을 기반으로 한다. 사회-경제 발전 분석을 위해 북극 경계를 결정하는 여러 가지 방안 중에서 해당 국가와 지역의 행정 경계와 일치하는 방식을 선택해 본다면 북미 북극권의 경계는 '북극에서의 인간 개발에 관한 보고서'에서 규정하는 지역, 서유럽 북극권의 경계는 북극이사회에서 규정하는 지역 그리고 러시아 북극권은 2014년 3월 2일 제정되어 2017년 수정된 러

출처: http://observer.materik.ru/observer/N12_00/12_15. (검색일: 2020. 8. 26.)
11) Конышев В. Н., Сергунин А. А. *Арктика в международной политике: сотрудничество или соперничество?* / Под ред. И. В. Прокофьева; Рос. ин-т стратег. исслед. - М.: РИСИ, 2011. p. 194.
12) Maps / Arctic Council.
출처: https://www.arctic-council.org/index.php/en/learn-more/maps (검색일: 2020. 8. 27.)

시아 대통령령[13])에 의해 확정된 지역으로 구분할 수 있다[14]. 〈표 1〉 참조.

〈표 1〉 다양한 규정에 의한 북극권의 행정 영토 구성

국가	행정 영토 구성	북극 규정		
		북극이사회[1]	보고서[2]	조합[3]
러시아	무르만스크주, 네네츠자치구 야말로-네네츠자치구, 추코트카자치구	O	O	O
	카렐리야공화국, 아르한겔스크주	O	X	▲
	코미공화국, 사하공화국	O	▲	▲
	한티-만스크자치구, 마가단주	O	X	X
	크라스노야르스크변강주	O	▲	▲
	캄차트카변강주	▲	X	X
미국	알래스카	▲	O	O
캐나다	유콘, 노스 웨스트 준주, 누나부트 준주	O	O	O
	누나비크(케벡의 일부), 라브라도르	O	O	O
덴마크	그린란드, 페로 제도	X	O	O
아이슬란드	아이슬란드	O	O	O
노르웨이	누르란, 트롬스, 피니마르크, 스피츠베르겐, 얀 마이엔	O	O	O
스웨덴	노르르보뗀	O	O	O
	뵈스테르보뗀	O	X	O
핀란드	라플란드	O	O	O
	노르덴 오스트로보티니아, 카이누우	O	X	O
	면적(단위: ㎢)	17,255,853	12,342,279	12,904,629

주: [1] 북극이사회의 권장사항, [2] 북극에서의 인간 개발에 관한 보고서, [3] 러시아학자의 조합
　　o: 전체 영토 포함, ▲: 영토의 부분 포함, x: 포함되지 않음
출처: http://arctica-ac.ru/docs/journals/31/(검색일: 2020.10.5.) 자료 재구성

---

13) Указ президента РФ «О сухопутных территориях Арктической зоны Российской Федерации» от 2 мая 2014 г. № 296 (в редакции 2017 г.).
14) Фаузер В. В., Смирнов А. В. "МИРОВАЯ АРКТИКА: ПРИРОДНЫЕ РЕСУРСЫ, РАССЕЛЕНИЕ НАСЕЛЕНИЯ, ЭКОНОМИКА", Арктика: экология и экономика, Номер 3(31) 2018. p. 8.

이에 따르면, 러시아연방 북극권의 영토에는 4개의 완전한 행정 주체들(무르만스크주, 네네츠자치구, 야말로-네네츠자치구, 추코트카자치구)과 지역의 일부분이 포함되는 5개의 행정주체들(아르한겔스크주, 카렐리야공화국, 코미공화국, 사하공화국과 크라스노야르스크변강주) 그리고 북빙양의 일체의 러시아 섬들이 포함된다.

북미 북극권의 영토에는 알래스카 전역, 북위 60° 이상의 캐나다 지역(유콘 주, 노스 웨스트 준주: Northwest Territories, 누나부트 준주: Nunavut Territories), 케벡의 북부 지역(누나비크: Nunavik), 뉴파운드랜드(Newfoundland) 주와 라브라도르(Labrador)의 일부 및 그린랜드 지역이 포함된다.

서유럽 북극권의 영토에는 아이슬란드, 페로 제도 및 스칸디나비아 3개국의 북부지역이 포함된다: 노르웨이 - 누르란(Nordland), 트롬스(Troms)와 피니마르크(Finnmark) 등 3개의 카운티를 포함하는 노르드-노르그(Nord-Norg) 지역과 스피츠베르겐 군도 및 얀 마이엔(Jan Mayen) 섬; 스웨덴 - 노르르보뗀(Norrbotten)과 뵈스테르보뗀(Västerbotten) 카운티; 핀란드 - 라플란드(Lapland), 노르덴 오스트로보티니아(Northern Ostrobothnia)와 카이누우(Kainuu) 카운티.

북극 영토를 결정하는 기준으로 북극이사회 자료에 의거하면 북극권의 면적은 약 17,256,000㎢, '북극에서의 인간 개발에 관한 보고서'의 자료에 따르면 4,914,000㎢가 작은 12,342,000㎢ 정도가 된다. 러시아의 입장에서 추정해 보면 그 영토는 12,905,000㎢로 상기 보고서의 추정치보다 조금 더 넓다(대략적 차이는 562,400㎢ 정도).[15]

---

15) Фаузер В. В., Смирнов А. В. "МИРОВАЯ АРКТИКА: ПРИРОДНЫЕ РЕСУРСЫ,

2. 북극의 천연자원

장기적인 측면에서 볼 때, 북극 자원 개발 및 확보에 관한 경쟁은 21세기 국제사회에서 다양한 세력 배치 및 상호작용을 결정하는 중요한 여러 요소 중 하나가 될 것이다. 잘 알려진 바와 같이 북극권에는 풍부한 천연자원이 존재한다. 그 중 대표적인 것으로는 모피 동물(북극 여우, 검은 담비, 밍크 등)이 있다. 순록의 수 역시 수백만 두에 달한다. 또한 북극해는 연어, 대구, 명태와 같은 상업용 어류의 대규모 어장이기도 하다.[16] 이곳에서는 이미 어업자원에 대한 경쟁이 진행되고 있다. 베링 해는 미국 총 어획량의 약 50%정도를 차지하고 있으며, 노르웨이의 경우에는 북극에서 생산되는 수산물은 자국의 두 번째 주요 수출 품목이다(30억 유로 상회, 2017년 말 기준). 그린란드에서는 새우 관련 산업이 활발하게 전개되고 있다. 세계 담수 매장량의 약 1/5정도에 해당하는 여러 개의 큰 하천들이 북극해와 연결되어 있다.

최근 10-15년 사이 북극해의 대륙붕에는 거대한 탄화수소 매장지가 존재한다는 확신이 확산되었으며, 향후 15-20년 후 북극은 국제사회의 석유와 가스의 주요 공급원의 역할을 수행하게 될 것이라는 전망이 나오고 있다. 하지만 북극권 대륙붕의 광물 자원(특히 탄화수소) 매장량의 추정치에 대한 예측은 매우 다양하며, 심지어 모순적이기도 하다. 그 이유로는 북극에 대한 연구와 지식이 아직까지 부족하며, 매장량 분류의 어려움이 존재하여 각 자료들마다 서로 다른 수치를 나타내기 때문이다. 그러나 여러 가지 제약이나 제한에도

РАССЕЛЕНИЕ НАСЕЛЕНИЯ, ЭКОНОМИКА", *Арктика: экология и экономика*, Номер 3(31) 2018. p. 8.

16) Природные ресурсы / The Arctic. При поддержке РГО.
출처: https://ru.arctic.ru/resources/ (검색일: 2020. 8. 27.)

불구하고 그 양은 여전히 매우 인상적일 것이라는 점은 명백한 사실이다.[17]

2015년 'Science' 자료에 의하면 북극권에는 약 830억 배럴의 석유가 존재하며[18], 이는 전 세계 미조사 매장지의 약 13%에 해당한다. 북극권의 천연가스 매장량은 약 1,550조㎥으로 추정된다. 북극권의 미조사 부분 석유의 대부분은 알래스카 해안 근처에 매장되어 있으며, 거의 모든 천연가스 매장지는 러시아 해안에 위치하고 있다.[19]

북극 대륙붕에 매장되어 있는 탄화수소 자원은 약 1,000억 톤을 초과하며 이 중 거의 2/3가 러시아 북극권에 위치하고 있다. 현재 EU 전체 소비량의 거의 절반을 제공하고 있는 노르웨이 대륙붕의 생산량은 지속적인 감소 추세를 보이고 있기는 하지만, 적어도 북극은 세계에서 부유한 지역 중 하나로 경제적 측면에서 대부분의 선진국들에게 있어 매력적인 공간인 것만은 확실하다. 현재까지 예측되고 있는 북극권의 모든 전략적 유형의 광물 양은 오랜 세월에 걸쳐 채굴한 양을 상당부분 초과한다. 특히 장기적인 투자 부분에 있어서 러시아의 북극권은 다른 지역보다 훨씬 더 매력적이다.[20]

이미 탐사가 완료된 러시아의 대형 가스전들(우렌고이: Urengoy gas field,

---

17) *Север: проблемы периферийных территорий* / Отв. ред. В. Н. Лаженцев. (Науч. совет РАН по вопросам регион. развития; Коми науч. центр УрО РАН). Сыктывкар, 2007. p. 9.
18) Gautier D. L., Bird K. J., Charpentier R. R. et al. Assessment of undiscovered oil and gas in the Arctic // *Science,* 2009, May 29.
출처: https://pubmed.ncbi.nlm.nih.gov/19478178/ (검색일: 2020. 8. 27.)
19) Меламед И. И., Авдеев М. А., Павленко В. И., Куценко С. Ю. *Арктическая зона России в социально-экономическом развитии страны* // Власть. 2015. № 1. p. 6.
20) Селин В. С., Цукерман В. А., Виноградов А. Н. *Экономические условия и инновационные возможности обеспечения конкурентоспособности месторождений углеводородного сырья арктического шельфа.* Апатиты: Изд-во Кольского науч. центра РАН, 2008. pp. 41, 83-84.

얌부르그스코예: Yamburgskoye gas field, 자폴랴르노예: Zapolyarnoye gas field, 보바넨코프스코예: Bovanenkovskoye gas field 등)은 주로 야말로-네네츠자치구에 위치하고 있다. 알래스카에는 미국 내 가장 큰 프루드호에 만(Prudhoe Bay) 가스-석유 매장지가 있다. 캐나다와 노르웨이 대륙붕 지역에도 상당한 양의 석유가 매장되어 있다. 현재 상황에서 추정되는 전 세계 미발견 가스의 약 30%와 석유의 13% 정도가 북극에 매장되어 있으며, 이들은 대체적으로 수심 500m 미만의 지반에 위치하여 추출이 가능한 상태이다.[21] 이와 함께 북극 해저에는 세계 석유 및 가스 매장량의 약 22% 정도가 존재한다는 주장도 나오고 있다.[22] 2016년 기준 러시아 북극권에서 러시아 천연가스의 89.4%, 관련 가스(associated gas) 24.6%, 석유 16.5% 정도가 생산됐다.[23]

보르쿠타, 추코트카, 스피츠베르겐 및 유콘 등과 같은 북극의 여러 지역에서 석유 채굴이 이루어지고 있다. 동시에 북극권에는 러시아 철광석 생산량의 약 10%정도를 차지하고 있으며, 그린란드와 누나부트에서도 다량의 철광석이 채굴되고 있다. 북미 대륙 서부의 북극권에는 대규모 금광들이 존재하고 있으며, 이는 19세기 후반 '클론다이크 골드 러시(Klondike Gold Rush)'의 직접적인 요인이 됐다. 광산업은 미국과 캐나다의 북극권에서 여전히 성업을 이루고 있다. 캐나다 지역에는 우라늄, 아연 및 납 등이 상당량 매장되어 있다.

---

21) Gautier D. L., Bird K. J., Charpentier R. R. et al. Assessment of undiscovered oil and gas in the Arctic // *Science*, 2009, May 29.
  출처: https://pubmed.ncbi.nlm.nih.gov/19478178/ (검색일: 2020. 8. 27.)
22) 2009 US Congressional Hearing. Strategic Importance of the Arctic in US Policy.
  출처: https://fas.org/irp/congress/2009_hr/ (검색일: 2020. 8. 27.)
23) Арктическая зона РФ / Росстат.
  출처: http://www.gks.ru/free_doc/new_site/region_stat/arc_zona.html (검색일: 2020. 8. 27.)

러시아의 노릴스크 지역에도 팔라듐, 니켈, 백금, 코발트와 구리 등과 같은 많은 종류의 광물이 풍부하게 존재한다. 이외의 다른 광물들 중에서 다이아몬드 역시 러시아와 캐나다 북극 지역에 상당량이 매장되어 있다.[24]

현재 개발 지역에서의 광물 매장량의 고갈과 소비에트 체제의 와해와 연관된 러시아의 천연자원 원천지의 손실 등의 요인으로 인해 향후 북극권에서의 광물 생산을 확대해야 할 필요성이 제기되고 있음을 간과해서는 안 된다.[25]

3. 북극권: 인구, 정주 및 도시

2017년 기준으로 북극권의 총인구는 약 5,432,000명이며, 이는 전 세계의 인구의 약 0.07%에 해당한다. 북극권 인구의 44.5%에 달하는 약 2,416,000명 정도가 러시아 북극권에, 13.6%(약 741,000명)가 미국 그리고 12.3%(약 666,000명)에 해당하는 인구가 핀란드에 거주하고 있다.

북극권 내의 가장 큰 영토를 보유한 국가는 캐나다로 전체 면적의 약 1/3 정도에 해당하는 36.1%의 면적이 위치하고 있다. 비율상으로 그 다음이 약 29.1%로 러시아, 16.8%의 덴마크, 13.4%의 미국 그리고 약 4.6%에 해당하는 노르웨이, 아이슬란드, 스웨덴, 핀란드 순이다.

북극권의 인구 밀도는 매우 희박하다. 전 세계 평균 인구밀도가 1㎢ 당 50.69명에 비해 북극의 밀도는 1㎢ 당 0.42명에 불과하다.[26] <표 2>와 [그림 1] 참조.

---

24) Фаузер В. В., Смирнов А. В. "МИРОВАЯ АРКТИКА: ПРИРОДНЫЕ РЕСУРСЫ, РАССЕЛЕНИЕ НАСЕЛЕНИЯ, ЭКОНОМИКА", *Арктика: экология и экономика*, Номер 3(31) 2018. p. 10.

25) Ковалев А. А. Международно-правовой режим Арктики и интересы России // Индекс безопасности. 2009. № 3-4 (90-91). pp. 115-116.

26) Фаузер В. В., Смирнов А. В. "МИРОВАЯ АРКТИКА: ПРИРОДНЫЕ РЕСУРСЫ,

<표 2> 북극권 행정영토의 면적, 인구 및 인구밀도(2017년 기준)

No.	행정영토 단위	면적(km²)*	인구(명)**	인구밀도(명/km²)
	북극권 전체	12,904,629	5,432,040	0.42
	러시아	3,754,587	2,415,585	0.64
1	무르만스크주	144,902	757,621	5.23
2	카렐리야공화국	43,378	43,930	1.01
3	아르한겔스크주	185,617	650,755	3.51
4	네네츠자치구	176,810	43,937	0.25
5	코미공화국	2,418	80,061	3.31
6	야말로-네네츠자치구	769,250	536,049	0.70
7	크라스노야르스크변강주	1,095,095	227,220	0.21
8	사하공화국	593,875	26,190	0.04
9	추코트카자치구	721,481	49,822	0.07
	미국	1,723,337	741,522	0.43
10	알래스카	1,723,337	741,522	0.43
	캐나다	4,659,754	161,116	0.03
11	유콘	482,443	38,209	0.08
12	노스트 웨스트 준주	1,346,106	44,452	0.03
13	누나부트 준주	2,093,190	37,438	0.02
14	누나비크(케벡)	443,685	13,188	0.03
15	라브라도르	294,330	27,829	0.09
	덴마크	2,167,485	105,724	0.05
16	그린란드	2,166,086	55,860	0.03
16.1	카아수이트섶(Kaasuitsup)	618,507	17,256	0.03
16.2	케싸타(Keccata)	108,239	9,239	0.08
16.3	쿠우알레크(Kuyallek)	29,988	6,692	0.21
16.4	세르메르수우크(Sermersook)	498,460	22,673	0.04
16.5	북동그린란드국립공원 (Northeast Greenlandic national park)	910,892	0	0.00
17	페로 제도	1,399	49,864	35.64

РАССЕЛЕНИЕ НАСЕЛЕНИЯ, ЭКОНОМИКА", *Арктика: экология и экономика*, Номер 3(31) 2018. p. 11.

No.	행정영토 단위	면적(km²)*	인구(명)**	인구밀도(명/km²)
	아이슬란드	102,775	338,349	3.29
18	아이슬란드	102,775	338,349	3.29
	노르웨이	174,350	487,230	2.79
19	누르란	38,456	242,866	6.32
20	트롬스	25,877	165,632	6.40
21	피니마르크	48,618	76,149	1.57
22	스피츠베르겐	61,022	2,583***	0.04
23	얀 마이엔	377	0	0.00
	스웨덴	153,431	516,451	3.37
24	노르르보뗀	98,245	250,570	2.55
25	뵈스테르보뗀	55,186	265,881	4.82
	핀란드	168,910	666,063	3.94
26	라플란드	100,370	180,043	1.79
27	노르덴 오스트로보티니아	45,852	411,311	8.97
28	카이누우	22,687	74,709	3.29
	전 세계 대비 비중, %	8.66	0.07	-
	전 세계(육지)	148,939,063	7,550,262,101	50.69

주: * 그린란드 면적은 다소 축소된 상태로 섬의 면적 총합과 같음.
    ** 알래스카와 누나비크 그리고 라브라도르 자료는 2016년 중반, 나머지는 2017년 초.
    *** 러시아 정주지 '바렌쯔부르그(Barentsburg)'와 '피라미다(Pyramida)'의 428명 포함.
출처: http://arctica-ac.ru/docs/journals/31/(검색일: 2020. 10. 10.)

북극권에는 인구수 천명 이상의 정주지 415곳이 존재한다. 그중 대부분이 러시아(32.5%), 스웨덴(14%), 핀란드(13.7%)와 노르웨이(12.5%)에 분포되어 있다. 정주지의 평균 인구수는 10,720명으로, 16,953명의 러시아로부터 3,442명의 덴마크에 이르기까지 국가마다 편차가 존재한다. 거주지 대비 인구수에서 압도적 비중(71.8%)을 차지하는 규모는 1,000~5,000명 사이이다. 인구수 10만 명이 넘는 북극권의 9개 도시 중 6곳은 러시아에 속해 있으며, 미국과 핀란드 그리고 아이슬란드에 각각 1곳씩이 분포되어 있다. <표 3> 참조.

[그림 1] 북극 행정영토의 인구 밀도

출처: http://arctica-ac.ru/docs/journals/31/(검색일: 2020. 10. 10.)

    거주자 수에 의거한 정주지 분포의 불균형(대부분 인구 밀도가 희박한 상태)은 인구 규모의 중앙값(median) 분석을 필요로 한다. 대체적으로 인구 규모의 평균값과 중앙값의 관계가 높을수록, 대도시 인구 규모의 비중이 커진다. 이러한 현상은 러시아, 핀란드와 미국에서 주로 나타나고 있으며, 대규모 정주지의 비율이 매우 높은 양상을 보이고 있다. 상대적으로 덴마크와 캐나다에서는 인구 규모에 따른 정주지의 분포가 가장 균등하게 나타나고 있다. 인구 규모의 중앙값 측면에서 보면, 러시아는 미국과 아이슬란드보다 낮다. 결과적으로 러시아에는 인구 규모가 작은 정주지가 많이 존재하고 있음을 파악

할 수 있다.[27]

<표 3> 인구수에 따른 북극권 정주지 분류

국가	인구 1천명 이상 도시 수	인구수에 의거한 분류						평균값 (명)	중앙값 (명)
		1—5 천명	5—10 천명	10—25 천명	25—50 천명	50—100 천명	10만명 이상		
북극권 전체	415	295	51	35	19	6	9	10,720	2,513
러시아	135	86	13	18	9	3	6	16,953	2,967
미국	28	17	8	0	2	0	1	16,688	4,099
캐나다	29	24	3	1	1	0	0	3,888	2,600
덴마크	22	19	1	2	0	0	0	3,472	1,768
아이슬란드	34	25	3	3	2	0	1	9,475	3,091
노르웨이	52	39	7	4	1	1	0	5,835	2,275
스웨덴	58	46	5	4	2	1	0	6,522	2,263
핀란드	57	39	11	3	2	1	1	8,773	1,999

주: 러시아 기준(도시 - 2017년 초, 농촌 - 2010년 인구조사 자료), 미국과 캐나다는 2016년 중반, 기타 국가는 2017년 초 기준
출처: http://arctica-ac.ru/docs/journals/31/(검색일: 2020. 10. 9.)

최근 북극권 도시들에 대한 관심이 고조되고 있다. 이는 북극권 경제적 발전과 영토 개발 전망에 직접적인 연관이 있기 때문이다. 이들 도시들은 주변 지역과의 교통 허브의 임무뿐 아니라 중요한 정보 및 문화 시설들을 연결해주는 중추적 역할을 수행하게 될 것이다.

북극권에 위치한 대부분의 부락들이 도시의 지위를 부여 받기까지에는 일정 기간이 필요하다. 미국의 경우 개발로부터 도시의 지위를 얻기까지 평균 67년, 러시아는 약 50.3년, 노르웨이는 36.8년 그리고 캐나다는 약 15.6년 정

---

27) Фаузер В. В., Лыткина Т. С., Фаузер Г. Н. Особенности расселения населения в Арктической зоне России // *Арктика: экология и экономика*. 2016. № 2. pp. 44-46.

도의 기간이 소요되고 있다. 대부분의 국가에서 적용하고 있는 부락의 도시 지위 부여 주요 기준 중 한 요소는 인구 규모이다. UN은 국가의 도시화와 기타 여러 기준들을 비교할 수 있도록 2천 명 정도 규모의 거주자들이 존재하는 부락들을 도시로 규정할 것을 권고하고 있다. 그러나 각국의 고유의 국가 및 역사적 특징이 서로 다르기 때문에 자국의 상황에 적합한 기준에 따라 도시의 지위를 부여하고 있다. 예를 들어, 덴마크, 아이슬란드, 스웨덴에서는 인구수가 2,000명 이상인 경우, 그리고 미국은 2,500명을 상회하는 부락에 대해 도시의 지위를 부여하고 있다. 반면 노르웨이는 1997년 제정된 법령에 의해 5,000명을 초과해야만 도시의 지위가 주어진다.[28]

러시아의 경우, 1924년부터 부락들을 도시 및 농촌 두 가지 범주로 분류하기 시작했다. 도시 부락의 범주에는 인구의 25% 이하가 농업을 주요 경제활동을 영위하는 동시에 1,000명 이상인 지역들이 포함된다. 1917년 11월 7일 이전에 도시로 간주되었던 부락들은 전러시아중앙집행위원회(All-Russian Central Executive Committee, Всероссийский центральный исполнительный комитет)와 러시아사회주의소연방공화국인민위원회(Council of People's Commissars of the Russian Soviet Federative Socialist Republic, Совет народных комиссаров РСФСР)의 특별법령이 없는 경우 그 지위가 유지되었다.[29]

1957년부터 인구 규모 12,000명 이상인 산업과 문화 중심지 기능을 수행하는 부락은 지역(행정구역, район)에 종속된 도시로, 인구 규모 3,000명 이상

---

[28] Гаврильева Т. Н., Архангельская Е. А. Северные города: общие тренды и национальные особенности // ЭКО. 2016. № 3. pp. 63-79.

[29] Декрет Совета Народных Комиссаров РСФСР «Общее положение о городских и сельских поселениях и поселках» от 15 сентября 1924 г.

이며 그 중 노동자 및 관련 종사자와 그 가족 구성원이 85%를 넘는 '노동자 부락(рабочий посёлок)'으로 분류하기 시작했다. 예외적인 경우로, 중요한 건설 프로젝트가 진행되고 있거나 최북단 지역 혹은 극동지역의 경제 및 문화 중심지이면서 인구 3,000명 미만의 부락들을 '노동자 부락'에 포함시키고 있다.[30] 현재는 1982년 8월 17일에 규정된 '러시아사회주의소연방행정영토구성문제 해결(О порядке решения вопросов административно территориального устройства РСФСР)'에 관한 법령이 유지되고 있다.[31] 오지 및 고립지역을 위한 인구 정착 문제는 러시아의 북극 관련 최우선 과제 중 하나였다. 특히 북극권을 포함한 북방지역의 개발이 본격적으로 진행되던 1970-1980년대 인구정책 문제는 더 큰 관심이 집중됐다.[32] 당시 해결되어야 할 중요한 두 가지 사안은 인구수에 따른 도시 형태 그리고 존립 기간의 영구성과 일시성에 관한 문제였다. 이에 따라 결과적으로 정주 시스템에 대한 다양한 접근 방식을 활용해야 할 것이라는 관점에 초점이 맞추어지게 되었다.

---

30) Указ Президиума Верховного Совета РСФСР «О порядке отнесения населенных пунктов к категории городов, рабочих и курортных поселков» от 12 сентября 1957г.

31) Указ Президиума Верховного Совета РСФСР «О порядке решения вопросов административно-территориального устройства РСФСР» от 17 августа 1982 г.

32) *Прогнозы расселения и планировки новых городов Крайнего Севера* / Под ред. Л. К. Панова. Л.: Стройиздат (Ленингр. отд-ние), 1974. p. 200; Хорев Б. С. *Территориальная организация общества: актуальные проблемы регионального управления и планирования в СССР*. М.: Мысль, 1981. p. 320; Хорев Б. С., Смидович С. Г. *Расселение населения: основные понятия и методология*. М.: Финансы и статистика, 1981. p. 192; Ходжаев Д. Г., Вишнякова В. С., Глабина Н. К. *Эффективность расселения: проблемы и суждения*. М.: Мысль, 1983. p. 276; Мангатаева Д. Д. *Система расселения населения: Региональный аспект*. Новосибирск: Наука, сибир. отд-ние, 1988. p. 80.

1970년대 다음과 같은 도시 유형들이 제시되었다: 주민 30만 명 정도의 '지원도시(опорный город)', 80,000-150,000명 규모의 '거점도시(базовый город)', 15,000-30,000명의 '산업도시(промышленный город)' 그리고 '교대(вахтенный)' 및 '원정(экспедиционный)' 부락(посёлок).[33] 1980년대에는 '지원도시(북방 지역 경계 외부에 위치)'와 '거점도시(생산단지와 산업허브의 중심지)' 그리고 '도시형 부락(산업, 교통, 조직 및 경제)' 등이 북방 지역에서 근무하는 주민들의 주된 도시형 정착지 유형이 될 것이라고 인식했다. 이에 대한 설명은 아래와 같다.

- '지원도시(опорный город)': 인구수 200,000명 이상; 북방 영토 개발 베이스캠프 역할 수행; 도시 내에 건설, 수리 및 경공업 기업 등과 재료 및 기술 공급 시설 등의 배치; 북방지역 서비스 제공의 근간이 될 모바일 시스템 발전을 고려한 교육, 연구와 프로젝트 조직 및 서비스 단지의 네트워크를 발전시켜 나감
- '거점도시(базовый город)': 인구수 50,000-100,000명; 해당 영토 산업 단지와 관련 있는 대기업들과 생산지원 복합기업(Conglomerate)의 집중; 최적의 접근성 경계 내에서 인구정착 시스템의 중요한 부분이 집중되어야하기에 도시의 운송 및 유통센터 역할 중요
- '산업, 교통 혹은 행정 부락도시(промышленный, транспортный, административно-хозяйственный посёлок)': 인구수 3,000-5,000명; 최북단과 북극권 지역 개발을 위한 보조 중심지 역할 수행; 개발 초기 단계에서 그 중요성이 매우 큼[34]

---

33) Мангатаева Д. Д. *Система расселения населения: Региональный аспект*. Новосибирск: Наука, сибир. отд-ние, 1988. p. 11.
34) Свешников В. К. *Градостроительные проблемы Севера: Тезисы докладов*

정주의 현대적 시스템과 도시형 정주지의 네트워크는 주로 1990년대 초 이전에 형성되었다. 1990년부터 2005년 동안 형성된 도시로는 무라블렌코(Муравленко), 폴랴르늬예 조리(Полярные Зори), 빌리비노(Билибино), 구브킨스키이(Губкинский), 타르코-살레(Тарко-Сале) 다섯 곳과 도시형 정주지인 자폴랴르늬(Заполярный)와 벨루샤 구바(Белушья Губа) 두 곳이 있다.

2017년 기준 인구 4만 명 이상 규모의 북극권 도시는 약 20곳이며, 그 중 러시아에 12곳, 서유럽에 7곳 그리고 미국에 1곳이 분포되어 있다. 인구 10만 도시는 9곳으로 러시아에 6곳이 위치하고 있다. 캐나다 북극권에서 인구 규모가 가장 큰 도시는 25,085명의 유콘 준주에 위치한 화이트호스(Whitehorse)와 19,596명의 노스웨스트 준주의 옐로우나이프(Yellowknife)이다. 덴마크에는 17,796명의 누크(Nuuk)와 13,310명의 페로 제도 수도인 토르스하운(Tórshavn)이 있다.

인구 역학(Population dynamics)적 측면에서 북극 도시를 분석해 보면 다음과 같은 사항을 확인할 수 있다. 러시아를 제외한 북극도시들은 대체적으로 긍정적인 역동성을 보이고 있으나, 4만 명 규모의 12개 러시아 북극권 도시 중 이와 비슷한 경우를 나타내는 도시는 노븨 우렌고이(Новый Уренгой), 노야브르스크(Ноябрьск)와 세베로모르스크(Североморск) 단 세 곳에 불과하다. 인구손실이 가장 큰 지역으로는 보르쿠타(Воркута), 몬체고르스크(Мончегорск), 무르만스크(Мурманск)와 아파티틔(Апатиты) 등을 거론할 수 있다<표4 참조>.

(Мурманск, сентябрь 1971). Л., 1971. pp. 241-253.

<표 4> 북극권 주요 도시

No.	도시	국가	인구 수(명) 1989년*	인구 수(명) 2017년	1989-2017년 인구증감 명	1989-2017년 인구증감 %
1	Arkhangelsk	러시아	416,812	351,488	-65,324	-15.7
2	Anchorage**	미국	226,338	298,192	71,854	31.7
3	Murmansk	러시아	472,274	298,096	-174,178	-36.9
4	Oulu	핀란드	121,810	198,358	76,548	62.8
5	Severodvinsk	러시아	253,864	183,996	-699,868	-27.5
6	Norilsk***	러시아	179,757	178,018	-1,739	-1.0
7	Reykjavik	아이슬란드	95,811	123,246	27,435	28.6
8	New Urengoy	러시아	93,235	113,254	20,019	21.5
9	Noyabrsk	러시아	85,880	106,879	20,999	24.5
10	Umeå	스웨덴	60,305	87,238	26,933	44.7
11	Tromsø	노르웨이	50,548	64,448	13,900	27.5
12	Vorkuta	러시아	115,548	58,133	-57,196	-49.6
13	Apatity	러시아	88,066	56,356	-31,710	-36.0
14	Rovaniemi	핀란드	32,941	52,481	19,540	59.3
15	Severomorsk	러시아	63,495	51,209	-12,286	-1.3
16	Salekhard	러시아	32,334	48,507	16,173	50.0
17	Lulea	스웨덴	42,727	48,268	5,541	13.0
18	Nadym	러시아	52,586	44,660	-7,926	-15.1
19	Monchegorsk	러시아	68,652	42,581	-26,071	-38.0
20	Bodø	노르웨이	30,339	40,705	10,366	34.2

주) * 기준 연도: 아이슬란드(1988), 러시아(1989), 미국/노르웨이/스웨덴/핀란드(1990),
 ** 앵커리지 인구수는 2017년 중반,
 *** 2005년 인구 총수가 8만 명을 상회하는 탈나흐(Talnakh)와 카이예르칸(Kayerkan) 지역이 노릴스크로 편입
출처: http://arctica-ac.ru/docs/journals/31/(검색일: 2020. 10. 12.)

4. 지역총생산(GRP)에 의거한 북극권 행정주체의 경제적 잠재력

러시아를 비롯해 거의 모든 북극 영토의 경제구조는 주로 천연가스, 석유 및 다양한 광물 등과 같은 유용 광물 채굴 산업이 지배적이다. 이외에도 어업 및

어류가공(예, 그린란드의 새우 조업), 순록 사육과 전통 공예 등이 많은 국가의 경제 분야에서 중요한 역할을 차지하고 있으나, 대체적으로 제조 산업 분야는 매우 취약한 상태이다. 그러나 일부 지역에서는 특화된 산업이 강세를 보이고 있다. 일례로 알래스카, 아르한겔스크와 무르만스크 지역에서는 조선 및 선박 수리, 페로 제도의 양 사육, 러시아의 원자력 및 아이슬란드의 지열과 같은 에너지 산업 그리고 관광 산업 등이 지역적 여건을 잘 활용하여 발전하고 있다.

북극권을 경제 및 인구 구조의 공간적 차이에 의거해 경제 집중도와 인구 밀도를 비교해 보면, 러시아연방 북극인구의 1/3 정도가 거주하고 하는 인구 밀도가 가장 높은 0.5% 지역이 경제 집중도가 가장 높은 지역으로 나타나고 있다[35]. 이곳의 지역총생산 대비 북극 행정주체의 경제적 잠재력에 대해서 파우제르와 스미르노프는 다음과 같은 분석을 시도했다[36].

첫째, 각 북극 국가의 국내총생산(GDP) 가치는 세계은행의 데이터를 활용[37]했으며, 그린란드와 페로 제도는 하나의 정부로 간주했다.

둘째, 영토의 일부분이 북극에 포함되는 국가의 경우 국내총생산 가치는 국가 지역총생산 대비 북극영토의 기여에 비례하여 감소했으며, 지역총생산은 북극에 거주하는 영토의 인구 비중에 비례하여 다시 한 번 감소했다.

이러한 과정을 통해 도출한 지역총생산 분석 결과는 <표 5>와 [그림 2]의 내용과 같다.

---

35) Фаузер В. В., Лыткина Т. С., Фаузер Г. Н. Особенности расселения населения в Арктической зоне России // *Арктика: экология и экономика*. 2017, No. 4, pp. 26-28.
36) Фаузер В. В., Смирнов А. В. "МИРОВАЯ АРКТИКА: ПРИРОДНЫЕ РЕСУРСЫ, РАССЕЛЕНИЕ НАСЕЛЕНИЯ, ЭКОНОМИКА", *Арктика: экология и экономика*, Номер 3(31) 2018. pp. 14-16.
37) GDP. World Bank national accounts data, and OECD National Accounts data files. 출처: https://data.worldbank.org/indicator/NY.GDP.MKTP.CD.

2016년 북극권은 전 세계 GDP의 0.31%에 해당하는 약 2,325억 달러의 GRP를 기록했다. 북극권 내의 GRP 비중은 러시아(29.4%), 미국(21.8%), 노르웨이(13.6%), 핀란드(10.4%), 스웨덴(10.3%), 아이슬란드(8.6%), 캐나다(3.9%)와 덴마크(2.0%) 순이다.

그러나 중요한 국가 간 지표, 즉 1인당 GRP/GDP에 따르면 약 68,400 달러를 기록하는 미국이 북극권 국가 중 1위를 차했으며, 이는 러시아에 비해 약 2.4배에 해당되는 수치로 전 세계 최저치의 약 6.8배에 달한다. 특이 사항은 러시아와 핀란드 북극권의 1인당 GRP 수치는 북극권 평균치보다 낮은 상황이다(러 - 66.1%, 핀 - 84.8%). 1인당 GRP 수준이 높은 국가로는 노르웨이, 아이슬란드와 캐나다가 있다.

〈표 5〉 2016년 북극권 행정 단위 지역총생산(GRP)*

No.	행정영토 단위	지역총생산 (백만 USD)	지역총생산 (USD/㎢)	지역총생산 (USD/1인당)
	북극권 전체	232,534	18,019	42,808
	러시아	68,311	18,194	28,279
1	무르만스크주	7,890	54,450	10,414
2	카렐리야공화국	303	6,986	6,898
3	아르한겔스크주	9,791	52,749	15,046
4	네네츠자치구	4,734	26,774	107,743
5	코미공화국	2,031	83,986	25,365
6	야말로-네네츠자치구	36,387	47,302	67,880
7	크라스노야르스크변강주	5,511	5,033	24,255
8	사하공화국	438	737	16,715
9	추코트카자치구	1,226	1,699	24,599
	미국	50,712	29,426	68,389
10	알래스카	50,712	29,426	68,389
	캐나다	9,101	1,953	56,487
11	유콘	2,140	4,435	56,000

No.	행정영토 단위	지역총생산 (백만 USD)	지역총생산 (USD/㎢)	지역총생산 (USD/1인당)
12	노스트 웨스트 준주	3,417	2,538	76,859
13	누나부트 준주	1,794	857	47,913
14	누나비크(케벡)	470	1,059	35,632
15	라브라도르	1,281	4,352	46,030
	덴마크	4,756	2,194	44,989
16	그린란드**	2,248	1,038	40,250
17	페로 제도**	2,508	1,792,702	50,297
	아이슬란드	20,047	195,061	59,251
18	아이슬란드	20,047	195,061	59,251
	노르웨이	31,520	180,787	64,693
19	누르란	15,591	405,419	64,195
20	트롬소	10,812	417,834	65,279
21	피니마르크	4,917	101,126	64,565
22	스피츠베르겐	201	3,287	77,647
23	얀 마이엔	0	0	0
	스웨덴	23,896	155,747	46,270
24	노르르보뗀	12,240	124,587	48,849
25	뵈스테르보뗀	11,656	211,219	43,841
	핀란드	24,191	143,218	36,319
26	라플란드	7,141	71,151	39,665
27	노르덴 오스트로보티니아	14,642	319,338	35,599
28	카이누우	2,407	106,097	32,219
	전 세계 지역총생산	75,847,769	509,254	10,046

주) * 2016년 러시아 중앙은행의 연평균 루블화 가치 기준(1 USD= 66.83 RUB)
　　** 그린란드와 페로제도의 자료는 2015년
출처: http://arctica-ac.ru/docs/journals/31/(검색일: 2020. 10. 3.)

〈표 5〉에서 나타나듯이, 카렐리야 공화국을 제외한 나머지 북극권 전체 행정주체의 1인당 GRP 수준은 대체적으로 전 세계 평균치보다 높다. 러시아의 경우, 대부분의 북방지역과 마찬가지로 북극권의 1인당 GRP 수준은 러시아 평균치를 상회한다. 그 이유로는 대규모 산업생산, 극도로 희박한 인구밀

도, 고정 및 유동 자본과 높은 유통 비용으로 인한 상대적으로 높은 노동임금 수준 등을 거론할 수 있다. 여기에서 주목해야 할 부분은 상기 언급한 상대적으로 높은 1인당 GRP 수준은 마치 자본 축적의 기본 재원과 실질적인 최종 소비에 의해 생성되는 GRP의 높은 수준과 마찬가지로 북방에서 이를 실현시키기 위해서는 반드시 확장된 재생산 조건이 필요하다는 것이다. 그러나 북방으로 유치된 재정 자원 확보 수단(연방 예산, 은행 및 증권 등)은 재생산 확대의 부흥과 지역의 인구공급을 위한 지속적이고 동등한(혹은 등가의) 출처로 간주할 수는 없을 것이다. 북방지역 경제형성에 있어서의 가격 또는 비용 상승의 절대적인 성격을 고려한다면, 이를 위해 이 지역의 1인당 GRP 수준을 러시아 전체의 평균 수준 이상으로 끌어 올려야 하는 것은 어찌 보면 당연한 수순일 것이다. 이와 반대의 경우에 있어서 북방 지역 경제는 확장된 재생산과 양호한 상태의 인구 상태를 동시에 보장 또는 유지할 수 없을 것이다[38].

<표 5>의 내용을 중심으로 2017년 기준으로 국가(또는 행정주체)별 1㎢당 GRP 수준을 살펴보면, 아이슬란드가 195,100 달러로 최고 수준을 나타내고 있으며 그 다음으로 노르웨이가 180,800 달러, 스웨덴이 155,700 달러 그리고 핀란드가 143,200 달러를 기록하고 있다. 가장 낮은 수준을 나타내는 곳은 2,200 달러 수준의 캐나다이며, 덴마크는 이를 약간 상회하는 2,200 달러 수준이다. 러시아는 평균적인 수준을 유지하고 있다. 특이 사항은 페로제도의 1㎢ 당 GRP 수준으로 약 1,793,000 달러를 나타내고 있다는 점이다. 이는 페로제도의 GDP대비 약 50%정도에 해당하는 덴마크 정부의 지원이 있기 때문인 것으로 파악된다.

---

38) Макроэкономическая динамика северных регионов России, Коми науч. центр УрО РАН. Сыктывкар, 2009. p. 64.

[그림 2] 북극권 지역총생산(GRP)

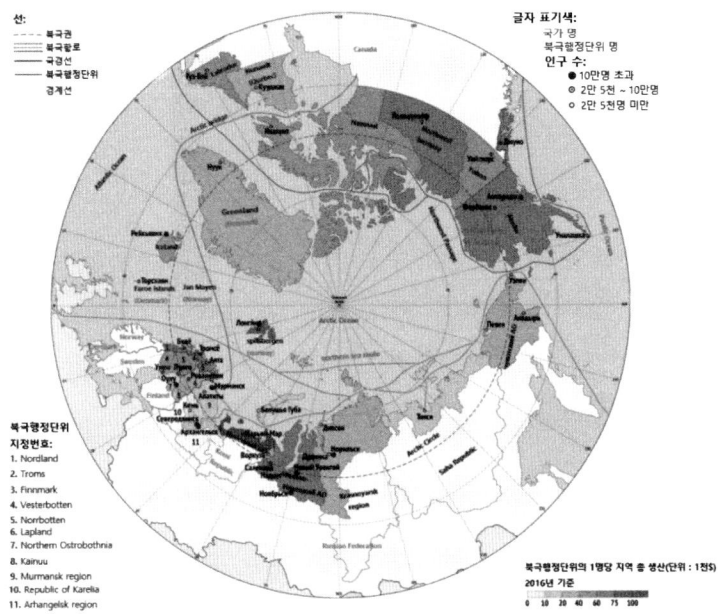

출처: http://arctica-ac.ru/docs/journals/31/(검색일: 2020.10.5.)

　러시아의 경우, GRP 지수의 특이점은 일반적으로 지역적 북방 편향성을 보이고 있다는 점이다. 즉 북쪽으로 올라갈수록 GRP 수준이 대체적으로 높아지는 양상을 나타내고 있다. 북방에 위치하면서 부분적으로 러시아연방북극권에 포함되어 있는 행정주체의 경우 다소 GRP 수준이 과소평가된 것으로 분석되고 있다. 이는 2016년 러시아통계청이 러시아 전체 GRP 중 북극권의 점유율을 5.3%로 평가했으나, 측정된 수치는 4.6%로 나왔기 때문이다(늦게 러시아연방북극권에 편입된 카렐리야공화국 제외). 이에 따라 차이가 나는 러시아 GRP 점유율의 0.7%는 초기 평가치에 비례하여 부분적으로 러시아연방북극권에 부분적으로 포함되어 있는 산업적으로 발전된 3개의 행정주체(아르한겔스크주, 코미공화국과 크라스노야르스크변강주)에 분배하여 정리됐다. 러시아 북극권 GRP의 절반 이상인 53.3% 정도를 야말로-네네츠자치구가 차지하고 있다. 이는 인구의 정착밀도와 GRP 사이에 직접적인 관련이 없음을 보여주고 있다. 네네츠자치구는 약 6.9%로 분석된다. 이를 비교하기 위해 В. Н. Лаженцева의 자료를 살펴보면, 2013년 기준 야말로-네네츠자치구의 총 GDP는 57.2%, 네네츠자치구는 7.0% 수준이었다[39].

러시아를 제외한 선진국들의 북극권 경우를 살펴보면, 행정주체 전체가 북극권에 포함되어 있다. 따라서 이들 지역의 GRP 수준은 전 세계 GRP 평균 수준보다 약 5배 이상을 기록하고 있다.

〈표 6〉 인구밀도와 1인당 지역총생산(GRP)에 따른 북극 행정 단위 분류

지표		2017년 초 인구밀도(명/㎢)		
		고밀도(3명 초과)	중밀도(0.1—3.0명)	저밀도(0.1명 미만)
2016년 1인당 지역총생산 (USD)	고생산 (60,000 초과)	Tromsø, Nordland	Nenets Autonomous District, Alaska, Yamalo-Nenets Autonomous District Finnmark	Spitsbergen, Northwest, Territories
	중생산 (30,000 — 6,000)	Iceland, Faroe islands, Västerbotten, Северная Northern, Ostrobothnia, Kainuu	Norrbotten, Lapland	Yukon, Nunavut, Labrador, Greenland, Nunavik
	저생산 (30,000 미만)	Komi Republic, Arhangelsk region, Murmansk region	Krasnoyarsk region, Republic of Karelia	Chukotka Autonomous Okrug, The Republic of Sakha (Yakutia)

출처: http://arctica-ac.ru/docs/journals/31/(검색일: 2020.10.5.)

---

[39] Лаженцев В. Н. Социально-экономическая география и региональная политика: северный аспект, Изв. Коми НЦ УрО РАН., 2016, No. 3, p. 107.

중요한 사항은 인구밀도와 1인당 GRP 두 가지 지표에 의거한 영토 개발 수준에 대한 평가일 것이다. 지표에 따라 등급을 '낮음', '중간' 그리고 '높음'으로 분류하여 북극권의 행정주체를 분석한 <표 6>의 내용을 살펴보면, 가장 정주인구가 많고 경제적으로 발전된 행정 주체는 노르웨이의 트롬소와 누를란 지역이다. 이와 상반된 결과를 나타내는 지역은 러시아의 추코트카자치구와 사하공화국이다. 네네츠자치구와 야말로-네네츠자치구를 제외한 러시아의 행정주체들은 경제발전 수준이 '낮음' 단계로 나타나고 있다.

Shannon 지수[40]를 사용하여 계산된 총부가가치의 부문별 구조의 다양성과 러시아 북극지역의 1인당 GRP(-0.828)사이에는 높은 선형 상관관계가 형성되어 있다. 러시아 북극권 지역의 경제가 덜 다양화되고 광업에 관련된 산업 비중이 클수록(아르한겔스크 지역의 3.4%에서 네네츠자치구의 67.5%에 이르기까지) 주민 1인당 더 많은 제품을 생산한다. 광물 채굴이 부가가치의 15% 미만인 러시아의 북극권지역은 1인당 GRP 수준은 세계 평균에 가깝다. 네네츠자치구는 전체 북극권 지역 중 가장 높은 GRP 수준을 보이고 있으며, 이는 카렐리야공화국보다 약 15.6배 정도를 상회하는 수치이다. 러시아북극권 행정 주체들의 산업부문별 다양성지표의 중요한 의미는 대체적으로 모든 산업 부문의 약한 발전 정도를 증명해주고 있다는 것이다.

러시아에 비해 다른 북극권 국가에서는 이와 같은 큰 격차가 발생하지 않고 있다. 캐나다의 경우, 선도지역인 노스웨스트 준주와 후발지역인 누나비크 지역의 차이는 2.2배에 불과하다. 노르웨이에서는 지역마다 GRP 수준이 크게

---

40) 섀넌 지수: 특정 생물다양성을 정량하는데 사용하는 지수로 도시 공간의 사회적 다양성 변화를 분석하는데 활용되기도 함. 이론적으로 최소 0에서 무한대의 값을 나타낼 수 있는데 값이 높아질수록 불확실성이 커지며, 이는 다양성이 증가함을 나타낸다. 출처: https://medscientist.tistory.com/17 (검색일: 2020. 9. 29.)

나타나고 있으나, 이는 통계 자료에 따르면 대륙붕에서의 채굴활동을 하는 사람이 정주하는 지역에 포함시키지 않았기 때문이다. 이런 특수한 상황을 제외하고는 일반적으로 총생산은 인구에 비례하여 모든 지역에 분배되어 있다[41].

상기 내용을 정리해 보면 다음과 같은 결론을 도출해 낼 수 있다. 러시아는 인구 규모와 GRP 측면에서 선두를 달리고 있지만, 면적 측면에서는 캐나다보다 열등한 상태이다. 미국은 인구 규모와 GRP 측면에서 2위를 차지하고 있다. 경제적으로 가장 낮은 개발 상황을 보이고 있는 국가는 캐나다와 덴마크이다. 스칸디나비아 국가들과 아이슬란드는 적은 면적에도 불구하고 인구 규모와 GRP 측면에서 선두 그룹과 비슷한 수준을 보이고 있다. [그림 3] 참조.

[그림 3] 북극권 국가들의 지표(북극 점유율, %)

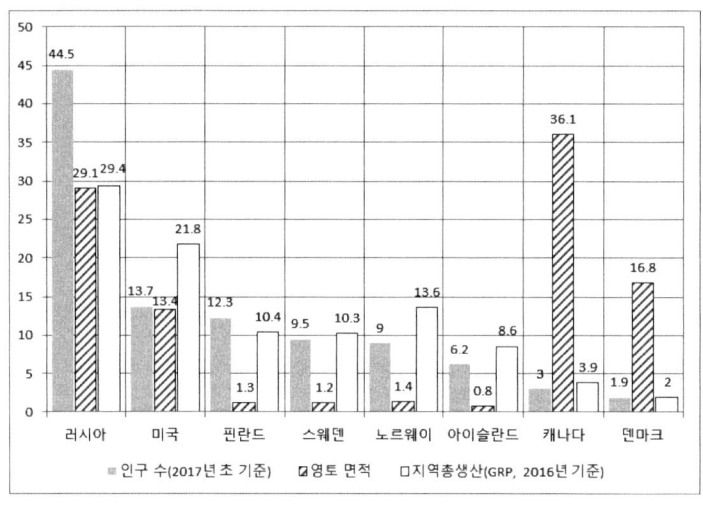

출처: http://arctica-ac.ru/docs/journals/31/(검색일: 2020. 10. 5.)

---

41) Фаузер В. В., Смирнов А. В. "МИРОВАЯ АРКТИКА: ПРИРОДНЫЕ РЕСУРСЫ, РАССЕЛЕНИЕ НАСЕЛЕНИЯ, ЭКОНОМИКА", *Арктика: экология и экономика*, Номер 3(31) 2018. pp. 18-19.

Ⅲ. 결론

21세기 접어들어 북극권은 국제사회의 집중적인 관심을 받는 지역으로 변모하고 있다. 이전에는 지정학적 관점을 위주로 중요성을 인정받았던 북극권의 거대 공간은 질적으로 새로운 지위를 확보해 나가고 있다. 현재 북극권의 중요성은 천연자원, 북극항로, 부동항과 원주민들의 자연활용 보존에 관련된 기여 등에 힘입어 세계 경제 부문에서 크게 부각되고 있다.

북극은 단일 공간으로 간주될 수도 있지만 다양한 방법에 따라 구획될 수 있다. 실제로 북극권의 정의는 북극권 국가들도 상이하게 정의하고 있으며, 연구목적에 따라 다양하게 규정하고 있다. 아울러 북극권은 독특한 지리적 특성을 보유하고 있으며, 그 중심으로부터 유럽, 아시아 및 북아메리카 등 세 개 대륙의 해안을 포함하고 있다. 이와 같이 북극 정의에 관련된 여러 기준에도 불구하고 일반적으로 허용될 수 있는 명백한 북극의 경계는 존재하지 않는다.

여러 다른 관점에도 불구하고, 현시점에서는 러시아, 미국, 캐나다, 노르웨이, 덴마크, 스웨덴, 핀란드 및 아이슬란드의 8개 북극권 국가들이 북극권 내에 영토, 대륙붕과 배타적 경제수역이 존재하고 있다는 것이 일반적 인식이다.

장기적인 측면에서 볼 때, 북극 자원 개발 및 확보에 관한 경쟁은 21세기 국제사회에서 다양한 세력 배치 및 상호작용을 결정하는 중요한 여러 요소 중 하나가 될 것이다. 중요한 부분은 현재 개발 지역에서의 광물 매장량의 고갈과 소비에트 체제의 와해와 연관된 러시아의 천연자원 원천지의 손실 등의 요인으로 인해 향후 북극권에서의 광물 생산을 확대해야 할 필요성이 제기되고 있음을 간과해서는 안 된다.

2017년 기준으로 북극권의 총인구는 약 5,432,000명이며, 이는 전 세계의 인구의 약 0.07%에 해당한다. 북극권 인구의 44.5%에 달하는 약 2,416,000명 정도가 러시아 북극권에, 그리고 미국 북극권에 13.6%(약 741,000명), 핀란드 북극권 지역에 12.3%(약 666,000명) 정도가 정주하고 있다.

북극권에는 인구수 천명 이상의 정주지 415곳이 존재한다. 그중 대부분이 러시아(32.5%), 스웨덴(14%), 핀란드(13.7%)와 노르웨이(12.5%)에 분포되어 있다. 최근 북극권 도시들에 대한 관심이 고조되고 있다. 이는 북극권 경제적 발전과 영토 개발 전망에 직접적인 연관이 있기 때문이다. 이들 도시들은 주변 지역과의 교통 허브의 임무뿐 아니라 중요한 정보 및 문화 시설들을 연결해주는 중추적 역할을 수행하게 될 것이다.

인구 역학(Population dynamics)적 측면에서 북극 도시를 분석해 보면 러시아를 제외한 북극도시들은 대체적으로 긍정적인 역동성을 보이고 있으나, 4만 명 규모의 12개 러시아 북극권 도시 중 이와 비슷한 경우를 나타내는 도시는 노븨 우렌고이(Новый Уренгой), 노야브르스크(Ноябрьск)와 세베로모르스크(Североморск) 단 세 곳에 불과하다. 인구손실이 가장 큰 지역으로는 보르쿠타(Воркута), 몬체고르스크(Мончегорск), 무르만스크(Мурманск)와 아파티틔(Апатиты) 등을 거론할 수 있다.

북극권 전체 인구의 절반 정도가 정주 시스템들이 잘 결합된 무르만스크주, 아르한겔스크주, 카렐리야공화국과 코미공화국 등의 러시아 서유럽 지역과 러시아의 그 밖의 북극권 지역에 거주하고 있다. 러시아 북극권이 자국 경제에 미치는 기여도는 2014-2016년 사이 5.0%에서 5.3%로 증가했다. 러시아는 북극권 전체에서 GRP면에서 1위를 차지하고 있지만, 반면에 1인당 GRP면에서는 최하위를 기록하고 있다. 그 뿐 아니라 러시아 북극권의 주요 가스 및 석유 개발지역인 네네츠자치구와 야말-네네츠자치구의 두 지역과 나머지 지역 사이에는 심각한 양극화 현상이 존재한다. 이는 러시아 경제 분야의 불충분한 효율성과 낮은 노동생산성에 기인함을 보여주고 있다. 러시아 북극권 내의 저효율성은 부분적으로 인구의 비합리적 정착 시스템과 연관이 있다. 1990-2000년 대 초 급격한 이주 현상으로 인해 인프라 시스템이 과도해졌다[42]. 이러한 인프라 시스템들은 기후와 환경조건으로 인해 높은 마모율을 보이고 있으며, 이를 유지하기 위해 막대한 비용이 요구되고 있다.

러시아를 제외한 선진국들의 북극권 경우를 살펴보면, 행정주체 전체가 북극권에 포함되어 있다. 따라서 이들 지역의 GRP 수준은 전 세계 GRP 평균 수준보다 약 5배 이상을 기록하고 있다. 중요한 사항은 인구밀도와 1인당 GRP 두 가지 지표에 의거한 영토 개발 수준에 대한 평가로 지표에 따라 등급을 '낮음', '중간' 그리고 '높음'으로 분류하여 북극권의 행정주체를 분석해 보면, 가장 정주인구가 많고 경제적으로 발전된 행정 주체는 노르웨이의 트롬소와 누를란 지역이다. 이와 상반된 결과를 나타내는 지역은 러시아의 추코트카자치구와 사하공화국이다. 네네츠자치구와 야말로-네네츠자치구를 제외한 러시아의 행정주체들은 경제발전 수준이 '낮음' 단계로 나타나고 있다.

러시아는 인구 규모와 GRP 측면에서 선두를 달리고 있지만, 면적 측면에서는 캐나다보다 열등한 상태이다. 미국은 인구 규모와 GRP 측면에서 2위를 차지하고 있다. 경제적으로 가장 낮은 개발 상황을 보이고 있는 국가는 캐나다와 덴마크이다. 스칸디나비아 국가들과 아이슬란드는 적은 면적에도 불구하고 인구 규모와 GRP 측면에서 선두 그룹과 비슷한 수준을 보이고 있다.

이를 개선하기 위해서는 주택과 기반 시설 사용의 합리성 추구와 집결성을 지원해 줄 수 있는 프로그램들이 개발되어야 할 것이다. 동시에 거주 중

---

42) Фаузер В. В., Лыткина Т. С., Фаузер Г. Н. Демографические и миграционные процессы на Российском Севере: 1980—2000 гг.: монография / Отв. ред. В. В. Фаузер, Сыктывкар: Изд-во СГУ им. Питирима Сорокина, 2016, p. 168.

심지에서 벗어나 고립지역에서의 개발 활동을 위한 임시 정착지(교대 부락, вахтовые поселк)의 구축과 활용에 대해서도 적극적인 방법을 모색할 필요가 있다.

〈참고문헌〉

Gautier D. L., Bird K. J., Charpentier R. R. et al. Assessment of undiscovered oil and gas in the Arctic // *Science*, 2009, May 29.
출처: https://pubmed.ncbi.nlm.nih.gov/19478178/

Han J. M., Kim J. H., Yi J. H., "Definition of Arctic Spaces based on Physical and Human Geographical Division", *KMI International Journal of Maritime Affairs and Fisheries*, June 2020, Vol. 12(Issue 1).

Арктическая энциклопедия: дополненное и переработанное издание «Северной энциклопедии»: Т. 2. М.: Паулсен, 2017.

Барциц И. Российский арктический сектор: правовой статус // *Обозреватель–Observer*. 2000. № 12.

Гаврильева Т. Н., Архангельская Е. А. Северные города: общие тренды и национальные особенности // ЭКО. 2016. № 3.

Декрет Совета Народных Комиссаров РСФСР «Общее положение о городских и сельских поселениях и поселках» от 15 сентября 1924 г.

Ковалев А. А. Международно-правовой режим Арктики и интересы России // Индекс безопасности. 2009. № 3-4 (90-91).

Конышев В. Н., Сергунин А. А. *Арктика в международной политике: сотрудничество или соперничество?* / Под ред. И. В. Прокофьева; Рос. ин-т стратег. исслед. — М.: РИСИ, 2011.

Лаженцев В. Н. Социально-экономическая география и региональная политика: северный аспект, Изв. Коми НЦ УрО РАН., 2016, No. 3.

Макроэкономическая динамика северных регионов России, Коми науч. центр УрО РАН. Сыктывкар, 2009.

Мангатаева Д. Д. *Система расселения населения: Региональный аспект.* Новосибирск: Наука, сибир. отд-ние, 1988.

Меламед И. И., Авдеев М. А., Павленко В. И., Куценко С. Ю. *Арктическая зона России в социально-экономическом развитии страны* // Власть. 2015. № 1.

Прогнозы расселения и планировки новых городов Крайнего Севера / Под ред. Л. К.

Панова. Л.: Стройиздат (Ленингр. отд-ние), 1974.

Свешников В. К. *Градостроительные проблемы Севера: Тезисы докладов* (Мурманск, сентябрь 1971). Л., 1971.

Север: *проблемы периферийных территорий* / Отв. ред. В. Н. Лаженцев. (Науч. совет РАН по вопросам регион. развития; Коми науч. центр УрО РАН). Сыктывкар, 2007.

Селин В. С., Цукерман В. А., Виноградов А. Н. *Экономические условия и инновационные возможности обеспечения конкурентоспособности месторождений углеводородного сырья арктического шельфа.* Апатиты: Изд-во Кольского науч. центра РАН, 2008.

Указ Президента РФ «О сухопутных территориях Арктической зоны Российской Федерации» от 2 мая 2014 г. № 296 (в редакции 2017 г.).

Указ Президиума Верховного Совета РСФСР «О порядке отнесения населенных пунктов к категории городов, рабочих и курортных поселков» от 12 сентября 1957 г.

Указ Президиума Верховного Совета РСФСР «О порядке решения вопросов административно-территориального устройства РСФСР» от 17 августа 1982 г.

Фаузер В. В. *Финно-угорские народы: история демографического развития.* Сыктывкар, 2005.

Фаузер В. В., Лыткина Т. С., Фаузер Г. Н. *Демографические и миграционные процессы на Российском Севере: 1980—2000 гг.: монография* / Отв. ред. В. В. Фаузер, Сыктывкар: Изд-во СГУ им. Питирима Сорокина, 2016.

Фаузер В. В., Лыткина Т. С., Фаузер Г. Н. Особенности расселения населения в Арктической зоне России // *Арктика: экология и экономика.* 2016. № 2.

Фаузер В. В., Смирнов А. В. "МИРОВАЯ АРКТИКА: ПРИРОДНЫЕ РЕСУРСЫ, РАССЕЛЕНИЕ НАСЕЛЕНИЯ, ЭКОНОМИКА", *Арктика: экология и экономика,* Номер 3(31) 2018.

Фаузер В. В., Смирнов А. В. Российская Арктика: от острогов к городским агломерациям // *ЭКО.* 2018. № 7.

Ходжаев Д. Г., Вишнякова В. С., Глабина Н. К. *Эффективность расселения: проблемы и суждения.* М.: Мысль, 1983.

Хорев Б. С. *Территориальная организация общества: актуальные проблемы регионального управления и планирования в СССР*. М.: Мысль, 1981.

Хорев Б. С., Смидович С. Г. *Расселение населения: основные понятия и методология*. М.: Финансы и статистика, 1981.

Юшкин Н. П., Бурцев И. Н. Минеральные ресурсы Российской Арктики // *Север как объект комплексных региональных исследований* / Отв. ред. В. Н. Лаженцев. Сыктывкар, 2005.

Арктическая зона РФ / Росстат.
출처: http://www.gks.ru/free_doc/new_site/region_stat/arc_zona.html

GDP. World Bank national accounts data, and OECD National Accounts data files.
출처: https://data.worldbank.org/indicator/NY.GDP.MKTP.CD.

2009 US Congressional Hearing. Strategic Importance of the Arctic in US Policy.
출처: https://fas.org/irp/congress/2009_hr/

Maps / Arctic Council.
출처: https://www.arctic-council.org/index.php/en/learn-more/maps

해양법에 관한 국제연합협약 및 1982년12월10일자 해양법에 관한 국제연합협약 제11부이행에 관한 협정(United Nations Convention on the Law of the Sea)
출처: http://www.law.go.kr/trtyInfoP.do?mode=4&trtySeq=2274&chrClsCd=010202

Природные ресурсы / The Arctic. При поддержке РГО.
출처: https://ru.arctic.ru/resources/

스발바르조약 100주년의 함의와 북극권 안보협력의 과제

라미경*

I. 서론

2020년 올해는 스발바르조약이 체결된 지 100주년이 되는 해이다. 스발바르조약[1]은 1920년 2월 9일 UN의 전신인 국제 연맹 참가국 14개국[2](현재 46개국 가입, 대한민국은 2012년 비준)이 서명하고 1925년 8월 14일 발효된 최초의 기속력 있는 북극권 조약이다. 이후 5년간 조약이 효력을 갖기 전 1924년 러시아와 1925년 독일, 중국이 추가로 서명하였다.

20세기 이전까지 스발바르군도는 어떠한 국가의 주권이 미치지 않는 무주지(Terra nullius)였다. 국제법상 무주지란 주인이 없는 땅을 의미하며 오직 선점을 통해 국가가 주인이 없는 땅을 취득할 수 있음을 의미한다. 국가가 무

※ 이 글은 『한국 시베리아연구』 24권 4호에 게재된 것임
  이 논문은 2019년 대한민국 교육부와 한국연구재단의 지원을 받아 수행된 연구임 (NRF-2019S1A5C2A01081461)
* 서원대학교 교수
1) 「스피츠베르겐의 지위를 규정하고 노르웨이의 주권 부여하는 조약(Treaty regulating the status of Spitsbergen and conferring the Sovereignty on Norway)」으로 스피츠베르겐은 오래전에 영국과 네덜란드가 스발바르군도를 지칭하는 지명이었으며, 스발바르는 오늘날 동 군도를 지칭하는 노르웨이의 지명이다.
2) 14개 국가는 미국, 덴마크, 프랑스, 이탈리아, 일본, 네덜란드, 스웨덴, 영국, 캐나다의 영국 해외자치령, 오스트레일리아, 인도, 남아프리카, 뉴질랜드, 노르웨이 등이다.

주지에 대한 선점이 성립하기 위해서는 국가의 권한 행사를 통해 실효적 지배가 존재해야 한다. 하지만 스발바르군도에 대해여 주권자로 행동하려는 영유의 의사와 실효적 지배가 이루어진 적이 없었다. 동 군도의 주권과 관련된 법정분쟁은 존재하지 않았으며, 모든 국가는 항행의 자유를 가졌다.

최근 들어 스발바르군도를 포함한 북극권에 대한 관심과 수요가 세계적으로 많이 드러나게 되었다. 이유는 기후변화로 인한 빙하의 해빙과 새롭게 불붙기 시작한 북극 자원개발 경쟁, 북극항로 등 새로운 북극 운송로의 부상 같은 현안들이 급부상한 데 있다. 북극해 영유권 갈등의 핵심지역은 바렌츠해(Barents Sea) 지역이고 스발바르군도는 노르웨이와 북극해 사이 바렌츠해에 자리 잡고 있다. 스발바르군도는 자원소유 및 개발에 관한 것으로 수산 및 광물자원 관할 분쟁이 있는 곳이다.

스발바르조약과 북극권 안보협력에 관한 선행연구는 다음과 같다. 우선, 이영형, 박상신(2020년)의 연구에서는 러시아 북극지역의 안보환경과 북극군사력의 성격에 대해 밝히면서 러시아의 북극개발 및 북극군사력 강화움직임이 신냉전을 자극하는지는 러시아의 패권적 움직임보다 비군사적 영역의 안보에 더 많은 관심을 두고 있다고 정리한다. 박영민(2019)은 바렌츠해 지역은 러시아와 노르웨이의 배타적 경제수역(EEZ)과 대륙붕 수역이 겹쳐져 있어 지리적 특성상 영유권 분쟁의 실마리를 제공하고 있다고 지적한다. 이용희(2013년)는 북극 스발바르조약에 관한 연구에서 스발바르조약의 체결배경과 주변 해양관할권 현황에 대해 국제법적 해결방안을 검토하고 있다. 배규성(2010년)은 북극권 쟁점과 북극해 거버넌스에서 군사적 갈등이나 영토와 자원을 둘러싼 분쟁의 가능성은 자원의 매장량만큼 크지 않다고 보고 지속가능한 발전을 위한 조직화가 필요하다고 역설하고 있다. 윤지원(2009년, 2018년)은 연구에서 북극해를 둘러싼 해양안보는 북극 그 자체가 갖는 법적 지위가 복잡한 구조와 양상을 띠고 있기에 협력보다는 갈등이 심화되어 국가 간 충돌이 불가피하다고 보고 있다. 특히 러시아의 북극해에 대한 국가전략은 경제적 이익확보를 위해 다른 주변국과는 다르게 적극적으로 펼치고 있다.

이상과 같이 선행연구를 검토한 결과, 기존 연구는 북극권을 둘러싼 안보협력에 대해 두 가지 접근방법을 모색하고 있다. 하나는 스발바르군도를 포함한 북극권의 이해충돌 가능성에 대해 국제법, 제도를 중심으로 접근하고 있고, 다른 하나는 해양관할권이나 자원개발에 대한 영토와 자원분쟁은 필연적이라는 논지이다.

따라서 본 연구에서는 스발바르조약의 내용을 살펴보고, 1994년에 발효된 UN해양법협약(United Nations Convention on the Law of the Sea: UNCLOS)에서 스발바르조약의 적용에 대한 국제사회의 쟁점과 각국 입장, 스발바르조약 100주년이 갖는 함의, 그리고 스발바르군도를 포함한 북극권[3]의 안보협력 가능성에 대해 거버넌스(governance)나 레짐(regime)과 같은 지속가능한 조직화로 고찰하고자 한다.

---

3) 북극권은 북위 66°33'을 기준으로 미국(알래스카), 캐나다(유콘과 북서 준주, 퀘벡), 그린란드, 아이슬랜드, 노르웨이, 스웨덴, 핀란드, 러시아(북극지역)을 포함한다. Jong-Man Han, Joung-Hun Kim, Jae-Hyuk Yi, "Definition of Arctic Spaces Based on Physical and Human Geographical Division," *KMI International Juornal of Maritime Affairs and Fisheries*, Vol. 12, 2020, p. 4.

Ⅱ. 스발바르조약과 유엔해양법에 관한 논의

1. 스발바르조약 체결과정과 내용

1) 스발바르조약 체결 과정

스발바르군도는 북극 바렌츠섬에 있는 일련의 제도로서 북위 74도에서 81도, 동경 10도에서 35도 사이에 존재하는 모든 도서를 포함한다. [그림 1]에 나타나듯이 스발바르군도 전체 육지의 면적은 62,400㎢이며 토착민은 존재하지 않는다.[4] 스발바르군도 주변의 수역은 어업과 광물자원이 풍부하고 기후변화로 인한 북극해 얼음의 해빙으로 상업적으로 이용 가능성이 대두되며 북동항로의 통로로써 중요한 의미를 지니고 있다.[5]

스발바르군도는 본토와 주변 해역의 천연자원이 풍부함으로 인해 인근 국가들에 의해 관심을 받아왔다. 1900년대 이전, 스발바르군도 자체의 토착민은 없었으나 어업, 고래, 바다사자 포획과 같은 해양자원의 이용 활동은 주변 국가들의 관심을 촉구시켰다. 해당 기간 인근 국가들은 스발바르군도에 대하여 오직 여름철에 고래와 같은 포유동물의 포획 활동을 활발히 하였으며, 겨울철에는 인간의 활동이 거의 존재하지 않았다. 이후 영국, 프랑스, 네덜란드, 독일에 의해 스발바르군도 주변 해역에서 고래 포획 활동은 250여 년간 지속하였다.[6]

---

[4] R. Churchil, Ulfstein G. "The Disputed Maritime Zones around Svalbard," in Nordquist, Hekdar, Moore, Norton(eds.), *Change in the Arctic Environment and the Law of the Sea*, Marinus Nijhoff Publishers, 2010, p. 553.
[5] 이용희, "북극 스발바르조약에 관한 연구," 『해사법연구』, 제25권 2호, 2013, p. 109.
[6] 극지연구소, 『스발바르조약』, 극지관련 국제조약·선언 핸드북 북극 편 제1편, 2014, p. 6.

[그림 1] 스발바르군도 지도

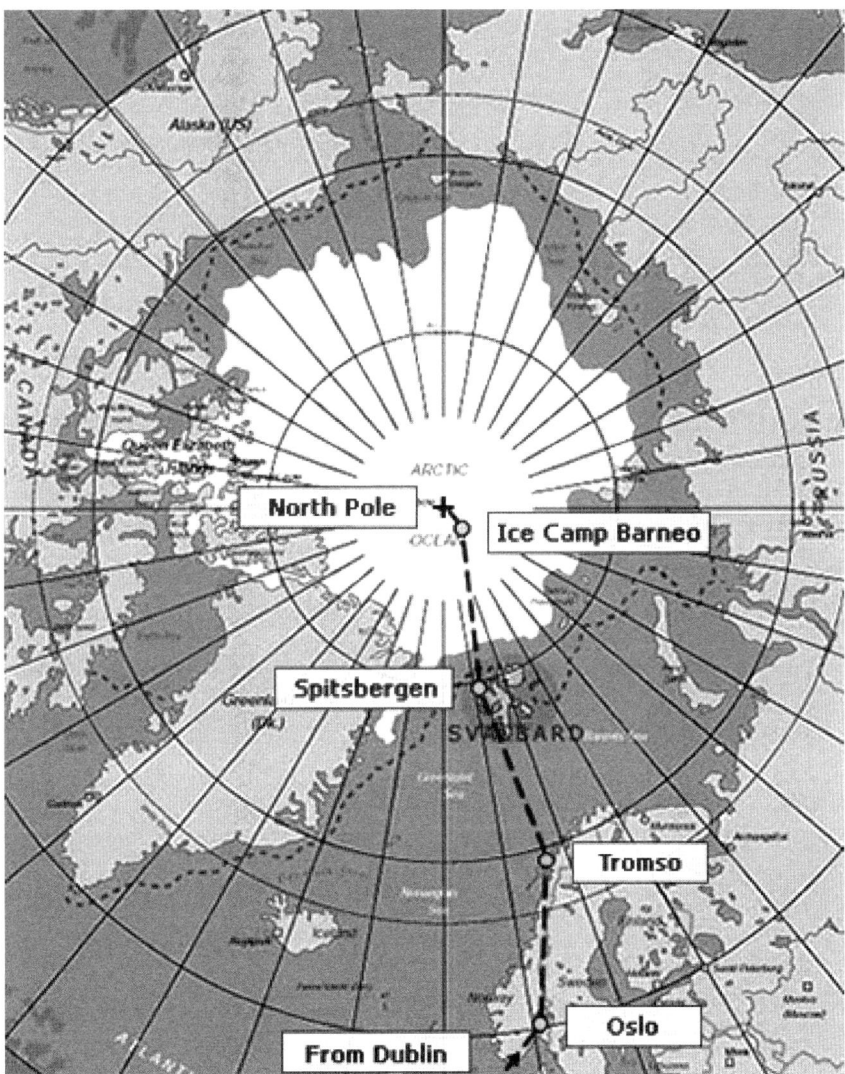

자료: https://experiencingthehighnorthinnorway.files.wordpress.com/2012/06/north-pole-map.jpg
(검색일: 2020.10.11.)

스발바르조약이 체결된 배경으로는 20세기 석탄산업의 발전으로 인해 이전의 스발바르군도 주변 해역의 자원개발이 점차 육지로 이동되면서 노르웨이, 스웨덴, 러시아 독일 등의 석탄채굴을 둘러싼 분쟁을 들 수 있다. 스발바르군도는 전략적 요충지로서 미국과 러시아의 관심을 증대시켰다.

이에 1905년 스웨덴으로부터 독립한 노르웨이는 스발바르군도가 무주지임을 기초로 새로운 법 체제를 도입할 것을 제안하고 1910년, 1912년, 1914년 세 차례에 걸쳐 노르웨이, 스웨덴, 러시아가 참석한 가운데 스발바르군도의 관할권에 대한 논의가 이루어졌다.[7] 하지만 이 논의는 1차 세계대전이 발발하자 수포가 되었다.

전쟁이 끝나자, 1919년 노르웨이는 파리평화회의에서 스발바르군도의 법적 지위가 재논의되어야 하며 노르웨이가 주권을 가지라고 요청하였다. 결국 스피츠베르겐 회의를 개최하여 스발바르군도의 법적 지위에 대한 논의가 재개되었고 스피츠베르겐 회의에서 스발바르군도에 대한 노르웨이의 주권을 인정하는 조약이 합의되었다(Treaty regulating the status of Spitsbergen and conferring the Sovereignty on Norway).

<표 1>에 나타나듯이 2017년 슬로바키아의 마지막 가입으로 2020년 10월 현재까지 46개국이 스발바르조약을 비준 또는 가입하였다. 이 조약은 1920년 9월 3일 노르웨이를 시작으로 1930년대에 걸쳐 현재 당사국의 대부분이 비준하였다. 스발바르조약에 북극이사회 8개국(노르웨이, 덴마크, 러시아, 미국, 스웨덴, 아이슬란드, 캐나다, 핀란드) 모두 조약 당사국이며, 북극이사회의 영구 옵서버국가 모두가 이 조약의 당사국이다.

---

7) T. Pedersen, "The Svalbard Continental Shelf Controversy: Legal Disputes and Political Rivalries," Ocean Development & International Law, Vol. 37, 2006, p. 341.

<표 1> 스발바르조약 가입국(46개국)

(2020.10.30. 현재)

비준일	국가	국가 수	비고
1920.9.3.-1925.9.23	미국, 덴마크, 프랑스, 이탈리아, 일본, 네덜란드, 노르웨이, 스웨덴, 영국, 캐나다의 영국 해외자치령(오스트레일리아, 캐나다, 인도, 남아프리카, 뉴질랜드)	14개국	최초 14개 서명국
1923.12.29.-1925.11.23	아일랜드, 루마니아, 모나코, 벨기에, 불가리아, 중국, 이집트, 핀란드, 독일, 사우디아라비아, 스페인, 스위스, 그리스	13개국	아일랜드 (영국령)
1927.2.3.-1929.11.23	포르투갈, 헝가리, 도미니카공화국, 칠레, 아르헨티나, 베네수엘라, 아프카니스탄	7개국	
1930.3.12-1935.5.7	러시아, 폴란드, 오스트리아, 알바니아, 에스토니아	5개국	
1994.5.31	아이슬란드	1개국	1994.11.16 UN해양법발효
2006.6.21	체코	1개국	
2012.9.7	대한민국	1개국	
2013.1.13	리투아니아	1개국	
2016.1.25	북한	1개국	
2016.6.13	라트비아	1개국	
2017.2.21	슬로바키아	1개국	

2) 스발바르조약의 내용

스발바르조약의 내용은 10개의 조문 및 1개의 부속서로 구성되어 있다. 조약의 전문에는 조약체결 당사국이 스발바르군도의 발전과 평화적 이용을 보장하기 위한 평등한 체제(equitable regime)하에 노르웨이의 주권을 부여할 것을 명시하고 있다.

스발바르조약 제1조는 "체약당사국은 조약의 규정에 따라 스피츠베르겐 군도에 대한 노르웨이의 완전하고 절대적인 주권을 인정하기로 약속한다." 따라서 노르웨이는 스발바르군도에 대하여 입법권 및 집행권을 향유한다. 제2조 제3조에 따라 조약 당사국들은 제1조에 정의된 스발바르조약이 적용되는 영토와 영해에 대한 접근권을 보유한다. 이러한 권리는 영토와 영해에 대한 자원개발권과 연관되어 있다. 하지만 스발바르조약은 노르웨이에 스발바르군도에 관한 주권을 인정하는 동시에 노르웨이 주권을 제한하고 있다. 즉 제9조는 노르웨이가 스발바르군도에 해군기지를 설치하거나 설치를 허가할 수 없으며, 그 어떠한 경우에도 군사적 목적으로 사용될 수 있는 요새를 구축하지 않도록 명시함으로써 스발바르군도의 평화적 이용을 규정하고 있다.

스발바르군도에 대한 분쟁은 1970년 노르웨이가 스발바르군도에 직선기선을 획선하고 4해리 영해를 설정하면서 시작되었다. 스발바르조약은 유엔해양법이 작성되기 이전에 체결되었으며 그 당시에는 접속수역, 배타적 경제수역(어업보호수역 포함), 대륙붕확장 권리와 같이 오늘날 국제해양법에서 인정되는 연안국의 권리는 존재하지 않았다.

따라서 스발바르조약이 적용되는 지리적 범위에 대해서는 영토, 영해만을 의미하고 대륙붕에 관한 내용은 명시하지 않고 있다. 1982년 유엔해양법은 기존에 존재하지 않았던 관할해역을 신설하였으며, 공해였던 해역 일부를 연안국의 관할하에 포함하게 되었다.

2. 유엔해양법과 스발바르조약상 적용범위

유엔해양법협약은 20세기 중반까지 해양에서 국가간 갈등이 계속되고 있었으나 이를 조정할 수 있는 국제법적 기본을 마련하지 못하다가 1982년 4월 해양에서의 기득권을 고수하려는 선진국과 인류 공동의 유산임을 주장하는 개도국 간의 논의 결과로 탄생한 법이다.[8] 이 협약이 발효된 것은 1994년 11월 16일이다. 2020년 10월 말 현재 우리나라를 포함한 세계 168개국이 비

---

8) 라미경, "북극해 영유권을 둘러싼 캐나다-미국 간 갈등의 국제정치," 『해양안보논총』, 제3권 1호, 2020, p. 64.

준을 마쳐 포괄적인 해양헌장으로 기능하고 있으며[9] 영해·접속수역·대륙붕·공해·심해저 등 해양의 모든 영역과 해양환경·해양과학조사·해양기술 이전·분쟁해결 등이 이 협약의 적용을 받는다. 이 협약은 국가 관할 수역에 관한 전통적인 국제해양법을 보완, 발전시켰는데, 12해리 영해 제도와 200해리 배타적 경제수역 제도 등이 이 협약으로 보장된 해양국가의 권리이다. 이 밖에 중해상의 심해저 개발과 관련된「국제해저기구」를 설립, 심해저 자원 개발 및 규제·해양환경보호 및 해양과학 조사분야 등의 기본법규 확립·해양분쟁 해결을 위한「국제해양재판소」설립 등이 협약의 주요 내용이다.

유엔해양법은 기존에 존재하지 않았던 배타적 경제수역, 군도수역, 국제해협, 심해저 등을 신설하였다. 특히 영해 12해리, 배타적 경제수역, 군도수역 등은 연안국 관할해역으로 범위를 확장했다. 또한 공해였던 해역 일부를 연안국의 관할하에 포함하게 되었다.

이에 스발바르조약상 적용범위에 대한 해석의 입장이 크게 세 가지로 나뉘게 되었다.[10] 첫째, 먼저 조약상 영해(territorial warter)를 오늘날 영해로 간주하여 스발바르군도가 오직 내수, 영해만을 갖는다는 입장이다. 둘째, 스발바르군도가 오늘날 유엔해양법협약에 따라 접속수역, 배타적 경제수역, 확장된 대륙붕을 가질 수 있으나 스발바르조약의 당사국이 가질 수 있는 권리가 영해 이원에 적용되지 않는다는 주장이다. 셋째, 두 가지를 혼합하여 스발바르군도가 영해 이원에 대해 해양관할권을 생성하며, 추가로 생성된 해양관할에 대해 스발바르조약이 적용되어 기존의 조약 당사국의 권리인 무차별적 원칙 또한 동일하게 적용된다는 것이다.

---

9) https://www.un.org/Depts/los/reference_files/UNCLOS%20Status%20table_ENG.pdf (검색일: 2020.11.20.)

10) D.H. Anderson, "The Status under International Law of the Maritime Areas around Svalbard," *Ocean Development & International Law*, Vol. 40, 2009, p. 374.

결국 이와 같은 스발바르조약의 해석에 대한 입장 차이는 스발바르군도의 대륙붕에 부존된 석유자원과 노르웨이가 설정한 200해리 어업보호수역의 풍부한 어장의 경제성으로 인해 좁혀지지 않고 있다. 신 국제해양법질서의 출현에 따라 스발바르군도가 영해 이원의 독자적인 관할해역을 생성할 수 있는지 법적 의문과 만약 그러하다면 스발바르조약 또한 확대된 해역에 적용되는가에 대한 법적 분석이 필요하다.

3. 새로운 국제법해양법 질서의 출현에 따른 스발바르조약의 적용시 쟁점

결국 문제는 1920년에 채택된 스발바르조약의 내용이 새롭게 형성된 국제해양법질서에 어떻게 접목할 것인가이다. 좀 더 구체적으로 스발바르조약의 지리적 적용범위를 어떻게 정할 것인가 하는 조약의 해석에 관한 문제이다. 특히 노르웨이와 러시아 분쟁의 쟁점은 두 가지이다. 하나는 스발바르조약에 기속되는 스발바르군도를 기점으로 현재의 국제해양법질서에 따라 배타적 경제수역과 대륙붕을 설정할 수 있는가 하는 점이다. 이에 노르웨이는 유엔해양법협약당사국으로서 동 협약에 따라 부여된 연안국의 권리를 노르웨이가 행사할 수 있다는 입장이다. 러시아는 스발바르조약은 유엔해양법협약에 대해서 스발바르군도 주변수역을 규율하는 특별한 조약이므로 동 조약상 영해 이외의 해양관할권 설정 가능성에 대한 권한을 노르웨이에 부여하는 명문의 규정이 없으므로 노르웨이가 조약당사국의 동의 없이 일방적으로 관할권을 확장할 수 없다는 입장이다. 다른 하나는 새로운 국제해양법질서에 따라 노르웨이가 스발바르군도 기점을 영해 외측으로 확장한 해양관할권에 대하여 스발바르조약상의 제반규정이 확대하여 적용될 수 있는가다.[11]

---

11) 이용희, 전게서, 2013, p. 125.

현재는 미국, 캐나다, 덴마크, 노르웨이, 러시아 등 북극해 연안 5개국의 200해리 배타적 경제수역(EEZ)만 인정되고 있다. 또한 대륙붕이 뻗어 있으면 예외적으로 수역 확장을 허용하고 있다. 하지만 연안국 간 여전히 영토분쟁에 대한 갈등이 해결되지 않은 상태이다. 그뿐만 아니라 북극의 활용도가 높아지자 북극항로의 법적 지위 등에 대해 연안국과 비 연안국 간 갈등 양상을 보인다.[12]

Ⅲ. 스발바르조약 당사자 각국의 입장

1920년 조약의 당사국에 무차별적 대우를 전제로 하여 노르웨이에 주권을 부여한 스발바르조약이 체결되고, 1982년 유엔해양법협약이 새롭게 체결되면서 쟁점이 되는 사안에 대해 각국 특히 당사국인 노르웨이, 반대하는 국가, 유보적 국가 입장을 살펴보면 다음과 같다.

1. 노르웨이 입장

노르웨이는 새로운 UN해양법협약에 근거하여 스발바르군도 해역에 관한 자국의 관할권 확대를 도모하였다. 1977년 7월 「어업보호수역칙령」 선포하여 스발바르군도 주변에 200해리의 어업보호수역을 설정하였고, 2003년 7월 「노르웨이 영해 및 접속수역법」을 제정하여 스발바르군도 영해를 기존 4해리에서 12해리로 확장하였다.

노르웨이는 다음의 두 가지를 주장하고 있다.[13] 첫째, 노르웨이가 스발바

---

12) 윤성혜, "북극 진출, 중국과 손잡아야 하는 이유," 프레시안, 2015. 4. 16 일자.
13) 극지연구소, 전게서, 2014, p. 15.

군도에 주권을 행사하고 있으므로 UN해양법협약에 따라 스발바르군도의 영해 외측에 배타적 경제수역, 대륙붕을 설정할 수 있으며 이에 대한 주권적 권리 및 관할권 또한 행사할 수 있다. 둘째, 스발바르조약에는 조약체결 후에 발전된 국제법에 따라 추가로 설정된 배타적 경제수역과 대륙붕에 관한 명문 규정이 없으므로, 스발바르조약이 상기 수역에 적용될 수 없다는 것이다.

하지만 어업보호수역에 관하여 러시아 및 동구권 국가들의 반대에 부딪히자 노르웨이는 어업보호수역에 몇몇 국가들에 조업을 개방하였다. 이들 해역이 본격적으로 쟁점화된 것은 노르웨이가 동 해역에서 주권의 일환으로 실력을 행사하면서이다. 1993년 노르웨이는 어업보호수역에서 불법어업에 대한 경고사격, 어구절단 등 조치를 예고하였는바, 1994년 아이슬란드, 2004년 스페인 어선 나포, 2005년 러시아 어선 추격 등의 강제조치가 이어졌다.

2020년 2월 9일 북극 군도인 스발바르군도의 노르웨이 영토 100주년 기념행사가 롱위에아르뷔엔(Longyearbyen)에서 개최되었다. 앞서 설명했듯이 스발바르조약은 1920년에 체결되었으며 스발바르군도에 관련된 노르딕국가들의 주권 비준은 1925년에 완료되었다. 조약은 스발바르군도는 비군사적인 용도로만 사용할 수 있으며, 조약에 가입한 회원국들은 제도 내에서 자유로운 경제활동을 보장하고 있다.

노르웨이 정부는 조약에 가입된 모든 국가의 시민들과 회사들에 노르웨이와 동등한 권리를 부여해 왔으며, 규정에 따라 북극 환경에 위해를 끼치는 모든 사항을 금지해 오고 있다. 비록 노르웨이 정부는 조약에 가입된 모든 국가에 노르웨이와 동등한 권한을 부여하고 있지만 모든 규정은 육지 및 영해에 한정되어 있을 뿐 스발바르 제도의 대륙붕과는 무관하다는 입장이다. 즉 주권 제약 추정 금지의 원칙, 문헌적 해석의 원칙, 제한적 해석의 원칙에 따라 스발바르조약 당사국들은 이 조약에 명시된 영토, 내수, 영해만 이용할 수 있는 권리가 있다고 주장하고 있다. 하지만 국제재판소는 오래된 조약에 대해서 진화론적 해석의 원칙을 적용하고 있다.[14]

최근 러시아는 공식 외교 채널을 통해 노르웨이 정부에 스발바르군도에서의 차별적 행위에 대해 항의 서한을 보냈다. 특히 러시아 정부는 노르웨이 정부가 1977년에 지정한 어업보호 구역을 반대하는 내용을 강조하였다. 현재 노르웨이를 제외하고 스발바르군도에서 경제활동을 지속해서 수행하고 있는 국가는 러시아가 유일한 실정이다.[15]

스발바르군도에 대해 노르웨이 정부는 스발바르군도는 노르웨이 본토와 동일한 영토이며 노르웨이의 영토에서 권한이행에 관하여 타국과 논의하여 진행한다는 것은 타당치 않다는 입장을 분명히 밝혔다. 에우둔 할보르센(Audun Halvorsen) 노르웨이 외무부 차관은 세르게이 라브로프(Sergey Lavrov) 러시아 외무부 장관의 스발바르군도의 관리 제안에 대해, "스피츠베르겐섬에 대한 노르웨이의 주권에 대해 다른 국가와 논의하길 원치 않는다"라고 거부 의사를 표시하였다. 그럼에도 할보르센 차관은 노르웨이-러시아 관계가 건설적이고, 투명하다고 밝히고 있다.

2. 반대 입장: 러시아, 영국, 덴마크, 아이슬란드, 네덜란드, 중국

스발바르조약의 적용에 대한 조약 당사국 중 반대 입장을 표명하는 국가는

---

14) 이용희, "북극 스발바르조약에 관한 연구," 『해사법연구』, 제25권 2호, 2013.
15) https://thebarentsobserver.com/en/arctic/2020/02/amid-jubilant-celebration-svalbard-norway-sends-strong-signal-it-will-not-accept?fbclid=IwAR0wXMc9eG2N1xn1-ahmFhMaiS8LZRGWRJS5MVJtk7fAwua0BJyHReyKY6M#.XkC6U8AvZ8k.facebook (검색일: 2020. 10. 23.)

러시아, 영국, 덴마크, 아이슬란드, 네덜란드, 중국 등이다. 이들 국가가 주장하는 핵심은 스발바르군도에 대한 노르웨이의 주권은 오직 스발바르조약에 근거하며 유엔해양법협약의 내용은 적용되지 않는다는 것이다.

러시아는 입장은 다음과 같다. 스발바르군도로부터 영해 이원에 대하여 해양관할권이 생성되지 않으며, 스발바르조약에 명시된 영토와 영해만 노르웨이 주권이 인정된다. 주장의 근거로 스발바르군도에 대한 노르웨이의 주권은 스발바르조약에 따라 부여된 것으로 이 조약에 명시된 해양관할만이 조약의 대상이라는 것이다.[16] 또한 "스발바르군도에 대한 주권은 국제관습법이 아니라 스발바르조약에 근거하는 것이며, 동 조약에 따라서만 노르웨이의 주권이 인정되는 것이다. 노르웨이는 스발바르조약으로부터 군도의 영해를 설정할 권리만을 부여받았으므로 체약 당사국의 동의 없이 여타 수역이나 대륙붕을 설정할 수 없다"라고 주장한다.

최근 러시아 외무부는 노르웨이 외무부에 스발바르조약 100주년 기념 축하 서한을 보내면서 노르웨이가 조약에 참여한 국가들의 스발바르섬에서의 자유로운 경제활동 접근을 보장해야 한다고 촉구한 바 있다.[17] 구체적으로, 라브로프 장관은 서한에서 노르웨이 측의 러시아 국적 헬리콥터의 이용 제한, 주도 롱위에르아르비엔(Longyearbyen)에서의 퇴거 절차 강화 및 어족자원 보호구역 설정에 대한 우려를 표명하였다.

영국은 1970년대에는 유보적 태도를 보였다가 1980년대에는 "스발바르군도가 독자적인 대륙붕을 가지고 있으며, 스발바르조약이 동 대륙붕에 적용된

---

16) 반면 영국, 아이슬란드, 덴마크, 네덜란드, 스페인은 스발바르군도로부터 영해 이원에 대하여 추가적인 해양관할권 설정을 인정하되, 스발바르조약의 적용 역시 확대된 해양관할에 적용된다는 입장이다.
17) https://ru.arctic.ru/international/20200217/907793.html(검색일: 2020. 10. 10.)

다"고 주장함으로써 노르웨이의 대륙붕 설정을 반대하였고 2006년에는 스발바르에 관한 건을 국제재판에 회부하자고 제안하기도 하였다.

<표 2>에 나타나듯이 덴마크, 아이슬란드, 네덜란드도 각각의 이유로 스발바르조약에 따라 노르웨이의 주권적 권리를 제한하고 있다. 스발바르군도를 기점으로 노르웨이가 배타적 경제수역과 대륙붕을 설정할 수 있으나, 동 관할해역에 대한 노르웨이의 주권적 권리는 오직 스발바르조약에 기초해야 한다는 입장이다.

2019년 노르웨이가 스발바르군도에 대한 연구전략을 강화하자, 중국은 스발바르조약국으로서 사회과학 및 법률이나 원하는 무엇이든 연구할 권리가 있다고 주장하며 강하게 압박했다.[18] 중국은 북극에 관한 관심이 노르웨이 북단 스발바르군도의 특정 국가 점유 하에 공동관리를 목적으로 1920년 발효된 스피츠베르겐 조약(Spitsbergen Treaty)에 1925년 가입(국민당 정부)할 정도로 오래되었다. 1999년부터 쇄빙선 쉐룽(雪龍)호를 동원한 탐사에 나섰을 뿐 아니라 2004년에는 스발바르군도에 황하(Yellow River) 이름의 북극기지도 건설하고 2013년 북극이사회(Arctic Council)의 옵서버 자격을 취득했음을 밝히고 있다.[19]

3. 유보적 입장: 미국, 캐나다, 프랑스, 독일

1) 미국, 캐나다, 프랑스, 독일의 입장

스발바르조약의 적용범위에 관한 해석에 대해 미국, 캐나다, 프랑스, 독일

---

18) https://www.highnorthnews.com/en/svalbard-treaty-100-years-journey-terra-nullius-all-mans-land (검색일: 2020. 11. 2.)
19) 이서항, "중국의 북극접근: 북극정책백서의 주요 내용과 의미," 『KIMS Periscope』, 제119호, 2018.

은 유보적인 입장을 견지하고 있다. 특히 미국은 이에 대한 입장을 표명하고 있지 않음으로써 묵인의 효과를 야기하는 것을 방지하기 위하여 유보하는 입장을 반복적으로 명시하였다. 미국은 스발바르군도의 전략적 가치 및 부존자원에 대한 이해관계에 따라 자국의 이익을 현재까지 평가하고 있다.

〈표 2〉 스발바르군도의 적용범위에 관한 국가별 입장

구분		국가별 주장	비고
노르웨이		• 노르웨이는 스발바르군도에 EEZ와 대륙붕을 설정하여 주권적 권리 및 관할권 행사 가능 • 스발바르 조약은 상기 해역에 적용되지 아니함	스발바르군도에 '어업보호수역' 설정(1977)
반대	러시아	• 스발바르군도에 대한 노르웨이 주권은 오로지 스발바르 조약에 근거하며 • 조약은 노르웨이에 영해에 관한 권리만을 인정	스발바르조약에 따라 노르웨이의 주권적 권리 제한
	영국	• 스발바르군도는 독자적인 대륙붕을 가질수있음 • 스발바르조약이 그 대륙붕에 적용	
	아이슬란드	• 노르웨이 EEZ 또는 대륙붕 설정에 권한 인정 • 그 주권적 권리는 (UN해양법협약에 앞서) 스발바르 조약에 기초	
	덴마크	• 노르웨이 EEZ 또는 대륙붕 설정 권한 인정 • 동 해역에 스발바르조약이 적용됨	
	네덜란드	• 노르웨이의 어업보호 수역 인정 • 동 해역에 스발바르조약이 적용	
	중국	• 노르웨이의 스발바르군도에 대한 연구전략제동	
유보	스페인	• 노르웨이의 어업보호수역 설정에 침묵함(묵인) • 동 해역에서 노르웨이의 선박단속 권한 부인	제한적 찬성
	미국	• 입장을 표명하고 있지 않음으로써 묵인의 효과를 야기하는 것을 방지하기 위하여 유보하는 입장을 반복적으로 명시	
	프랑스/독일	• 스발바르조약의 적용범위에 관한 해석에 대해 프랑스와 독일은 유보적인 입장을 견지	
	캐나다	• 노르웨이의 주장을 인정하였으나(1995), 최근 입장 불투명	찬성->불투명
	핀란드	• 노르웨이의 어업보호수역 설정을 한 때, 지지(1976)하였으나 철회(2005)	찬성->철회
	대한민국	• 스발바르조약이 확장된 관할해역에 적용	찬성

자료: 극지연구소, 『스발바르조약』, 국제조약 · 선언 핸드북 북극편 제1권, 2014. 저자 재구성.

캐나다는 1995년에 노르웨이와 「어업보전 및 집행에 관한 협정」의 교섭단계에서 "노르웨이는 스발바르군도 주변의 어업보호수역과 대륙붕에서 주권적 권리와 관할권을 배타적으로 행사할 수 있으며, 스발바르조약은 동 수역에 적용되지 않는다"는 문구에 합의했으나 발효되지 못했다.

2) 대한민국 입장

우리나라는 2012년에 가입한 스발바르조약의 당사국으로서 스발바르조약이 확장된 관할해역에 적용되며, 이 해역에서 노르웨이의 자국민을 포함하여 조약당사국간 무차별 규제가 이루어져야 한다는 입장을 견지하고 있다. 이러한 국제법적 분쟁의 결과는 스발바르 조약에 가입된 우리나라에도 중요한 의미가 있다. 스발바르조약은 당시 서명국과 추가 가입국간에 차별을 두고 있지 않으므로 타당사국들과 동등한 자격으로 논의에 참여할 수 있는 자격이 보장되어 있다. 스발바르군도의 스피츠베르겐 섬 니알슨 과학기지는 다산기지가 설치되어있는 지역이기도 하다. 따라서 스발바르조약의 쟁점에 대해 동향을 파악하고 학술적 연구를 지속해야 할 것이다.

IV. 북극권 안보협력 가능성 모색

1. 스발바르조약 100년의 함의

스발바르조약을 둘러싼 핵심 쟁점은 새로운 국제해양법질서에 따라 배타적 경제수역과 대륙붕을 설정할 수 있는가, 노르웨이가 스발바르군도를 기점을 영해 외측으로 확장한 해양관할권에 대하여 스발바르조약상의 제반규정을 확대하여 적용할 수 있는가이다. 첫 번째 쟁점은 법리적 측면이나 국가관행면에서 비교적 명료한 결론에 도달할 수 있었으나, 두 번째 쟁점에 대해서는 앞서 3장에서 살펴보았듯이 조약 당사국들은 그 나라가 처한 안보, 경제환경에 따라 외교적 행보를 달리하고 있다. 즉 노르웨이의 주장이나 이에 반대하거나 유보하는 타조약당사국의 주장을 결정적으로 뒷받침할만한 명백한 국제법 원칙이나 일치된 국가관행이 존재하고 있지 않다. 따라서 이 분쟁을 해결하기 위해서는 추가적인 노력이 필요하다.[20]

요약하면, 북극 해양자원에 국가의 중대한 이익이 걸려있는 노르웨이가 순순히 확장된 해양관할권에 대한 스발바르조약의 적용을 수용하는 것도 기대하기 어려우며, 또한 막대한 자원 잠재력을 가진 스발바르군도 주변수역에 대한 이익을 타조약당사국이 포기하는 것도 어려운 문제로 보인다.

하지만 스발바르조약 100주년에 즈음하여 해결해야 할 몇 가지 쟁점과 기후변화로 인한 해빙으로 과제는 남아 있으나, 조약이 스발바르군도를 포함한 북극권 안보협력에 주는 함의는 다음과 같다.

첫째, 스발바르조약은 국제조약으로 노르웨이와 타조약당사국들이 질서, 공존, 정의, 환경보호 같은 다양한 목표를 달성하기 위해 창출한 규범, 규칙, 관행의 합체인 핵심 국제제도 가운데 하나이다. 조약은 무주지(terra nullius)였던 스발바르군도에서 자원개발을 위해 발생한 이해당사자간의 갈등을 해결하고 새로운 국제질서를 창출하고 유지하기 위한 것이었다.

둘째, 북극권 안보에 있어 스발바르군도는 전략적으로 중요한 지역이다. 즉 20세기 석탄산업의 발전으로 인해 이전의 스발바르군도 주변 해역의 자원개발이 점차 육지로 이동되면서 노르웨이, 스웨덴, 러시아 독일 등의 석탄채

---

20) 이용희, "북극 스발바르조약에 관한 연구," 『해사법연구』, 제25권 2호, 2013, p. 133.

굴을 둘러싼 분쟁의 전략적 요충지였다. 100년이 지난 21세기 스발바르군도는 지구온난화 현상으로 북극해의 해빙이 가속화되면서 경제적, 군사적, 환경적, 관광, 학술적으로 그 가치가 더해지고 있다. 스발바르군도는 무주지에서 모든 사람의 땅으로 되었다. 이곳은 유럽에서 가장 잘 보존된 야생지역이기도 하다.

셋째, 스발바르조약은 100년 동안 평화 지킴이로서 역할을 했다. 제9조는 스발바르군도의 평화적 이용에 관한 사항으로 노르웨이가 동 군도를 군사적 목적으로 사용할 수 없음을 명시적으로 규정하고 있다. 이는 노르웨이의 스발바르군도 영토주권 인정과 조약당사국들(46개국)의 무차별 원칙하에 스발바르의 이용에 관한 권리를 부여받고 스발바르를 군사적으로 이용되지 않도록 제한을 설정한 것을 담고 있다. 이 유연한 조약은 지난 100년 동안 스발바르군도를 중심으로 북극해의 평화를 유지하는데 일정 부분 역할을 했다.

2. 북극권 안보협력 가능성

1) 북극권의 안보레짐

변화하는 북극환경과 증가하는 재난의 위협 속에서 북극권의 국가들은 더 이상 갈등만을 고집하지 않고 협력의 기회를 찾고 있다. 스발바르조약에 가입한 46개 국가는 북극 국가와 비북극국가로 나누어져 있다. 이들 국가는 느슨한 형태의 레짐(regime) 구조로 되어 있다. 안보레짐(security regime)은 기본적으로 국가들이 안보 딜레마에서 탈출할 수 있게끔 한 20세기의 현상이라고 볼 수 있다.[21] 레짐이란 국제관계의 일정한 영역에서 행위자들이 공통된 기대

---

21) 존 베일리스 외 2인, 『세계정치론』, 하영선 편저, 서울: 을유문화사, 2015, p. 393.

를 하는 암묵적이거나 명시적인 일련의 원칙, 규범, 규칙, 의사결정절차를 일컫는다. 레짐을 정의하는 네 가지 요소는 다음과 같다.[22] 첫째, 스발바르군도를 포함 북극권이 어떻게 작동하는지를 보여주는 일관된 이론적 명제의 집합을 보여주는 것이 원칙이다. 둘째, 규범은 행동의 일반적 기준을 보여주는 한편, 국가의 권리와 의무를 명시한다. 셋째, 원칙과 규범보다는 일반적으로 낮은 수준에서 작동하고 있는 것이 규칙이며, 규칙은 원칙과 규범 사이에 존재하는 갈등을 해소하기 위해 설정된 경우가 자주 있다. 넷째, 의사결정 절차는 행동에 관한 특정한 규칙을 나타내는 것으로 레짐이 공고화되거나 확장될 경우 규칙적으로 변화하는 것이다.

따라서 북극권의 안보협력은 안보레짐 구축을 통해 이루어질 수 있다. 지속적인 북극환경 및 사회변화의 배경에 대해 일부 전문가들은 러시아의 북극 전략에 대한 적대적 방향에 대한 우려를 표명하고 있다. 즉 러시아(NATO가 아닌 유일한 연안 북극 국가)와 노르웨이의 관계에 대해 우려한다.[23] 이러한 우려는 러시아의 일방적 행동, 재 군사화, 북극에서의 군사 활동(예, NATO의 북극 해안을 따라 비행하는 폭격기 비행)에 의해 악화 되었으며, 이는 서구와의 연대와 대응을 측정하는 것으로 인식되고 있다.[24] 그런데도 러시아가 자신의 이익이 양자 간 및 다자간 합의를 통해 최선을 다할 것이라고 인식하고 분쟁

---

22) S. D. Krasner, (ed), *International Regimes*, Ithaca N. Y,: Cornell University Press, 1983, pp. 3-5.
23) I. Overland, A. Krivorotov, "Norwegian-Russian political relations and Barents oil and gas developments," A. Bourmistrov, F. Mellemvik, A. Bambulyak, O. Gudmestad, I. Overland, A. Zolotukhin (Eds.), *International Arctic Petroleum Cooperation: Barents Sea Scenarios*, Routledge, Abingdon, U.K, 2015.
24) M. Laruelle, *Russia's Arctic Strategies and the Future of the Far North*, M.E. Sharpe, New York, NY., 2014.

과 경쟁보다 협력을 선호한다고 주장하는 사람들을 고려할 때,[25] 북극과 관련하여 노르웨이와 러시아 간의 장기적인 외교적 동결은 거의 없을 것이다.[26]

하지만 여전히 안보레짐의 유효성에 대한 의문은 끊임없이 제기된다. 스발바르조약이 체결될 때까지 오랜 기간의 교섭과 상세한 조약문이 만들어지고 적용되었다. 이후 초강대국들은 다른 측이 새로운 과학기술을 통해 무기개발을 하지 않을 것이라는 확신이 없기에 사실상 군비통제를 할 수 있을 것이라 기대할 수 없다는 것이다.

2) 지역적 수준: 노르딕방위협력(Nordic Defence Cooperation)

국제질서의 복잡한 이해관계가 교차하는 북유럽 지역에서 공동의 문제해결을 목표로 도입한 새로운 협력구조로 2009년에 도입한 노르딕방위협력은 기존의 접근과는 다른 협력 패러다임으로 전환했다. 노르딕(노르웨이, 덴마크, 스웨덴, 아이슬랜드, 핀란드)국가 5개국은 북극이사회[27] 회원국이다. 북유럽

---

25) E.W. Wilson Rowe, *Arctic Governance: Power in Cross-border Cooperation*, Manchester University Press, Manchester, U.K. 2018.; E.N. Nikitina, "The SDGs and Agenda 2030 in the Arctic: An Arctic State Perspective," R.W. Corell, J.D. Kim, Y.H. Kim, A. Moe, D.L. VanderZwaag, O.R. Young (Eds.), *The Arctic in World Affairs: A North Pacific Dialogue on Arctic 2030 and Beyond: Pathways to the future*, Korean Maritime Institute, Busan, South Korea and East-West Center, Honolulu, HI, 2018, pp. 337-349.

26) K. Åtland, T. Pedersen, "The Svalbard archipelago in Russian security policy: overcoming the legacy of fear - or reproducing it?", *Eur. Secur.*, 17 (2-3), 2008; O.R. Young "Constructing the 'New' Arctic: the Future of the Circumpolar North in a Changing Global Order," *Outlines Global Transform.: Polit Econ. Law*, 12 (5), 2019.

27) 북극이사회는 1996년에 창립한 북극에 관한 여러 현안을 논의하기 위한 정부간 협의기구다. 캐나다, 덴마크, 핀란드, 아이슬랜드, 노르웨이, 러시아, 스웨덴, 미국의 8개 회원국으로 구성된다. 이사회 의장은 국가들이 순번으로 2년씩 하는데, 의장

국가들이 유럽통합 과정에 참여하면서 북유럽의 독자적인 안보협력 이니셔티브에 대한 관심이 약화되었으나, 사실상 1990년대부터 2000년대 후반까지의 시기는 북유럽 방위협력을 강화하기 시작한 시기였다.[28] 노르딕방위협력기구는 순환의장국 제도로 운영되며 간소한 조직으로 편성되어 있으며, 정책수준, 군사수준, 실무협력 부분으로 구성된 협력구조이다. 다양한 협력정책과 사업은 회원국의 국방예산을 통해 추진한다.

북유럽은 우크라이나 사태 및 러시아와 서구 국가들간의 관계 악화로 북유럽 차원의 안보협력이 전략적으로 중요하게 되었다. 즉, 지역안보공동체(regional security complexes)는 적은 수의 국가들이 지역 차원에서 안보공동체를 형성하는 것이 가능하다.[29] 부잔에 의하면 모든 국가가 상호의존적인

국이 실질적인 결정권은 없지만 의사결정기구라 할 수 있는 각료회의와 고위실무회의(Senior Arctic Officials: SAO)를 주최하고 회원국들 상호 간 의사를 조정하는 중요한 역할을 담당한다. 상시참여그룹: 북극지역에 거주하는 약 400만 명의 주민 중 약 50만 명이 원주민이며, 이들 원주민이 여러 단체를 형성하여 상시 참여그룹(permanent participants)으로 북극이사회에 참가하고 있다. 북극이사회 내 상시 참여그룹은 이사회의 교섭 및 결정과 관련해서 '완전한 협의권'(full consultation rights)을 가진다. 원주민 단체는 북극해의 자원개발과 환경보호 등 자신들의 이해관계에 영향을 미치는 사안들에 대해 북극이사회 내에서 이사회 국가들과의 '협의'를 통해 자신들의 의사를 반영시킬 수 있다. 북극이사회 내에는 기후변화에서부터 위기대응에 이르기까지 6개의 워킹그룹이 구성되어 있다. 이들 워킹그룹은 각 이사국의 전문가 수준의 대표들, 정부 공무원들 그리고 전문 연구자들로 구성된다. 각 워킹그룹들은 각료회의 및 고위실무회의로부터 구체적인 업무를 위임받으며, 의장과 운영위원회 또는 조정위원회를 두고, 이사회 사무국의 지원을 받는다. 라미경, "기후변화 거버넌스와 북극권의 국제협력," 『한국 시베리아연구』, 제24권 1호, 2020, p. 51.

28) 오창룡, "북유럽 안보협력 역사와 노르딕방위협력기구(NORDEFECO)의 창설," 2020년 한국외국어대학교 극지연구센터 학술대회 자료집, 2020, p. 85.
29) Buzan, B., "Regional Security Complex Theory in the Post-Cold War World," *Theory of New Regionalism*, Edited by F. Soderbaum and T. Shaw, New York: Palgrave Macmillan, 2003, p. 141.

네트워크에 속해 있으며 대부분 군사적 위협은 장거리보다는 단거리에서 이루어진다고 보고 있다.

북극권의 안보협력을 위한 안보레짐은 노르딕방위협력기구처럼 지역적 수준으로 이루어지며, 이들 국가는 스발바르조약국이기도 하다. 촘촘하게 짜여진 네크워크는 북극권을 둘러싼 국가간 다양한 이해충돌을 사전에 방지해주고 새롭게 부각되는 비전통적 안보 문제에 대해서 협력을 모색하게 할 것이다.

3. 북극권 안보협력의 과제

자유제도주의적 관점에서 보면, 경쟁전략이 협동전략을 압도하는 무정부 국제체제에서는 항상 위험이 상존하기에 안보레짐이 나타나는 것이다. 반면에 현실주의 관점에서는 국가들이 협력하기를 원하지만 무정부상태가 조정을 어렵게 하므로 이러한 상황을 타개하기 위해 안보레짐이 형성된다고 본다. 하지만 문제는 형성된 안보레짐이 시간이 지남에 따라 레짐을 단속하는 데에서가 아니라, 회원국들이 인식하고 있는 레짐의 궁극적인 목표 사이에서 괴리가 생겨남에 따라 문제가 발생하는 것이다.

북극권을 둘러싼 다양한 행위자의 행위는 국가의 '핵심이익'을 선정하는 과정에서 어디에 중점을 두어 추진할 것인가에 의해 달라진다. 북극권의 갈등은 국가간 고위정치(high politics)의 전통적 대립관계를 보여주고 있으나 스발바르군도를 둘러싼 항로개척, 환경문제, 생태문제 등 저위정치(low politics)의 국가간 협력이 동시에 이루어지고 있다.[30]

안보레짐의 핵심 행위자들 가운데 누구도 레짐이 사라지기를 원치 않으며

---

30) 이민룡, 『국가안보론 해설』, 서울: e퍼플, 2020, p. 80.

북극권을 둘러싼 안보게임은 언젠가는 해결될 것이고 적어도 개별국가의 도발로 인한 갈등은 원치 않는다. 하지만 문제는 예측할 수 없는 곳에서 나타나곤 한다.

지난 9월 나토(NATO) 연합군 군함들이 러시아 북방함대의 에스코트 없이 러시아 해역을 1990년대 이후 처음 항해했다. 이번 북대서양조약기구(NATO)의 해상안보작전에 참여한 선박들은 노르웨이 해군 호위함, 미 해군 알레이버크급 구축함, 영국 해군의 타이드 급 군수지원함과 호위함과 함께 바렌츠해역의 러시아 배타적 경제수역(EEZ)에서 진행되었다. 이번 작전에는 덴마크가 초계기를 지원하였으며, 향후 몇 일간 핀마르크 북부와 피셔맨 반도를 중심으로 진행되었다.

2014년 러시아 정부가 크림반도 합병을 단행하기 이전 러시아 북방함대의 주둔항구인 세베로모르스크(Severomorsk)에 노르웨이 호위함이 우호적 방문을 몇 차례 한 기록은 있지만, 노르웨이 호위함이 노르웨이와 러시아의 해역이 마주하는 바레인저 피오르(Varanger fjord) 지역 동쪽을 항해한 것은 처음이다.

훈련의 작전지역은 러시아의 EEZ에서 이루어졌고 해당지역은 러시아 콜라반도의 해안선을 기반으로 북방함대 탄도미사일과 다목적 잠수함이 운영되고 있어 해당 해역은 전략적 중요성이 매우 크다. 노르웨이 국방부는 러시아 잠수함 기지 밖에서 미군 또는 다른 연합군과 공동 군사훈련은 해당지역의 긴장도를 높이게 될 것으로 판단하여 바렌츠해역에서의 공동 군사훈련을 피해 왔다. 하지만 지속적인 연합군의 참여 요청으로 2020년 5월에 진행되었던 다른 공동 훈련과 달리 이번에는 참석하기로 하였다.[31]

---

31) https://www.arctictoday.com/in-a-controversial-move-norway-sails-frigate-into-

V. 결론

이상과 같이 스발바르조약의 내용을 살펴보고, 1994년에 발효된 UN해양법협약에서 스발바르조약의 적용에 대한 국제사회의 쟁점과 각국 입장, 스발바르조약 100주년이 갖는 함의, 그리고 스발바르군도를 포함한 북극권의 안보협력 가능성에 대해 고찰해 보았다. 스발바르조약을 둘러싼 핵심 쟁점은 새로운 국제해양법질서에 따라 배타적 경제수역과 대륙붕을 설정할 수 있는가, 노르웨이가 스발바르군도를 기점을 영해 외측으로 확장한 해양관할권에 대하여 스발바르조약상의 제반규정을 확대하여 적용할 수 있는가이다. 스발바르조약 100주년에 즈음하여 해결해야 할 몇 가지 쟁점과 기후변화로 인한 해빙으로 과제는 남아 있으나, 조약이 스발바르군도를 포함한 북극권 안보협력에 주는 함의는 100년간 전략적 요충지인 스발바르군도의 평화 지킴이로서의 역할을 했다는 것이다.

북극의 진출은 국제법적인 쟁점이 산재해 있기에 쉽지 않다. '국제공유지'로 인정되고 있는 남극과는 달리 북극권에 대해서는 국제적인 합의가 이루어지지 않고 있다. 남극은 개별 국가들의 영유권 주장이 동결된 상태로 어떤 국가든 군사적으로 이용하거나 천연자원의 개발을 제외한 과학 연구 활동을 할 수 있다. 하지만 북극은 1982년 제정된 유엔해양법에 따라 개별 국가의 주권이 인정되지 않고 있다.

스발바르군도와 주변 해역의 경제적, 전략적, 자원적 가치를 둘러싸고, 스발바르 군도 주변 수역의 법적 지위에 관한 논쟁이 국제법적 쟁점으로 대두되고 있다. 쟁점의 발단은 스발바르 조약체결 이후 발전된 국제해양법 질서에

---

russian-arctic-eez-together-with-uk-us-navy-ships/(검색일: 2020. 11. 11.)

따라 연안국이 설정할 수 있는 확대된 해양관할권을 스발바르 조약이 어떻게 수용할 것인가에 관한 조약 해석의 문제이다.

해양자원에 국가의 중대한 이익이 걸려있는 노르웨이가 순순히 확장된 해양관할권에 대한 스발바르조약의 적용을 수용하는 것도 기대하기는 어렵다. 막대한 자원의 잠재력을 가진 스발바르군도 주변수역에 대한 이익을 타 조약당사국이 포기하는 것도 어려운 문제로 보인다.

스발바르조약에 대한 책을 저술한 울프슈타인(Ulfstein)교수는 조약이 법적도구로서뿐만 아니라 어렵고 매우 시사적인 정치적 논쟁에서도 미래에도 유효할 것이라고 믿고 그 증거로 스발바르조약은 이미 큰 변화속에서 100년을 살아남았으며 앞으로 100년 동안 살아남을 것이라고 지적하고 있다.

하지만 노르웨이가 스발바르군도 해양관할권에 대한 연안국의 배타적 권리를 본격적으로 주장하거나 스발바르군도 대륙붕에 대한 자원 탐사를 개시하는 경우 유럽연합국가들이 이에 대해 대응하여 동 분쟁의 해결을 위한 조치를 개시할 것으로 보인다. 폭풍전야의 고요처럼 지금 스발바르군도를 둘러싼 조약 당사자들은 각기 동상이몽의 '달콤함'을 맛보고 있다.

한국의 경우, 2012년 스발바르조약에 가입한 조약당사국으로서 스발바르군도의 군사 및 비군사적 안보위협요인을 제거하고 궁극적으로 북극해 지역에서 평화를 증진한다는 차원에서 안보협력을 증진하는 것이 정책적 대안이라고 본다.

<참고문헌>

극지연구소,『스발바르조약』, 극지관련 국제조약·선언 핸드북 북극편 제1편, 2014.
라미경, "북극해 영유권을 둘러싼 캐나다-미국 간 갈등의 국제정치,"『해양안보논총』, 제3권 1호, 2020.
_____, "기후변화 거버넌스와 북극권의 국제협력,"『한국 시베리아연구』, 제24권 1호, 2020.
배규성, "북극권 쟁점과 북극해 거버넌스,"『21세기정치학회보』, 제20집 3호, 2010.
박영민, "북극해 영유권 갈등의 정치학,"『대한정치학회보』, 제27권 3호, 2019.
오창룡, "북유럽 안보협력 역사와 노르딕방위협력기구(NORDEFECO)의 창설," 2020년 한국외국어대학교 극지연구센터 학술대회 자료집, 2020.
윤영미, "러시아 북극지역에 대한 해양안보 전략: 북극해 개발과 한-러 해양협력을 중심으로,"『동서연구』, 연세대학교 동서문제연구원, 2009.
윤지원, " 북극의 지정학적 특성과 국제협력: 러시아의 북극항로 활성화 정책과 제약점을 중심으로,"『군사연구』, 제145집, 2018.
윤성혜, "북극 진출, 중국과 손잡아야 하는 이유," 프레시안, 2015. 4. 16 일자.
이민룡,『국가안보론 해설』, 서울: e퍼플, 2020.
이서항, "중국의 북극접근: 북극정책백서의 주요 내용과 의미,"『KIMS Periscope』, 제119호, 2018.
이영형, 박상신, "러시아 북극지역의 안보환경과 북극 군사력의 성격,"『한국 시베리아연구』, 제24권 1호, 2020.
이용희, "북극 스발바르조약에 관한 연구,"『해사법연구』, 제25권 2호, 2013.
존 베일리스 외 2인,『세계정치론』, 하영선 편저, 서울: 을유문화사, 2015.

Anderson, D.H. "The Status under International Law of the Maritime Areas around Svalbard," *Ocean Development* & International Law, Vol. 40, 2009.
Åtland K., T. Pedersen, "The Svalbard archipelago in Russian security policy: overcoming the legacy of fear - or reproducing it?", *Eur. Secur.*, 17 (2-3), 2008.
Buzan, B., "Regional Security Complex Theory in the Post-Cold War World," *Theory of New Regionalism*, Edited by F. Soderbaum and T. Shaw, New York: Palgrave Macmillan, 2003.
Churchill R., Ulfstein G. "The Disputed Maritime Zones around Svalbard," in Nordquist,

Hekdar, Moore, Norton(eds.), *Change in the Arctic Environment and the Law of the Sea*, Marinus Nijhoff Publishers, 2010.

Han J.M, Kim J.h, Lee J.H, "Definition of Arctic Spaces Based on Physical and Human Geographical Division," *KMI International Juornal of Maritime Affairs and Fisheries*, Vol. 12, 2020.

Kelman Ilan et al., "Norway-Russia disaster diplomacy for Svalbard" *Safety Science* Vol. 130, 2020.

Krasner, S. D(ed), *International Regimes*, Ithaca N. Y,: Cornell University Press, 1983.

Laruelle, M., *Russia's Arctic Strategies and the Future of the Far North*. M.E. Sharpe, New York, NY., 2014.

Nikitina, E.N., "The SDGs and Agenda 2030 in the Arctic: An Arctic State Perspective," R.W. Corell, J.D. Kim, Y.H. Kim, A. Moe, D.L. VanderZwaag, O.R. Young (Eds.), *The Arctic in World Affairs: A North Pacific Dialogue on Arctic 2030 and Beyond: Pathways to the future*, Korean Maritime Institute, Busan, South Korea and East-West Center, Honolulu, HI , 2018.

Pedersen T., "The Svalbard Continental Shelf Controversy: Legal Disputes and Political Rivalries," *Ocean Development & International Law*, Vol. 37, 2006.

Overland I, A. Krivorotov, "Norwegian-Russian political relations and Barents oil and gas developments," A. Bourmistrov, F. Mellemvik, A. Bambulyak, O. Gudmestad, I. Overland, A. Zolotukhin (Eds.), *International Arctic Petroleum Cooperation: Barents Sea Scenarios*, Routledge, Abingdon, U.K, 2015.

Wilson Rowe, E.W, *Arctic Governance: Power in Cross-border Cooperation*, Manchester University Press, Manchester, U.K. 2018.

Young O.R, "Constructing the 'New' Arctic: the Future of the Circumpolar North in a Changing Global Order," *Outlines Global Transform.: Polit Econ. Law*, 12 (5), 2019.

극지e야기 https://www.koreapolarportal.or.kr(검색일: 2020. 10. 10)

북부해항로(NSR)와 러시아의 해양 안보 : 현황과 이슈

한종만*

I. 서론

백해 아르한겔스크 출신 대학자이며, 모스크바국립대학교 창설자인 미하일 로모노소프는 1763년 9월 20일 빠벨 황태자에게 보낸 서한에서 "시베리아와 북극해(루스카야 아메리카: 알래스카 포함)는 러시아의 국부 창출과 강대국의 기회를 제공하는 곳"이라고 기술한 바 있다.[1] 실제로 시베리아와 북극해 공간은 모스크바 공국, 로마노프왕조, 소련, 러시아를 세계 1위의 영토 대국, 자원·에너지 대국, 군사 강국의 기회를 제공해왔으며, 러시아인의 영혼을 불러

※ 이 글은 〈해양안보논총〉(한국해양안보포럼) 제3권 2호(통권 제6호) 2020년 12월호, pp. 123-157에 게재된 것임.
* 배재대학교 러시아·중앙아시아학과 명예교수. Honorary Prof., Dept. of Russian & Cental Asian Studies, Pai Chai University.
1) 2000년 가을 이르쿠츠크에서 개최된 제1회 '바이칼국제경제포럼'에서 러시아 과학아카데미 극동연구소 소장 티타렌코의 글을 참조한 것임. Совета Федерации, Байкальский Форум 2000 года, (Иркутск: Издание Совета Федерации, 2001/1), С. 27-28. 한종만, "지역주의와 지역통합 관점에서 본 러시아 극동·동시베리아 지역에서 인적자원의 중요성: 정치경제적 시각,"「슬라브학보」(한국슬라브학회) 제19권 1호, 2004년, p. 386. 로모노소프의 예언은 19세기 초에 이미 적중했으며, 시베리아와 북극해의 덕택으로 소련은 제2차 세계대전의 승전국이 됐다고 티타렌코는 기술했다. 러시아 입장에서 유감스럽게도 루스카야 아메리카(알래스카)와 알류샨 열도의 대부분은 1867년에 미국에게 720만 달러로 판매됐다.

일으키는 장소로 자리매김해왔다.

지구 온난화와 해빙(海氷)의 감소와 과학기술의 발달로 과거보다 북극해로 인간의 접근이 수월해지면서 북극의 지정학적 및 지경학적 가치가 상승하고 있다. 북극은 안보, 자원, 물류의 보고지역으로 향후 팍스 아티카(Pax Arctica)[2] 시대로 발전될 잠재력이 높은 공간이다. 북극의 가치를 인지한 푸틴 러시아 정부는 2000년부터 '강한 러시아'의 어젠다를 내걸면서 북극에서의 안보 자산, 자원개발, 물류 인프라 투자를 지속적으로 실행해오고 있다.

북극은 유럽(바렌츠해)북극권, 아시아(우랄·시베리아·극동)북극권, 북미(베링해 알래스카와 캐나다북극)북극권으로 구분된다. 세계 1위의 영토 대국에 걸맞게 러시아는 3개의 북극권과 연계되어 있으며, 아시아북극권은 온전히 러시아의 관할권이며, 지리적으로 2개 북극권과 연결 고리의 기능을 지니고 있다. 지리적으로 아시아북극권은 NSR과 동일하며 다른 북극권과는 달리 자연조건이 열악하여 미개발된 공간이다. NSR은 군사 안보와 경제 안보를 구현하는 핵심 공간으로 러시아 북극권 개발의 반석이다.

이러한 맥락에서 이 글의 제2장 'NSR의 현황과 이슈'에서는 개념 정의, 물동량 추이와 전망, 가능성과 제약성 등을 분석해본다. 제3장 '북극 해양 안보 현황과 이슈'에서는 NSR의 군사 안보와 비군사 안보(경제, 사회, 자원, 에너지, 물류, 환경, 재난 등)의 인과관계와 국내외 상관관계를 분석한다. 제4장 결론에서는 평화와 협력의 관점에서 지속 가능하며, 친환경 및 생태에 기반을 둔 북극 개발에 대한 제언을 고려해본다.

---

[2] 로마는 지중해 지배를 통해 Pax Romana, 영국은 대서양을 통해 Pax Britanica, 미국은 태평양을 통해 Pax Americana의 강대국의 지위를 획득했다.

Ⅱ. NSR의 현황과 이슈

1. NSR의 개념 정의

NSR(Nortehrn Sea Route)는 북동항로(NEP: Northeast Passage)의 일부로 한국에서 북극(해)항로, 북방항로, 북해항로로 번역되고 있지만 '북해산 석유' 혹은 독일, 네덜란드, 벨기에 등에서 불리는 '북해'와 중복된다. 북극해항로와 북방항로라는 번역도 NSR이 전체 북극해항로(북동항로, 북서항로, 중앙북극권 경유 항로, 북극 랜드 브릿지)를 포함되지 않기 때문에 필자는 '북부해항로'로 표기한다.

[그림 1] 러시아의 NSR의 해양 구간

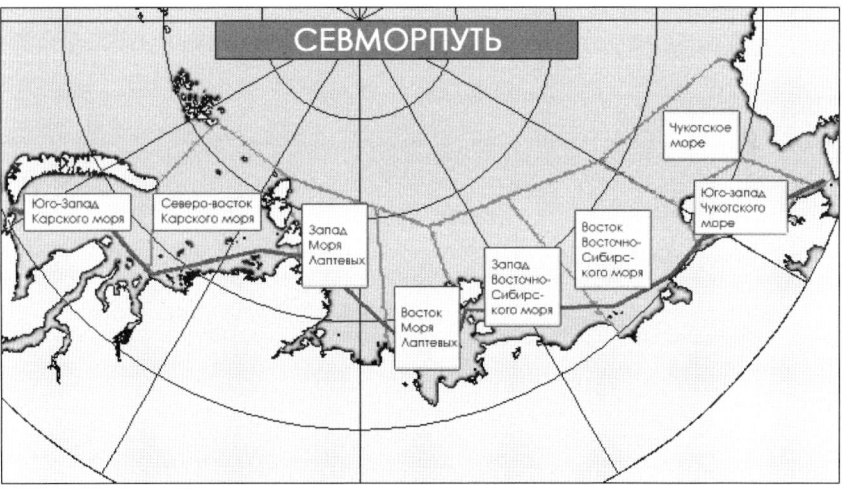

주: Севморпуть 북부해항로(NSR), Юго-Запад Корского моря 남서 카라해, Северо-Восток Корского моря 북동 카라해, Запад Моря Лаптевых 남부 랍테프해, Восток Моря Лаптевых 동부 랍테프해, Запад Восточно-Сибирского моря 남부 동시베리아해, Восток Восточно-Сибирского моря 동부 동시베리아해, Юго-Запад Чукотского море 남서 축치해, Чукотское море 축치해.
출처: "В ожидании нового рекорда. Грузопоток по Северному морскому пути в 2017 г может превысить рекордный показатель," Neftegaz.RU, 30 августа 2017.

NSR의 해양공간은 서쪽부터 카라해(남서, 북동), 랍테프해(서부, 동부), 동시베리아해(서부, 동부), 추코트카해(남서, 축치해)로 구분된다([그림 1] 참조). NSR의 해양 범위는 언급한 해양뿐만 아니라 베링해의 일부와 부속도서와 북부 하천(오비, 예니세이, 레나강 등)을 포함한다. NSR 공간의 행정적 정의는 2014년 대통령령으로 공포된 '러시아 북극지역' 정의는 러시아연방 8개 연방관구 중 3개로 우랄, 시베리아, 극동 연방관구의 북부 지역이며, 85개 연방주체 중 4개로 야말-네네츠와 추코트카 자치구 전 지역과, 크라스노야르스크 변강주와 사하(야쿠티야)공화국의 북부 지역이 포함된다.[3]

[그림 2] 러시아의 NSR과 북동항로의 전도

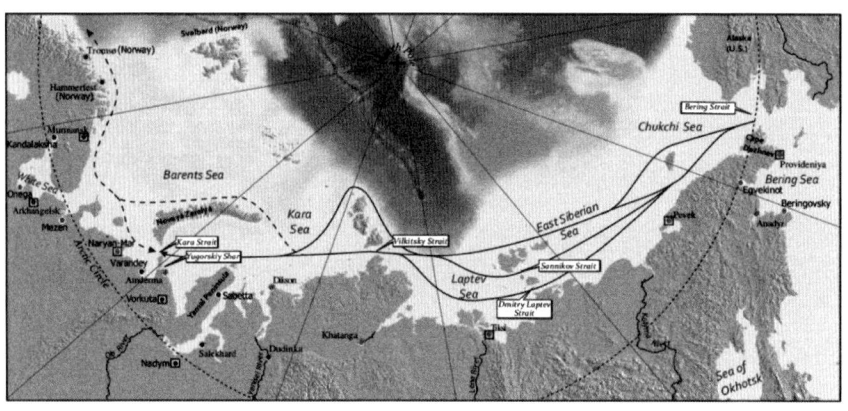

출처: Albert B. Farre, Linling Chen, Michael Czub, Scott Stephenson, "Commercial Arctic Shipping through the Northeast Passage: Routes, Resources, Governance, technology, and Infrastructure," *Polar Geography*, Vol.37, No.4, 2014, p. 8.

---

[3] 북극의 자연·인문 지리적 정의는 다음의 글 참조. Han, Jong-Man, Joung-Hun Kim, Jae-Hyuk Yi, "Definition of Arctic Based on Physical and Human Geographical Division," *KMI International Journal of Maritime Affairs and Fisheries*, Vol.12, Issue 1, 2020, pp. 1-16.

러시아 NSR Information Office는 공식적으로 NSR은 북동항로의 동부노선으로 노바야 제믈랴 제도의 동부해안 미스 젤라니아 곶(Cape Mys Zhelania)과 마토치킨(Matochkin)해협, 카라 해협, 유고르스키 샤르(Yugorski Shar) 서부 경계선부터 자오선 기준으로 동쪽으로 미국의 해양 국경선과 평행선을 이루는 베링해협과 데쥬네프 곶(Cape Dezhnev)까지로 정의하고 있다. 이 구간은 서쪽 유고르스키 샤르(Yugorskiy Shar)해협과 카르스키에 보로타(Karskiye Vorota)를 통과하거나 혹은 미스 젤라니아 곶 주변에 위치한 노바야 제믈랴 제도의 북쪽을 통과하여 동쪽 베링해협으로 이어진다([그림 2] 참조). NSR 구간의 길이는 약 3,000해리이지만 실제 길이는 얼음 상황과 이 노선의 다양한 신축성의 선택에 따라 달라질 수 있다. 이 노선의 연간 항행 시즌은 얼음의 상황에 따라 유동적이며, 보통 7월 초부터 11월 중순까지 가능하다. NSR은 역사적으로 러시아연방의 국가 운송로서 국제법, 국제협정, NSR 관련 연방법, 기타 법적 규제에 따라 운용되고 있으며, 러시아의 북부 내해, 영해, 배타적경제수역(EEZ)으로 간주되고 있다. 현재 러시아는 NSR을 통과하는 선박의 사전 허가권, 통과/이용비용, 쇄빙선과 파일로트 지원을 요구하고 있다.[4]

러시아 정부는 NSR을 바렌츠해와 베링해를 연결하는 중간고리로서 거시(macro) 경제 북극권 개발과 통제를 위해 서쪽 무르만스크부터 동쪽 페트로파블로프스크-캄차츠키까지 확장하는 계획을 담고 있다. 실제로 2개 항에 선적·환적 시설의 인프라가 구축되고 있다.

---

[4] 한종만, "러시아 NSR의 현황과 전망," *EMERiCs 전문가 오피니언-러시아유라시아* (대외경제정책연구원) 2019년 4월.

2. NSR의 물동량 추이와 전망

러시아의 북극 자원개발과 NSR의 물동량 추이는 동전의 양면처럼 상호 밀접히 연계되어 있다. NSR은 1933년부터 소련 국내 해운로로 가동되면서 동부 북극 지역에서 원자재와 식료품과 공업(군수)제품을 수송했으며, 제2차 세계대전의 승리의 견인차 역할을 담당했다. NSR은 소련 국민경제의 통합된 필수 부분이 되어 북부 지역과 극동 지역의 중요한 물자를 수송하는 역할을 담당했다. 이 해로를 따라 연료, 식료품, 생필품 등이 공급되었으며, 이곳에서 채굴된 천연자원이 '본토'로 공급됐다.[5] <표 1>에서 보는 것처럼 NSR의 물동량은 1933년 13만 톤에서 1959년 89만 톤으로 증가했다.

1960년 세계 최초의 원자력 쇄빙선 '레닌'호 건조와 더불어 1970년대 중반부터 북극해 군사기지 구축, 크라스노야르스크 북부 노릴스크 공업지역의 개발, 서부 북극 해역에서 연중 항행의 필요성, 카라해 연안 및 오비와 예니세이 하천 운송 등을 위해 강력한 원자력 쇄빙선('아르크티카'호와 '시비르'호)을 건조했다. 1985-1990년 북극해 급 원자력 쇄빙선 '로시아'호와 '소베츠키 소유즈'호, 1992-2007년 '야말'호와 '승전 50주년'호를 건조했다. 또한 하천 원자력 쇄빙선으로 1989년에 '타이미르'호와 '바이가치'호를 건조했다. 현재 원자력 쇄빙선함대는 4척('승전 50주년' '야말', '타이미르', '바이가치')과 원자력 쇄빙 컨테이너선 '세베르모르푸트'호가 운행되고 있다. 2020년 가을 차세대 신형 원자력 쇄빙선 '아르크티카'호가 투입될 예정이다.[6] 원자력 쇄빙선단의 덕택으로 1987년 NSR 물동량은 사상 최대치인 660만 톤을 기록했다.

---

5) "Северный морской путь," Рукспрт, 2019.9.14.
6) 러시아 원자력 쇄빙선단에 대해서는 다음의 글 참조. 한종만, "러시아 쇄빙선의 과거, 현재, 미래," 「북극연구 The Journal of Arctic」, No. 20, 2020, pp. 30-31.

〈표 1〉 1993-2009년 NSR 물동량 추이(단위: 1,000톤)

1933년	1934년	1935년	1936년	1937년	1938년	1939년	1940년	1941년
130	134	176	201	187	194	237	350	165
1942년	1943년	1944년	1945년	1946년	1947년	1948년	1949년	1950년
177	289	376	444	412	316	318	362	380
1951년	1952년	1953년	1954년	1955년	1956년	1957년	1958년	1959년
434	489	506	612	677	723	787	821	888
1960년	1961년	1962년	1963년	1964년	1965년	1966년	1967년	1968년
963	1013	1164	1264	1399	1455	1778	1934	2179
1969년	1970년	1971년	1972년	1973년	1974년	1975년	1976년	1977년
2621	2980	3032	3279	3599	3969	4075	4349	4553
1978년	1979년	1980년	1981년	1982년	1983년	1984년	1985년	1986년
4789	4792	4952	5005	5110	5445	5835	6181	6455
1987년	1988년	1989년	1990년	1991년	1992년	1993년	1994년	1995년
6579*	6295	5823	5510	4804	3909	3016	2300	2362
1996년	1997년	1998년	1999년	2000년	2001년	2002년	2003년	2004년
1642	1945	1458**	1580	1587	1800	1600	1700	1718
2005년	2006년	2007년	2008년	2009년	-	-	-	-
2023	1956	2150	2219	1801	-	-	-	-

주: * 소련 시대 최대치, ** 러시아 시대 최저치
출처: В.Н. Половинкин, А.Б. Фомичев, "Перспективные направления и проблемы развития, Арктической транспортной системы Российской Федерациив XXI веке," *Арктика: экология и экономика*, №3 (7), 2012, С. 78-79.

소연방 해체 전후 과정에서 NSR 물동량은 지속적으로 감소했으며, 러시아의 금융위기(모라토리엄 선언)가 발생한 1998년 물동량은 최저치인 146만 톤을 기록했다. 그 이후 물동량의 증감은 있었지만 꾸준히 증가 추이를 보이고 있다. 2016년에 NSR의 물동량은 730만 톤으로 소련 시대 최대치를 능가했다. 2018년 2,020만 톤, 2019년 3,150만 톤으로 2016년 대비 4배 이상 증가했다.

〈표 2〉 2010-19년 북부해항로의 트랜지트 및 전체 물동량 추이

연도	트랜지트		전체 화물 규모(1천t)
	선박 수	화물 규모(1천t)	
2010년	4	110	2,190
2011년	34	834.9	2,165
2012년	46	1,261	2,339
2013년	71	1,356	1,600
2014년	23	274	3,707
2015년	18	40	5,392
2016년	19	214	7,266
2017년	28	194	9,932
2018년	27	490	20,180
2019년	37	697	31,500

출처: Сколково, *Том 3: Северный морской путь: история, регионы, проекты, флот и топливообеспечение*, Москва, июль 2020, С. 75-76.

〈표 3〉 2019-2024년 북부해항로의 화물운송 추정치

연도	러시아 교통부	러시아 천연자원부	러시아 극동·북극개발부
2019년	2,600만 톤	3,000만 톤	3,000만 톤
2020년	2,900만 톤	3,400만 톤	3,400만 톤
2021년	3,000만 톤	3,700만 톤	3,700만 톤
2022년	3,200만 톤	4,200만 톤	4,600만 톤
2023년	4,500만 톤	5,800만 톤	6,600만 톤
2024년	8,000만 톤	8,200만 톤	9,500만 톤*

주: * 노바텍사의 오비만 Arctic LNG-3 프로젝트를 배제한 수치
출처: "Минтранс предусмотрел удвоение грузопотока Северного морского пути за год," *RBC.ru*, 30 июл 2019.

2018년 푸틴의 5월 국정연설에서 2024년까지 NSR 물동량 8,000만 톤 달성을 표명한 후 러시아 정부는 2019-2024년까지 북극개발 5개년 계획에서 NSR

연중 항행 이용과 자원개발, 인프라 구축 등에 5조 5,000억 루블(733억 유로) 투입계획을 발표했다. 메드베데프 총리는 야말 LNG 프로젝트에 이어 기단반도 북극 LNG-2(2023-24년 완료)가 완료되면 NSR 물동량 4,000만 톤이 확보되며, 이 프로젝트를 통해 연간 300억 달러 상당의 경화(hard currency) 수입이 가능하며, 2018년 러시아의 세계 LNG 시장점유율 4%에서 2035년에 20% 증가가 가능할 것으로 예상했다.[7]

<표 3>에서 보는 것처럼 2024년 NSR 물동량을 러시아 교통부는 8,000만 톤, 천연자원부는 8,200만 톤, 극동 북극개발부는 9,500만 톤으로 추정했다.

러시아 극동 북극개발부 차관 알렉산더 크루티코프(Alexander Krutikov)는 NSR의 물동량을 2030년 1억 2,000만 톤, 2035년 1억 6,000만 톤 달성을 예견하고 있다.[8] 향후 언급한 NSR 물동량의 목표 달성은 NSR 공간에서 새로운 유전과 광물과 석탄 개발 프로젝트, 수산물 운송 프로젝트, 트랜지트 운송의 성공 여부에 달려 있다. 그러나 NSR 공간에서 자연 지리적 변화, 환경재해, 대형사고, 선적 거버넌스 문제, 자원/물류 부문에서 기술발전의 속도, 프로젝트 재원 조달 문제, 석유, 가스, 광물 등 원자재 국제 시세와 서방의 대러시아 경제제재의 강도 등 여러 요인은 불투명하며, 불확실성이 상존하고 있다.[9]

---

7) Atle Staalesen, "Russia presents a grandiose 5-year plan for the Arctic," *Barents Observer,* Dec. 14, 2018.
8) Алексей Заквасин, "Перспективные льды Арктики: как Россия планирует развивать Северный морской путь," *RT,* 6 декабря 2019.
9) 2024년까지 NSR 물동량의 내역과 전망에 대해서는 다음의 글 참조. 한종만, "러시아 NSR 물동량, 2024년까지 8천 만 가능할까," *Russia · Eurasia Focus* (한국외대 러시아연구소), 제553호, 2019년 11월 4일.

3. NSR의 가능성과 제약성

상트페테르부르크부터 블라디보스토크까지 항해 길이는 1만 4,000km인 반면에 수에즈운하 통과 시 길이는 2만 3,000km이다. 도착지에 따라 상이하지만 북동항로의 거리는 수에즈운하보다 40% 이상 단축된다. 또한 시간 단축 대신에 선박 운용자는 느린 속도 항해(선박유 절약)를 채택할 수도 있다. 무르만스크부터 부산까지 북동항로는 수에즈운하 경유보다 50% 이상이나 단축된다(<표 4> 참조). 이는 선박이 최고 속도로 수에즈운하를 경유하는 시간과 비슷하다. 저속의 항해는 선박의 에너지효율을 2배나 향상시킬 수 있어 온실가스 방출을 크게 감축할 수 있다. 미래에 온실가스 방출 통제 틀 하에서 글로벌 해양 운송요금이 책정될 경우 막대한 비용 절감 효과를 가져다 줄 것이다. 또한 수에즈운하 경유 선박은 소말리아 해적 등의 출현으로 발생하는 인질 비용과 추가 비용이나 혹은 보험료 등을 지불하고 있지만 북동항로에는 해적이 없다고 러시아 북극 전문가이며 국가두마 의원 아르투르 칠링가로프는 강조했다.[10]

로테르담 기준으로 수에즈운하 경유 항로보다 북동항로의 거리는 홍콩부터 더 늘어나기 때문에 북동항로의 수혜자는 홍콩 북동쪽 지역이다(<표 5> 참조).

NSR 해운로는 기존 수에즈운하와 희망봉 경유 항로보다 동북아국가와 북유럽국가 관점에서 지리적 이점을 지니고 있다. 동아시아와 북유럽 간 현재 연간 1,500만 TEU 물동량도 향후 20년 동안 70% 증가할 것으로 예견되고 있다.[11]

---

10) Sergey Mamontow, "Arktis-Erschließung: Putin will Nordostpassage wiederbeleben," *RIA Novosti*, Sep. 23, 2011.
11) Ренарт Фасхутдинов, "Севморпуть с другого ракурса — транзит, круизы, малый бизнес," *Korabel.ru*, 16 декабря 2019.

〈표 4〉 러시아 무르만스크 항과 러시아 국경에 인접한 노르웨이 키르케네스(Kirkenes)항부터 한·중·일 주요 항구까지 해상교통의 내역

항로(목적지)	수에즈운하 경유			북동항로 NSR 경유			단축 일수
	거리*	운항속도**	일수	거리*	운항속도**	일수	
중국 상하이	12,050 (22,317)	14.0	37	6,500 (12,038)	12.9	21	-16일
한국 부산	12,400 (22,965)	14.0	38	6,050 (11,205)	12.9	19.5	-18.5일
일본 요코하마	12,730 (23,576)	14.0	39	5,750 (10,649)	12.9	18.5	-20.5일

주: * 1 해리는 1.852km ** 노트, ( ) km 길이는 필자가 계산한 수치임
출처: Charles Emmerson, *Arctic Opening: Opportunity and Risk in the High North* (Chatham House, Lloyd's 2012), p. 30.

〈표 5〉 네덜란드 로테르담부터 아시아의 주요 항구까지 해상교통의 내역

내역	상하이		부산		홍콩		요코하마	
	거리*	시간	거리*	시간	거리*	시간	거리*	시간
	해리	일수	해리	일수	해리	일수	해리	일수
희망봉 경유	13889 (25722)	27.6	14209 (26315)	28.2	13161 (24374)	26.1	14506 (26865)	28.8
수에즈운하 경유	9612 (17801)	19.1	9907 (18348)	19.7	8859 (16407)	17.6	11212 (20765)	22.2
북동항로 경유	8865 (16418)	17.6	8490 (15723)	16.8	9410 (17427)	18.7	7825 (14492)	15.5

주: * 1 해리는 1.852km, ( ) km 길이는 필자가 계산한 수치임
출처: Sigur A. Omarsson, *An Arctic Dream-The Opening of the Northern Sea Route: Impact and Possibilities for Iceland* (Haskolinn A Bifröst: Bifröst University, May 2010), p. 34.

NSR 개발의 장기적 목적은 수에즈운하와의 경쟁이다. 러시아 정부는 지구 온난화와 북극 빙하의 감소 그리고 물류 인프라의 발전으로 NSR의 경쟁력을 제고하고 있다. 러시아연방 정부분석센터는 2035년까지 NSR 발전 3단계 전략을 제시했다. 1단계(2024년까지)에 카라해 항구(사베타, 두딘카, 딕손, 이카

[그림 3] 러시아의 NSR과 북동항로의 주요 항구

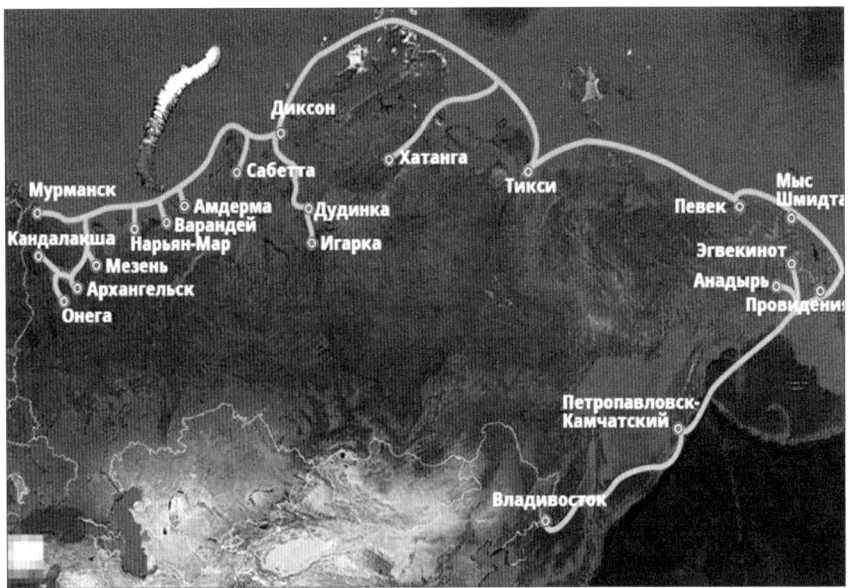

출처: "Развитие, история, значение и крупные порты Северного морского пути. Где проходит Северный морской путь?," *Снегирь, ноябрь* 11, 2019.

르카, 틱시, 페벡 등 [그림 3] 참조)부터 서부 NSR 연중 운송 가속화, 이를 위해 쇄빙선 함대의 현대화와 항만 인프라 투자 활성화, 2단계(2035년까지)에 NSR 동부 구간까지 연중 항행을 모색하며, 3단계(2035년까지) NSR을 북유럽과 아태지역 고객에게 물류 서비스(컨테이너선 등)를 제공하면서 수에즈운하와 경쟁할 수 있는 항로로 계획하고 있다.[12] 로스아톰플로트(Rosatomflot)는 2020-26년 5척의 원자력 쇄빙선, 2028-35년 3척의 차세대 신형 리더 원자력 쇄빙

---

12) Алексей Заквасин, "Перспективные льды Арктики: как Россия планирует развивать Северный морской путь," *RT*, 6 декабря 2019.

선 3척, 2023-26년 4척의 디젤 쇄빙선 건조할 계획이며, 향후 NSR로 운송하도록 설계된 30척의 원자력 추진 컨테이너 선단 구축을 계획하고 있으며 최종적으로 NSR이 수에즈운하와 경쟁할 수 있는 단계로 발전시킬 계획이라고 밝혔다.[13] 실제로 러시아 로스아톰(Rosatom)은 2019년 12월 초 70억 달러를 투자하여 북극 컨테이너선 건조 계획을 공포했으며, VTB(대외무역은행)와의 협상을 통해 최대 55척의 극지 컨테이너선 건조 및 항구 시설 개선과 현대화에 투자할 계획이라고 언급했다.[14]

NSR 공간에 위치한 '러시아 북극(Русская Арктика)' 국립공원 등에서 크루즈관광(북유럽 연간 약 200만 명, 알래스카 연간 100만 명)의 활성화를 기대하고 있다.[15]

러시아 북극권은 250만 명 거주하고 있지만 GDP의 20—25%, 수출의 25-30%를 기여하고 있다. 러시아 정부는 북극을 전략적 자원 기반이며, 러시아 성장의 성장공간으로 인식하고 있다. 북극, 특히 NSR 공간(야말, 기단, 타이미르반도 등)은 탄화수소 자원의 보고지역이며, 러시아 천연가스의 80% 생산과 더불어 니켈, 구리, 다이아몬드, 희토류 등 광물 생산, 어획량의 3분의 1로 에너지, 자원, 수산, 관광자원의 보고지역이다.

NSR의 기회 가능성에도 불구하고 지속 가능한 NSR의 이용과 개발을 위해서는 자연·환경적, 인프라·기술적, 재정적, 국제법·정치적 제약 요인의 극

---

13) Atle Staalesen, "Russia aims to make Northern Sea Route world-class shipping lane," *Eye on the Arctic*, Jul. 10, 2019.
14) "Russia's Rosatom to start Arctic container shipping with US$7 billion," *Turkey Sea News*, Dec. 1, 2019.
15) "Парку "Русская Арктика" найдут 2,3 млрд рублей на инфраструктуру," *Dp.ru*, 16 октября 2020. 금년 10월에 러시아 정부는 '2021-24년 러시아북극 국립공원 개발을 위한 최초의 종합프로그램'을 작성하여 23억 루블 상당의 예산이 투입할 예정이다.

복이 우선과제이다.[16)]

가. 자연/환경적 요인

해빙(解氷)에도 불구하고 북극해는 여전히 이용하기 어려운 자연환경을 지니고 있으며 북극해는 겨울철 영하 40-50도로 떨어지면서 기계의 작동을 어렵게 하며 승선한 선원과 여객의 안전 위험뿐만 아니라 자원개발의 위험성이 높다. NSR 해역은 얼음두께가 3미터 이상이나 되는 다년빙은 연중 녹지 않으며, 현재 운용되고 있는 쇄빙선도 운용의 한계를 지니고 있다. 고북극 해역에서 유빙의 예측 불가능성은 여전히 높은 상황이며, 실제적으로 유빙의 상황은 시/공간에 따라 불규칙 변화가 심하며 알베도(albedo: 태양광선 반사율) 효과와 증발 효과로 인해 북극의 날씨도 변화무쌍하며, 종종 눈보라와 강력한 돌풍에 직면하는 위험이 상존하고 있다. 여름철 북극해, 특히 축치 해와 베링해협 주변은 일반적으로 발생하는 심한 안개로 인해 시야의 제약성으로 얼음 혹은 선박 혹은 거대한 포유동물과의 충돌을 방지하기 위해 저속으로만 운행 가능하다. 여름에도 수많은 빙하와 빙산이 유동적이기 때문에 아이스 클래스 기능을 가진 선박이나 쇄빙선의 호위가 필요하다.

NSR를 항행하는 선박은 드래프트(흘수)와 선폭이 제한된다. 바렌츠해로부터 카라해로 진입하는 최남단 유고르스키 샤르(Yugorskiy Shar)해협(21 해리 구간)의 수심은 12-30m이며, 카라해와 랍테프해의 얕은 해협을 통과해야만 한다. 랍테프 해협의 동쪽 구간의 수심은 10m 미만이기 때문에 선박의 드래프트(흘수)는 6.7m 이하가 되어야 한다는 제한을 받고 있으며, 베링해협 주변

---

16) 한종만, "러시아의 북극 자원/물류 개발에 관한 고찰," 한국외대 러시아연구소 180차 콜로키움 발표문 (한국외대 서울캠퍼스 교수회관 2층 세미나실, 2019년 10월 24일), pp. 22-25.

도 수심이 낮은 편이다.

NSR 해역에서 사고 발생 시 지리적 원격성과 극한의 기상 조건과 긴 겨울철, 수색 및 구조 시설의 부족으로 정화 및 복원에 상당한 어려움이 존재한다. 환경단체의 북극 개발에 대한 거부적 반응과 시위 행동, 재난, 석유 유출, 쓰레기(플라스틱, 미세플라스틱 등) 투기, 외부 종 침투 등으로 발생할 환경 복구 비용은 천문학적 올라갈 개연성이 높다. 1989년 엑손 발데즈 사고에서 알래스카의 프린스 윌리엄 사운드 해역의 유출된 기름의 7%만이 회수되었다는 교훈을 상기할 필요가 있다.[17]

나. 인프라/기술 부족

북극 해안에 기초한 초단파(VHF-FM) 통신시스템 부족과 부재뿐만 아니라 인공위성 커버리지도 제한적이기 때문에 고주파(HF)방송과 GPS 위치서비스도 고도로 인해 불충분해서 북극 선박들은 대기현상, 고위도, 이온층 효과, 지구자기 장애에 영향을 받는 통신체계에 도전을 받고 있어 통신체계의 업데이트와 현대화가 필수적이다.

2011년 그린란드 누크(Nuuk) 회담에서 북극이사회는 법적 구속력 있는 '수색/구조조약(Search and Rescue Treaty)'과 2013년 '해양유류오염예방방지'조약이 체결됐지만 사고 발생 시 수색/구조작업과 유류오염 방지를 위해 인프라 자산(항구, 선박. 비행장 혹은 활주로, 쇄빙 자산 등) 부족, 구조와 긴급 활동을 위한 시설물 부재, 신뢰할만한 기상예보의 부재와 정확한 유빙 정보와 구역별 북극해역 해도, 부표 등이 절대적으로 부족한 편이다.

---

17) Sophie Hunter, "Is a Real Cold War Heating Up in the Arctic?," *Fair Observer*, Dec. 5, 2018.

러시아는 전통적으로 육상 탄화수소 자원개발에는 경쟁력을 갖고 있지만 에너지 절약 기술, 에너지 하류부문(정제, 석유화학, LNG 공장 등)의 미발달과 대륙붕개발 경험 부족으로 서방, 특히 노르웨이 혹은 중국의 기술과 투자 협력이 필요하다(러시아는 자체적으로 대륙붕을 탐사/개발하기 위한 충분한 기술 및 산업 능력이 미비하다).

다. 재정적 제약

러시아의 사회경제적 시스템의 비효율성과 만연된 부패 현상과 관료주의의 극대화로 향후 10년 동안 북극에서 러시아의 지위에 영향을 미칠 수 있는 다양한 국내 위험성, 예를 들면 러시아인 5분이 1이 빈곤층이며, 36%는 위험지역에 거주하고 있어 북극 투자에 대한 저항감이 증가하고 있다.[18]

2014년 3월 러시아의 크림반도 합병 이후 대서방의 러시아 제재 조치 이후 러시아와 미국과의 관계는 악화됐으며, 북극에서 러시아 군사 활동과 기지 건설 강화, 러시아군의 시리아 사태 개입, 미국 대선에서 사이버 지원 문제, 대북한 경제제재에 대한 러시아의 소극적 입장, 영국에서 스파이 살해 문제 등으로 대서방권에서 러시아 외교관 추방과 맞추방 사건, 인권변호사이며 반체제 인사 알렉세이 나발니 암살 시도 등으로 러시아와 서방권, 특히 미국과 EU의 관계는 악화일로에 있다. 그로 인해 서방 자본, 기술, 노하우 도입에 대한 제약성이 커지고 있다. 실제로 로스네프트와 엑손모빌은 남 카라해 3개 광구, 카라해 1개 광구, 랍테프해 2개 광구, 축치해 3개 대륙붕 광구, 로스네프트와 이탈리아 에니 사의 바렌츠해 2개 광구, 로스네프트와 노르웨이 슈타트오일 사

---

18) Katarzyna Zysk, "The Future of the Arctic is Russian. Or is It?," *Atlantic Community*, Jul. 8, 2019.

의 바렌츠해 1개 광구, 가즈프롬과 셸 사의 축치해 1개 광구, 페초라해 1개 광구 프로젝트는 각각 해외 석유메이저들이 33.33%의 지분을 보유했지만 경제제재 조치 이후 중단된 상황이다.

서방의 경제제재 조치 이후 러시아 주요 에너지 기업들은 재원조달과 서방 기술과 노하우 도입의 어려움을 경험했지만 자체 역량의 향상과 중국 기업들과의 협력을 강화하면서 발판을 조성하고 있다. 실제로 노바텍 사는 야말 LNG 프로젝트의 실현과 Arctic 2 LNG 프로젝트도 중국, 프랑스, 일본의 투자로 성공적으로 진행되고 있다.

셰일 혁명으로 2010년부터 미국은 러시아를 제치면서 세계 최대의 천연가스 생산국, 2012년부터 석유생산도 제1위를 기록하고 있어 러시아의 에너지 수출 지위의 위험성이 높아지고 있다. 특히 미국은 석유와 천연가스 수출을 동아시아와 유럽으로 수출 증대 계획이 높아지면서 러시아는 미국과의 에너지 수출 경쟁 관계가 심화되고 있다. 실제로 2018년 러시아는 동아시아국가에 1,286만 톤 상당의 LNG를 수출한 반면에 미국은 2018년 일본, 중국 등 아시아 국가에 1,073만 톤의 LNG를 수출했으며, 폴란드와 셰일가스의 장기공급계약을 체결했다.[19]

러시아의 에너지 수출의 높은 의존도로 글로벌 연료 가격의 변동 및 대체에너지원의 출현 등의 외부적 요인에 민감한 반응에 직면, 그 예로써 에너지 국제 시세의 하락으로 1998년과 2008년 러시아 금융위기와 재정위기를 경험했다. 설상가상으로 코로나-19로 인해 에너지 국제 시세의 하락과 코로나 대응 보건비용과 경제 활성화를 재정지출이 증가하면서 어려움을 당하고 있어

---

19) Tomoyo Ogawa, "Russia looks for Asia LNG buyers to blunt Western sanctions' bite," *Nikkei Asian Review*, Jul. 14, 2019.

북극 프로젝트들이 지연될 가능성이 높다.

라. 국제법 및 정치적 제약

유엔해양법에 따라 대륙붕한계위원회 권고로 이루어지는 대륙붕 외연 확대(350해리)의 중첩 문제이다. 러시아는 로모노소프 해령과 멘델레예프 해령을 통해 120만㎢ 요구를 이 위원회에 제출했으나 미결정된 상황이며 덴마크(그린란드)와 캐나다도 주장하고 있다. 관련 북극권 국가는 대륙붕 연장에 대한 업데이트 된 자료를 유엔 대륙붕한계위원회에 제출하고 있으며, 2019년 5월에 캐나다 정부도 자료를 제출한 상황이다.

UN 해양법 제234조(얼음이 덮힌 해역)에 근거해서 북서항로의 관할권을 주장하는 캐나다처럼 러시아의 NSR 관할권 주장도 국제 관습법에 의거한 EEZ의 자유항행과 해당 항로에 존재하는 해협을 국제해협(해안국의 허가 없이 항행과 항공의 자유 인정)으로 간주하는 미국과 중국, 독일을 비롯한 비북극권 국가들의 자유항행/항공의 주장과의 마찰 가능성이 상존한다.

NSR의 활성화와 북극 자원개발이 가시화되면서 미국은 2019년 '새로운 북극 독트린'을 수립하면서 북극에서 러시아 북극권 군비 완화 촉구, 중국의 노르딕 북국권과 NSR 자원/물류 인프라 투자 협력의 제한 필요성을 강조했다. 워싱턴은 북극에서 러시아의 영향력 증가에 대응할 필요성을 반복해서 강조, 예를 들면 마이크 폼페오(Mike Pompeo) 국무장관은 NSR의 러시아 관할권, NSR과 중국의 실크로드에 연결할 계획에 대한 우려 표명했다.[20] 미국은

---

[20] Российский Северный морской путь американцы хотят сделать общим, 19 Rus, 17 октября, 2019. "США надо захлопнуть рот". Почему Северный морской путь останется русским," *Baltnews*, 15 октября, 2019.

NATO 동맹국들에게 NSR 접근(개발과 이용) 자제를 권고했다.[21] 실제로 글로벌 기업의 NSR 이용 거부 선언, 예를 들면 2019년 가을 글로벌 환경문제를 고려하여 MSC(지중해 해운회사), 프랑스 CMA CGM, 독일 Hapag-Lloyd 사를 포함한 세계 5대 컨테이너 해운회사 중 3곳은 NSR 이용 중단 선언[22]과 또한 글로벌 제조업체 Nike, H & M, Gap 및 Columbia 등 12개 기업도 동참 선언으로 당분간 NSR 글로벌 해운의 가능성은 미약하다.[23]

중국은 강대국(G2)으로 부상하면서 북극권까지 일대일로와 빙상 실크로드의 확장은 물론 북극권 진출과 투자를 가장 많이 실행하는 국가이며, 제2 쇄빙선 운행과 더불어 원자력 쇄빙선 건조를 진행하고 있다. 러시아는 북극 자원 개발 과정과 NSR의 활성화로 나타날 미래 갈등의 차단 혹은 최소화 대응 차원에서 북극에서 군사력 강화하고 있다.

러시아의 북극권 군사훈련과 군사기지 강화로 야기된 신냉전(?) 가능성을 완전히 배제할 수 없는 상황이다. 북극권에 해군기지와 공군기지 재구축 작업을 통해 러시아는 현재 북극권에서 2007년보다 2배나 증가한 27개의 군사기지를 운영하고 있으며, 러시아의 독자적 북극 군사훈련과 중국과의 공동 군사훈련, 그 반응으로 미국과 NATO의 군사력과 훈련 강화로 마찰 가능성이 증대되는 상황이다.

---

21) "Доктрина США: Северный морской путь будет заблокирован," *АгитПРО*, 2019. 10. 18.
22) Heiner Kubny, "Drei Reedereien verzichten auf die Nordost-Passage," *Polar Journal*, Okt. 29, 2019.
23) "Nike решила бойкотировать Северный морской путь," *Профиль*, Nov. 2, 2019.

Ⅲ. NSR의 해양 안보 현황과 이슈

1. 해양 안보 관련 법적 · 제도적 조치

2000년 러시아 대통령으로 취임한 푸틴은 '강한 러시아' 구축 과정에서 북극권의 군사 안보와 경제 안보를 위해 북극정책을 지속적으로 업데이트하고 있다.

러시아는 2008년 북극권 국가 중 제일 먼저 '북극전략 2020' 제정, 2013년 재편된 '북극전략 2020 수정안'과 2018년 '2019-24년 북극개발 5개년 계획' 수립, 2015년 제정된 '군사독트린'과 2017년 수립된 '해양독트린 2030'의 업데이트, 2017년 11월 수립된 '2018-27년 군 현대화계획', 2014년 12월 북부함대를 주축으로 '북부합동전략사령부'가 설립됐으며, 2021년 1월 1일부터 북부 군관구로 위상 승격, 2018년 극동개발부를 극동 · 북극개발부로 명칭 변경과 로스아톰(Rosatom)으로 원자력 쇄빙선 함대를 포함한 NSR 관리 권한 이양, '철도전략 2030'과 '교통전략 2030', '하천전략 2025', '극동바이칼 사회경제발전전략 2025' 외에도 2019년 12월 수립된 '조선전략 2035'와 'NSR 인프라 개발전략 2035', 2020년 봄에 수립된 '에너지전략 2035'와 '북극전략 2035' 등을 들 수 있다. 2020년 대통령을 의장으로 하는 북극 국가안보위원회의 위상 제고(드미트리 메드베데프 전 총리가 부의장 취임)뿐만 아니라 북극권에 소속된 4개 관구(북서, 우랄, 시베리아, 극동)의 북극전략의 수립 외에도 북극 연방주체(무르만스크 주, 카렐리아 공화국, 아르한겔스크 주, 네네츠 자치구, 야말로-네네츠 자치구, 크라스노야르스크 변강주, 사하공화국, 추코트카 자치구)도 자체 '북극전략 2035'를 수립하고 있다.

이 전략과 정책의 내역에는 북극 자원/물류개발과 운송을 위해 항공, 철도,

[그림 4] 러시아의 NSR 선적의 안전 및 관리 의사결정기구

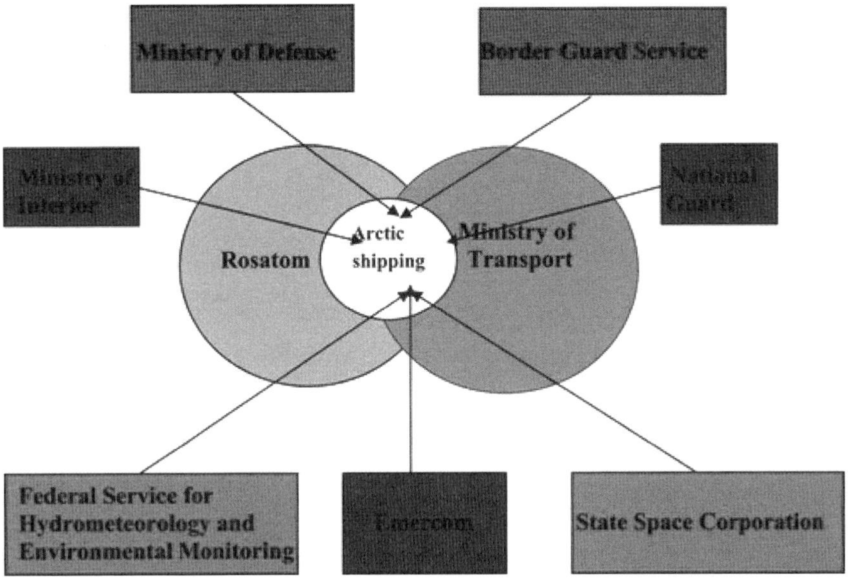

출처: Alexander Sergunin and Gunhild Hoogensen Gjørv, "The Politics of Russian Arctic shipping: evolving security and geopolitical factors," *The Polar Journal*, Sep. 3, 2020.

도로, 항구, 해운, 하천, 석유/가스 송유관과 연계되는 '복합물류(complexed logistics)' 체계 구축과 더불어 북극의 군사 안보와 경제 안보에 방점을 두고 있다.

로스아톰(Rosatom)은 교통부와 함께 일부 행정기관은 NSR의 안전과 관리를 담당하고 있다. 연방 수문기상·환경모니터청과 국영우주국(State Space Corporation)은 NSR을 항행하는 선박을 위해 이 해역의 얼음 상태와 기상예보에 대한 정보를 제공할 책임을 지고 있다. 민방위·비상사태·자연재난부(Emercom)는 육상과 해양에서 북극의 SAR(수색·구조) 운영과 기름 유출 예방과 대응을 담당한다. 이러한 목적을 위해 Emercom은 NSR을 따라 SAR 센

터 네트워크를 관리하고 있다. NSR 내 북극 섬의 해군·공군 기지와 밀접하게 연계되어 있어 특정 항법 경로는 러시아 국방부와 조정해야 한다.

북극 해운은 NSR 공식 해역(바렌츠해, 백해, 페초라해 제외)을 넘어 발생하지만 잠수함 혹은 수상 군함의 군사훈련과 시험 미사일 발사를 고려해야 한다. 국방부는 특별 사건이 발생하는 경우 SAR 기능으로 Emercom 및 기타 수색구조 기관과 협력해야만 한다. 해안경비대와 국경수비대는 일반적으로 러시아 EEZ에서 불법 어업, 밀수, 불법이주, 테러에 이르기까지 다양한 불법 활동에 대한 국경 통제, 경제 보안 및 예방을 위해 이 지역에 중요한 역할을 수행한다. 이러한 근거로 NSR을 항행하는 모든 선박은 지정된 항행 경로를 국경수비대에 통보하고 정기적으로 선박 위치를 보고해야 한다. 이는 항행 선박에 대한 통제권의 행사뿐만 아니라 선박의 안전상 이유로 중요하다. 실제적으로 해안경비선은 난파선, 기름 유출 또는 기타 비상사태 현장에 가장 근접해 있기 때문이다. 내무부와 방위군(National Guard)도 북극 해안선을 따라 불법 이주를 예방하거나 육상에서 Emercom의 SAR 작전을 지원한다.

북극 해운의 안전과 보안을 책임지는 다양한 정부 기관의 존재는 분명히 그들의 활동을 조정하고 적절한 분업을 설정하는 데 문제를 일으킬 수 있다. 공식 조정기관인 극동·북극개발부와 북극개발위원회(2015년 3월 설립, 위원장 부총리)는 북극 개발과 관련된 보다 일반적 문제에 몰두하면서 북극 해운을 구체적으로 다루지는 않고 있다. 북극 해운의 중앙 집중식 관리 시스템의 부족은 종종 기관 간 갈등, 불건전한 경쟁, 의사 결정의 지연과 병렬 처리 등으로 국내외 NSR 고객의 불만을 초래하고 있다. 북극 해운을 위한 적절하고 효율적 의사 결정 시스템의 구축이 필요하다.

러시아는 자국의 조선/해운 산업 활성화를 위해 2017년 11월 20일 NSR 연방 선적 개정안을 채택했으며, 2018년 1월 1일부터 발효됐다. 이 개정안의 주요 내용은 대륙붕을 포함한 러시아 영토에서 생산된 석유, 천연가스, 석탄 등의 NSR 운송은 러시아 국적선만 가능하다는 것이다. 이 개정안에 따라 야말 LNG 프로젝트에 투입되는 15척의 Arc7 선박은 러시아 국적선이 아니기 때문에 예외 규정으로 2018년 2월 1일 이전에 체결된 계약만 해외 국적선의 지속적 활동을 보장하고 있다.[24] 또한 해외 국적선과 군함의 NSR의 통과는 45일 전에 사전통지와 러시아 파일로트 동승과 쇄빙선의 호위 등의 조항을 담고 있다.

2. 해양 안보 인프라 자산(군사 및 비군사적) 강화 현황

러시아 정부는 북극 자원개발과 선적 활동의 증가로 야기될 경쟁에서 우위 확보는 물론 갈등과 분쟁 가능성을 극소화하기 위해 NSR 공간뿐만 아니라 유럽러시아 북극권인 바렌츠해, 백해, 페초라해 지역에서 군사 및 비군사 인프라 자산을 강화하고 있다.

소련 시대 때 사용됐던 북극권 섬들과 육상의 공군 기지들이 재가동되고 있으며 일부 기지는 새롭게 구축되고 있다. 추코트카 자치구(5개) 아나디르-우골니, 프로베디니야, 페벡, 체르스키 기지의 재가동과 새로 건설된 브란겔 섬 즈베즈드니 기지와 사하공화국(1개) 노보 시비르스크 제도 코텔니 섬 템프 기지, 크라스노야르스크 변강주(2개) 노릴스크 근처 알리켈, 세베르나야 제믈랴 제도 스레드니 섬 기지와 야말로-네네츠 자치구(2개) 내 새로 건설된 사베타

---

24) Atle Staalesen, "Russian legislators ban foreign shipments of oil, natural gas and coal along Northern Sea Route," *Barents Observer*, Dec. 26, 2017. 사베타 야말 LNG 함대 15척 중 첫 번째 선박인 Christophe de Margerie호는 러시아 소브콤플로트 해운사 소속이지만 키프로스 리마솔에 등록되어 있다.

기지와 나딤 기지, 코미 공화국(1개) 보르쿠타 기지, 네네츠 자치구(2개) 암데르마와 나리얀-마르 기지와 아르한겔스크 주(2개) 제믈랴 프란츠 요셉 제도 나구르스코예, 노바야 제믈랴 남섬 로가체보 등 14개의 공군 기지들이 신축 혹은 재구축되고 있다.

[그림 5] 러시아 북극권 군사 기지 현황

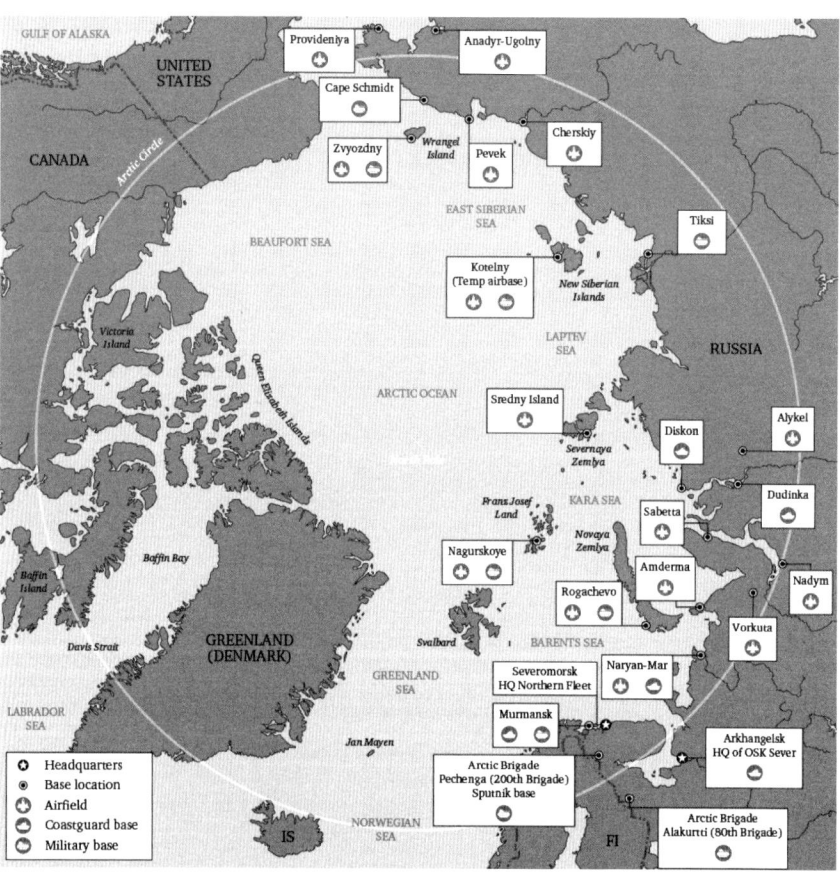

출처: Michal Chabros, "The Arctic Icebreaker: Russia's Security Policy in the Far North," *Warsaw Institute Special Reports*, May 18, May 2020.

⟨표 6⟩ 러시아 북극권 군사 기지 현황

군 기지	러시아명	위치	기능
프로비데니야(Provideniya)	Провидения	추코트카 자치구(베링해)	공군 기지
아나디르-우골니(Anadyr-Ugolny)	Анадырь-Угольный	추코트카 자치구(베링해)	공군 기지
슈미드트 곶(Cape Schmidt)	мыс Шмидта	추코트카 자치구(축치해)	군사 기지
페벡(Pevek)	Певек	추코트카 자치구(축치해)	공군 기지
체르스키(Chersky)	Черский	추코트카 자치구(축치해)	공군 기지
즈베즈드니(Zvyozdny)	Звездный	추코트카 자치구 (축치해 브란겔 섬)	공군, 군사기지
틱시(Tiksi)	Тикси	사하공화국(동시베리아 해)	군사기지
코델니(Kotelny) 템프 공군 기지(Temp airbase)	Котельный (авиабаза Темп)	사하공화국(노보 시비르스크 제도, 랍테프 해)	공군, 군사기지
스레드니 섬(Sredny Island)	остров Средний	크라스노야르스크 변강주 (세베르나야 제믈랴 제도, 랍테프 해)	공군 기지
알리켈(Alykel)	Алыкель	크라스노야르스크 변강주	공군 기지
딕손(Dikson)	Диксон	크라스노야르스크 변강주 (카라해)	해안경비기지
두딘카(Dudinka)	Дудинка	크라스노야르스크 변강주 (예니세이 강, 카라해)	해안경비기지
사베타(Sabetta)	Сабетта	야말로-네네츠 자치구(카라해)	공군 기지
나구르스코예(Nagurskoye)	Нагурское	아르한겔스크 주 제믈랴 프란츠 요셉(이오시파) 제도(바렌츠 해)	최북단 공군, 군사기지
나딤(Nadym)	Надым	야말로-네네츠 자치구 (나딤 강, 카라해)	공군 기지
보르쿠타(Vorkuta)	Воркута	코미 공화국	공군 기지
암데르마(Amderma)	Амдерма	네네츠 자치구(카라해)	공군 기지
로가체보(Rogachevo)	Рогачево	아르한겔스크 주 노바야 제믈랴 제도 남서쪽 (바렌츠 해)	공군, 군사기지
나리안-마르(Naryan-Mar)	Нарьян-Мар	네네츠 자치구 수도(페초라 해)	공군, 해안경비
아르한겔스크 OSK 북부본부 Arkhangelsk HQ OSK Sever	Архангельск, Штаб ОСК Север	아르한겔스크 주(백해)	해안경비, 러시아 북부 통합전략사령부*
무르만스크(Murmansk)	Мурманск	무르만스크 주(바렌츠 해)	군사, 해안경비

세베르모르스크 북부함대 본부 (Severomorsk HQ Northern Fleet)	Североморск, Штаб Северного флота	무르만스크 주(바렌츠 해)	북부 합동 전략사령부 본부
알라쿠티 북극여단 (Arctic Brigade Alakutti)	Арктическая бригада Алакутти	무르만스크 주	군사 기지 (80 여단)
페첸가 북극여단 스푸티닉 기지 (Arctic Brigade Pechenga Sputnik Base)	Арктическая бригада Печенга База Спутников	무르만스크 주	2015년 군사 기지 (200 여단)

주: * 러시아 북부 통합전략사령부(OSK Sever: Объединенное стратегическое командование Россиии, Север)는 북부함대를 주축으로 2014년 12월 1일 설립됨. 러시아명과 위치는 필자가 재구성함.

러시아 북극권 육상 군사기지는 무르만스크 주 펜첸가 북극 전동소총 여단(200 여단)과 핀란드(국경까지 60km)에 인접한 알라쿠티 북극 전동소총 여단(80 여단)이 2015년 1월부터 운영되고 있다. 그 외에도 무르만스크, 로가체보, 나구르스코예, 코텔니, 틱시, 미스 슈미드타, 즈베즈드니 등 7개의 군사 기지에서 방공망과 레이더 기지 시설이 재구축되고 있다. 새롭게 구축한 사베타 공군기지는 사베타 탄화수소 자원기지의 보호, 알리켈 공군기지는 노릴스크 산업단지의 보호가 주목적이다.

러시아 북극권 해안경비 기지는 무르만스크, 아르한겔스크, 나리얀-마르, 두딘카, 딕손 등 5개 기지가 재구축되고 있다([그림 5]와 <표 6> 참조).

노보시비르스크 제도 가장 큰 섬 코텔니 섬 기지는 세베레니 클레버(Northern Clover)라고 불리는 곳으로 '99 전략북극그룹'의 본거지이며 최대 250명의 군인과 해안 방공체제와 영하 50도의 낮은 온도에서 작동할 수 있는 판치르(Панцирь) 중거리 지대공 미사일 시스템을 영구적으로 수용하고 있다. 이곳은 외부 세계의 도움 없이 1년 이상 생존하고 운용할 수 있는 충분한 장비와 물품을 갖추고 있다. 나구르스크 공군기지에는 3,500m 길이의 활주로가 있는 장거리 핵폭격기 TU-160을 포함한 모든 유형의 항공기가 연중 작동한다.

러시아의 새로운 북극 군은 남극 연구기지에 건설된 유사한 조립식 모듈을 사용하여 최대 5,000명의 병력을 수용한다.

선박과 잠수함의 배치를 지원하기 위해 일야 무모레츠(Илья Муромец) 전투 쇄빙선도 2018년에 북극함대에 배치했다. 유사한 전투 쇄빙선 에브파티 콜로브라트(Евпатий Коловрат)호도 태평양함대의 캄차카 그룹에 배치될 예정이다. 러시아 국경수비대도 이반 파파닌과 유사한 전투 쇄빙선 2척을 주문했다. 국경 수비선 푸르가(Пурга)호는 2020년 7월 25일 레닌그라드 주 비보르그에서 건조됐다. 러시아 해군은 북극 해역에서의 작전을 위해 로봇 전투 시스템을 배치할 계획이다. 예를 들면 '하모니야(Гармония)' 시스템의 임무는 수중 물체의 관찰이며 러시아 잠수함의 보호는 물론 갑작스러운 순항 미사일로부터 보호이다. 이 시스템의 배치를 위해 프로젝트 20180 유형의 첫 번째 아이스 클래스 급 아카데믹 알렉산드로프(Академик Александров)호가 건조되고 있다.[25]

러시아 해군은 프로젝트 23350 쇄빙선 이반 파파닌(Иван Папанин), 니콜라이 주보프(Николай Зубов)호를 주문했다. 이 선박들은 전함, 쇄빙선, 예인선의 기능뿐만 아니라 포병, 헬기, 돌격정을 포함한 다양한 시스템을 갖추고 있다. 이 쇄빙선은 컨테이너 무기 시스템을 탑재하면 전투 쇄빙선이 되며, 소련 이후 건조된 가장 큰 쇄빙선 전함이다. 또한 러시아 북부함대는 2020년 초 프로젝트 23130의 중형 유조선 아카데믹 파신(Академик Пашин)호를 수령했다. 이 선박은 수십 년 만에 해군을 위해 건조된 최초의 유조선일 뿐만 아니라 북극 조건에 작전하는 데 필요한 물자를 제공한다. 향후 유사한 선박이 북부

---

25) Дмитрий Болтенков, Антон Лавров, "Оборона по-флотски: к 2028 году Север получит мощную ледокольную группировку," *Известия*, 9 августа 2020.

함대에 추가로 공급될 예정이다.

러시아 국방부는 북극권에서 다양한 표면, 수중, 공중 표적에 대한 조기경보시스템, 방공망 구축, 추운 기후조건에서 작전할 수 있는 군사훈련 등 중시하고 있으며, 새로운 쇄빙선은 해군의 필수적 구성 요소이다.

러시아 발트조선소와 세베르마쉬 사가 제작한 세계 최초로 부유식 유동 원전함(FNPP: Floating Nuclear Power Plant) '아카데믹 로모노소프(Akademik Lomonosov)'를 건조하여 2019년 9월 무르만스크부터 5,000km(3,100마일) 떨어진 극동 추코트카 자치구에 위치한 페벡(Pevek)항에 인도했다. 이 FNPP는 배수량 2만 1,500톤, 길이 144미터(470피트), 폭 30미터, 승무원 수는 69명, 플랫폼 2대의 35MW 원자로로 전형적인 1,000MW 차세대 원전보다 핵추진 쇄빙선의 동력과 유사하며, 초기 비용은 2억 3,200만 달러였지만 7억 달러가 소요됐다. 이 FNPP는 4,730만 kW(10만 명이 사용할 수 있는 전력량)의 전력을 생산하며 2020년 5월 22일 상업적 전력을 제공하고 있으며, 현재 차운-비빌리노(Chaun-Bilibino) 에너지센터 수요의 20%를 수용하고 있다. 이 FNPP는 극동지역에 유일한 비빌리노 원전의 폐쇄되면 추코트카의 주요 전력원이다.[26]

아카데믹 로모노소프는 알래스카에서 불과 수백 킬로미터 떨어진 광물자원이 풍부한 추코트카 지역에서 천연자원 탐사와 개발과정에서 필요한 전력공급을 제공한다. 로스아톰 책임자 알렉세이 리하체프(Alexei Likhachev)는 이 FNPP를 북극의 지속 가능한 발전을 향한 작은 도정이며, 소형 모듈 식 원전의 세계적 발전의 전환점이 될 것으로 기대하고 있다. 또한 적절한 가격으로 소

---

26) "Akademik Lomonosov begins commercial operation," *Nuclear Engineering International*, May 25, 2020.

형 모듈 형 원자로 생산 증대를 통해 하락하고 있는 원전산업 활력의 기회이며, 인간의 접근이 어렵고 인프라가 빈약한 지역에서 수요가 높아질 가능성을 기대하고 있다.[27]

러시아는 원자력 잠수함과 쇄빙선과 부유식 원전의 구축은 여러 형태의 사고와 관련해서 북극에서 방사능오염 문제를 유발시킬 수 있다. 실제로 1990년대 원자력 잠수함의 해체 과정에서 원자로의 북극해 투입 또는 노바야제믈랴 핵 실험장 폐쇄 등에서 나타난 방사능오염이 나타났으며 2000년 8월 바렌츠해에서 핵잠수함 쿠르스크호가 침몰했다.[28] 2019년 6월 특수목적의 핵잠수함 로샤리크(Losharik)의 화재로 14명이 사망하는 사태가 발생했으며, 7월에 아르한겔스크 근처 세베르드빈스크 니오노크사(Nyonoksa) 미사일 실험장 해안에서 폭발로 핵 과학자 5명 사망, 3명 부상당했다. 이 폭발은 스카이폴(Skyfall) 핵미사일 테스트의 실패와 연관되어 있다.[29]

2020년 11월 기준으로 북극해에서 러시아 핵잠수함 32척, 핵 쇄빙선 4척, 컨테이너선 1척, 차세대 쇄빙선 아르크티카호, 아카데믹 로모노소프 FNPP 등 총 핵동력 39척이 운영되고 있으며, 총 62개의 원자로가 가동되고 있다.

---

27) "Russia's world-first floating nuclear plant arrives at Siberian port," *AFP-JIJI*, Sep 14, 2019. '그린피스 러시아'가 주도하는 환경단체는 이 프로젝트를 오랫동안 비난해 왔으며, 폭풍이나 사고가 발생할 경우 취약한 북극 생태계에 심각한 결과 초래가 예상되어 '핵 타이타닉(nuclear Titanic)' 혹은 '얼음 위에 체르노빌(Chernobyl on ice)'이라고 경고했다(2019년 8월 아르한겔스크 지역에 위치한 원자력 연구시설에서 폭발 사건이 일어났을 때 환경에 대한 우려가 높아지면서 지역 방사능 수치가 잠깐 급증한 사실 환기시켰다).

28) 1990년대 북극해 방사능오염 문제는 다음의 글 참조. 한종만, "동북아 환경문제에 관한 연구: 러시아의 환경실태와 환경정책," 「한독사회과학논총」 (한독사회과학회) 제8권, 1998년, pp. 259-288.

29) Sherri Goodman and Katarina Kertysova, "The Nuclearisation of the Russian Arctic: New Reactors, New Risks," *Euro-Atlantic Security Policy Brief*, June 2020, p. 3.

2027년경 10척의 제4세대 보레이(Borei)급 핵잠수함 10척(5척은 북부함대 인도), 5척의 제5세대 야센(Yasen)급 핵잠수함 5척도 북극해에서 운영될 예정이다.[30] 또한 아르크티카 급 4척, 리더 급 3척 핵쇄빙선도 건조될 예정으로 북극해에서 핵동력 선박의 활동이 가속화되면서 리스크가 상존하고 있다.

러시아의 북극 탄화수소 자원개발의 행위자는 국영석유사 로스네프트(Rosneft), 가즈프롬(Gazprom), 가즈프롬네프트(Gazpromneft), 민간기업으로는 노바텍(Novatek), 루코일(Lukoil), 광물생산업체로는 노릴스크니켈(NorilskNickel) 등이며, 자체 물류 쇄빙선단을 보유하고 있다. 노바텍은 야말 LNG 프로젝트 수행을 위해 15척, 북극 LNG-2 프로젝트를 위해 Arc7 급 15-22척의 선박을 운영할 계획이다. 지금까지 북극의 물류는 NSR의 서부구간(무르만스크 방향)은 연중 운행되지만 동부구간(베링해 방향)은 열악한 자연조건으로 인해 겨울철과 봄철에 항행이 어려운 상황이다.

NSR의 관리를 책임지는 로스아톰(Rosatom)은 차세대 쇄빙선 5척과 차차세대 리더(Lider)급 쇄빙선 3척, LNG 추진 LK-40 쇄빙선 4척을 2035년까지 운영할 계획이다. 로스아톰은 항만 쇄빙선 오비(Ob)호, 예인 쇄빙선 유리베이(Yuribey)호를 운영하고 있으며, 3척의 항만·예인 쇄빙선 3척(Pur, Tambey, Nadym)이 건조 중이며, 항만 개발을 위해 준설선 함대를 투입할 예정이다. 러시아 해양구조서비스(MRS: Marine Rescue Service)함대 부국장 올렉 체프카소프(Oleg Chepkasov)는 '2035 NSR 개발 인프라 연방프로젝트'의 일환으로 구조선 12척이 건조 중이며, 향후 16척의 건조계획을 발표했다.[31]

---

30) Sherri Goodman and Katarina Kertysova, … op. cit., p. 2.
31) 한종만, "2035년까지 러시아의 북극 쇄빙선 인프라 프로젝트의 필요성, 현황, 평가,"「한국시베리아연구」(배재대학교 한국-시베리아센터), 24권 2호, 2020년, pp. 11-22.

콜라반도의 LNG 저장/환적 터미널시설과 유사하게 노바텍 사는 캄차카반도 페트로파블로프스크-캄차츠키 항 근처에서 세계에서 가장 용량이 큰 36만㎥ 저장탱크를 건설하여 연간 2,000만 톤 이상의 LNG를 처리하는 LNG-허브 터미널을 구축할 계획이며, 투자비용은 15억 달러가 소요될 것으로 추정되며 2022-2023년 완공 계획이다.[32] 2019년 9월 말에 노바텍과 일본 MOL(Mitsui OSK Lines)과 일본국제협력은행(JBIC: Japan Bank for International Cooperation)은 NSR의 LNG 환적 프로젝트를 위한 MOU를 체결했다.[33]

유빙 방지 플랫폼 프로젝트는 표류하는 얼음 방지 스테이션을 건설하여 극지 탐험을 완전히 새로운 수준으로 끌어 올릴 수 있게 하는 것이다. 이 스테이션의 설치는 2019년 4월 상트페테르부르크 아드미랄티 조선소에서 건조 중이며 독특하고 동결되지 않는 자가 추진 플랫폼 '세베르니 폴루스(Severniy polus)'(Project 00903)는 2020-21년 건조될 계획이다. 이 플랫폼은 러시아 고북극 사회경제발전과 관련된 국가지원 프로그램으로 북극 연구 글로벌 리더로서 북극에서 러시아 국가입지를 다지는 데 목적을 두고 있다. 이 플랫폼이 수행하는 작업과 기능의 범위는 광범위하며, 특히 북극 해역의 지질탐사가 주목적이다.[34]

러시아 말라히테(Malachite) 디자인 당국은 악천후에서도 1.2미터 쇄빙이 가능한 원자력 잠수함을 개발하고 있다. 이 잠수함은 탄화수소 자원의 채굴과

---

32) "Russia's Novatek to splash up to $1.5 billion on Kamchatka LNG hub," *LNG World News*, Feb. 16, 2018.
33) Matteo Natalucci, "MOL Launches New NSR Transshipment Project," *Port technology*, Sep. 27, 2019.
34) Vitaly Chernov, "Fleet that supports," *Port News*, Sep. 24, 2019.

해저 시설의 활동을 지원하는 임무가 목적이며, 독립적으로 활동할 수 있는 소형 잠수정을 적재할 계획이다.[35]

북극 정찰, 특히 해빙 지도를 작성하기 위해 2025년 이전에 총 12개의 새로운 혁신적 소형위성이 궤도에 진입하는 이 프로젝트는 '러시아 우주청(Roscosmos)'과 '러시아 기상청(Roshydromet)'과 공동협력으로 개발될 예정이다.[36]

3. 해양 안보 인프라 자산 강화 배경과 이슈

러시아 정책결정자는 북극에서 러시아의 국가안보가 다음과 같은 7가지 위협 요인을 인지하고 있다. ① 북극에서 다국적 군사훈련 수행과 전투 훈련 지역을 북극으로의 이전 현상 가시화, ② 미국, 노르웨이, 일본, 중국, 캐나다가 NSR을 국제 해운로의 지위를 부여하려는 열망, ③ 북극 및 러시아 국경해역에서 정보 활동의 수행 과정에서 외국의 특별임무 활동 증가, ④ 미국과 NATO 군대(해군)의 전투 능력의 성장, ⑤ 해상 미사일 방어 및 조기경보시스템의 발전, ⑥ 스발바르 제도의 비무장 지대를 변경하여 러시아의 기존 영향력 축소와 미래에 이 제도에서 축출하려는 노르웨이의 열망, ⑦ 북극권 국가들과 기타 NATO 국가의 군사력 존재 강화.[37]

---

[35] "News review of the events on the NSR," *Nord University, Information Office*, Oct. 2, 2019.

[36] "Russia Plans New Icebreakers, Ports and Satellites for Northern Sea Route," *The Moscow Times*, Oct. 10, 2019.

[37] О. О. Смирнова, С. А. Липина, М. С. Соколов, "Современные перспективы и вызовы для устойчивого развития Арктической зоны Российской Федерации," *Тренды и управление*, No.1, 2017, С. 8.

북극권에서 러시아 군사자산의 강화 목적은 전략 핵잠수함과 육상 ICBM의 작전과 행동의 자유를 보장하는 것이며, 주로 2차 타격 핵 자산을 위해 콜라반도(러시아 해상 핵 억제력의 3분의 2 보유)의 방어 외에도 NSR을 통해 대서양에서 태평양으로 함대 이동을 원활히 하는 데 있다. 북부함대의 '요새(bastion)'방어 개념은 다층(육해공)으로 적군의 북극 해상 진입 근절과 차단 기능의 반영이다. 2015년 러시아 군사독트린에서 잘 나타난 것처럼 프란츠 요셉 제도의 알랙산드르 랜드 섬 나구르스코예 군 기지 재구축은 북극에서 러시아의 항공 및 해상 방어 능력을 향상시킬 수 있을 뿐만 아니라 북극 접근의 용이성과 광대한 자원개발과 NSR 운송 활동을 모니터링의 개선에 목적을 두고 있다. 나고르스코예 기지는 그린란드-아이슬란드-노르웨이(GIN)와 그린란드-아이슬란드-영국(GIUK) 격차(gap)에 근접해 있어 주요 해상 통신선을 방해하여 NATO의 접근을 방해할 수 있는 지리적 이점을 가지고 있다. 이 기지는 러시아에서 가장 북쪽에 위치하고 있어, 군사 및 전방 방어선을 북극해 북쪽으로 끌어들일 수 있으며 NATO의 군사 활동과 전력자산을 탐지하는 주요 전초기지를 담당한다.[38]

나고르스코예 기지가 러시아의 서북극의 관문 방어 기능을 담당하는 것처럼 NSR의 동쪽 관문인 추코트카해와 베링해역에 위치한 추코트카 자치구에 5개의 공군 기지가 운영되고 있다[그림 5], <표 6> 참조).

러시아의 북극권 군 기지 구축은 러시아 북극 해안선의 방어뿐만 아니라 광대한 광물 및 에너지 자원을 보호하며, NSR의 해상 운송 활동의 모니터링을 개선하는데 관련되어 있다. 또한 전투 쇄빙선함대의 강화는 NSR 해역에서 외

---

38) Matthew Melino, Heather Conley and Joseph Bermudez, "The Ice Curtain: Russia's Military Moves Further North," *CSIS*, Oct. 2, 2019.

국 전함의 무단 통과의 금지가 목적이다.

러시아의 여러 형태의 쇄빙선 구축, 특히 차세대 원자력 쇄빙선함대 구축과 부유식 원전 구축의 목적은 북극의 물류 현대화는 물론 북극 대륙붕 탐사와 개발을 통해 북극에서 확고한 선도적 지위를 확보하는 데 있다.[39] 대륙붕 확장과 북극권 탄화수소 자원 매장량의 84%가 묻혀 있는 해저 자원탐사와 개발을 위해 여러 형태의 물류 인프라 구축이 필수적 관건이다. 러시아는 NSR의 동부구간의 자유로운 항행을 가능케 하여 동북아와 아태국가로의 수출 루트의 확보가 필요할 뿐만 아니라 미래 북극점 우회 항로(TPP)개발에도 주도적 지위를 선점하는데 목표를 두고 있다. 그러나 코로나19 창궐, 국제유가의 하락, 재원 조달 문제로 러시아의 북극 군사 및 비군사 인프라 프로젝트들은 유보 혹은 지연될 가능성이 높다고 예견된다.

2019년 러시아의 국방예산은 651억 달러로 GDP 대비 비율은 미국(3.4%)보다 높은 3.9%이다. 규모 면에서 미국의 국방비 7,320억 달러, 중국 2,610억 달러(1.9%), 인도 711억 달러(2.4%)에 이어 러시아는 세계 4위를 기록하고 있다.[40] 최근 군사력 강화에도 불구하고 러시아 국방비는 미국의 11배, 중국의 4배나 적은 수치이며, 세계 2위 군사 대국의 지위도 중국에 내줄 수밖에 없는 상황이다. 그러나 러시아는 핵강국이며, 국방산업의 재건과 현대화, 특히 북극 안보를 위한 지속적인 투자로 북극에서 선도적 위치를 담당하고 있는 것은

---

39) Sergey Sukhankin. "'Icebreaker Diplomacy': Russia's New-Old Strategy to Dominate the Arctic," *Eurasia Daily Monitor*, Vol. 16, Issue: 87, Jun. 12, 2019.

40) Nan Tian, Alexandra Kuimova, Diego Lopes Da Silva, Pieter D. Wezeman and Siemon T. Wezeman, "Trends in World Military Expenditure, 2019," *SIPRI Fact Sheet*, April 2020. 2019년 기준으로 세계 5위는 사우디아라비아 619억 달러(8.0%), 6위 프랑스 501억 달러(1.9%), 7위 독일 493억 달러(1.3%), 8위 UK 487억 달러(1.7%), 9위 일본 476억 달러(0.9%), 10위 한국 439억 달러(2.7%) 순이다.

부인할 수 없는 사실이다.

최근 미디어에서 회자되고 있는 신냉전(?)은 러시아와 미국의 국익 극대화 차원에서 북극의 영향력 확대와 관할 통제를 위해 경쟁하면서 나타나는 현상이라고 보이며 북극권에서 러시아와 미국의 군사기지 건설과 군 현대화는 과학 탐사, 4차 산업혁명 발전, 재난사고(선박 충돌, 방사능, 유류 유출 등), 수색/구조(SAR), 환경 재난, 경찰 서비스(예를 들면 밀수, 불법이주, 불법조업) 등에 지대한 역할 담당 기대해본다.[41]

IV. 결론

2014년 러시아는 크림반도 합병 이후 서방의 경제제재, 루블화 가치의 2분의 1 이상 폭락, 북미의 셰일 혁명과 국제유가의 하락에도 불구하고 북극권 진출과 투자를 가속화하면서 일련의 성과, 예를 들면 예를 들면 사베타 항만 개발과 야말 LNG 프로젝트, Arctic Terminal Gate 구축과 물류 프로젝트를 성공적으로 수행하고 있으며 2024년까지 NSR 물동량 목표치 8,000만 톤도 달성될 것으로 예상되며, 야말반도에서 노바텍의 LNG 프로젝트(야말 LNG와 Arctic 2 LNG, 오비 LNG 등), 가즈프롬의 야말 메가 프로젝트, 건조 중인 발트해 2 가스관, 투르크 가스관, '시베리아의 힘'과 '시베리아의 힘 2'(알타이) 가스관, 차세대 디젤 및 핵추진 쇄빙선 함대 구축사업, 기타 자원개발과 통합로지스틱 프로젝트뿐만 아니라 북극해 군사력 강화 프로젝트도 지속적으로 진행되고

---

41) 한종만, "북극권의 진출로 오호츠크해와 베링해 지역연구: 지속 가능한 개발협력과 시사점," 「한국시베리아연구」 (배재대학교 한국-시베리아센터) 제23권 1호, 2019년, p. 10.

있다. 러시아의 북극권 프로젝트는 과거와는 달리 높은 실행률로 이어지고 있다. 이러한 배경에는 셰일 혁명 이후 북극권 프로젝트는 러시아 사활과 관련된 인식이 확산됐다는 점이다. 유일한 국제경쟁력을 지닌 러시아 에너지 부문에서 주요 시장 지배력을 잃게 되거나 축소된다면 지속 가능한 에너지 수출을 통해 러시아경제의 현대화와 다각화 달성은 어렵다는 사실을 러시아 정책결정자들은 분명하게 인지하고 있다.

2035년까지 러시아는 북극 프로젝트에 최대 15조 루블 (2,000억 달러)의 신규 투자를 계획하고 있다. 지리적 및 역사적 이유로 북극 지역은 항상 러시아인의 마음과 영혼에 특별한 위치를 차지해왔다. 18세기 초에 러시아는 시베리아의 북극 해안선을 탐험하고 지도를 만들기 위해 대규모 원정대를 파견했다. 수천 명의 탐험가, 과학자 등이 참여한 1724년 대북방탐험대(The Great Northern Expedition, Великая Северная экспедиция) 혹은 제2차 캄차카탐험대(Second Kamchatka expedition, Вторая Камчатская экспедиция)의 예산 규모는 상트페테르부르크 제국(안나 여제와 엘리자베타 여제) 예산의 6분의 1 수준이었다. 오늘날의 기준으로도 역사상 가장 큰 과학 탐험이었다.[42] 300년이 지난 지금 다시금 러시아는 북극에서 그 어느 때보다 활동적이다. 러시아는 새로운 군사기지를 구축하고 더 많은 병력의 배치를 통해 북극의 해양 안보와 경제 안보 부문에 투자를 해오고 있다. 러시아 해군의 3분의 2는 북극해에 기반을 둔 북부함대에 집중되고 있다.[43]

---

[42] Luke Coffey, "Cold Truth About Russia's Arctic Ambitions And Northern Sea Route," *Arab News*, March 15, 2020.
[43] 한종만, "러시아의 북극정책 과정에서 북부함대의 군사력 강화현황과 배경," 「한국해양안보포럼 e-Journal」 (한국해양안보포럼) 2020년 10-11월호.

<표 7> 러시아 북극/NSR 개발의 잠재력과 제약점에 대한 SWOT분석

S	W
- 러시아는 북극 인접국 중 가장 넓은 영토/영해 - 로모노소프/멘델레예프 해령의 대륙붕 외연 확장 가능성 - 러시아 내륙하천과 북극해 항구와의 연계 잠재력 - 대륙붕에 풍부한 탄화수소 자원 매장 - 북극권 에너지, 광물, 수산 자원, 생태관광 잠재력과 북극항로〈NSR과 북극중앙경유항로(TPP)〉및 항공 이용 - 핵기술(AT), 우주항공기술(ST) - 북극권 인접국 중 가장 많은 인구와 도시 보유 - 세계 유일의 핵 추진 쇄빙선 호 5척 보유 - 향후 LK-60 5척(3m 쇄빙), '리더 급' 핵 쇄빙선 3척(4m 쇄빙) 건조 - 세계 유일의 부유식 원전 로모노소프(페벡) 가동 - 비핵 추진 쇄빙선 호 보유 세계 1위 - 북극권 개발 추진 경험 및 노하우 축적 - NSR(여름철에 국내 물류 운송) 개발/이용 경험 - 영구동토지대 인프라 시설 건설 경험 - 소련 시대 북극권 지역 군사시설 운영 경험 - 북극이사회의 원주민 참여자의 역할 보유	- 러시아 정부와 국민의 생태적 문제의 인식 부족 - 러시아의 환경/기후 정책 부재 - 에너지/자원의존 경제: 낭비/비효율화 - 북극권 개발의 효율성/지속가능한 친환경 정책 부재 - 러시아의 국내외 NGO 활동 부재 - 과거 군사기지와 핵실험(노보야제믈랴)/핵 추진 잠수함 해체과정에서 환경/방사선 오염 등 - 기존 자원개발 과정에서 환경오염(예: 노릴스크-니켈) - 북극 대륙붕 개발기술 경험 부족(노르웨이 최고 수준) - 무형적 사회간접자본(제도, 법률) 부족 - 유형적 사회간접자본 부족(도로, 항만, 항구 등) - 서방의 경제제재, 북극권 8개국 중 동맹국 부재 - 재정적 제약(코로나19 사태, 국제유가 하락 등) - 북극권 단일(Mono)경제(에너지, 광물자원) 시스템 - 4차 산업과 R&D 투자 미미와 조선산업 취약성 - 북극권 인구유출(북극 디아스포라)과 일자리 부족과 주거 환경 및 삶의 질 악화 - 북극권 중소 및 민간기업 부재, 재정적 압박

O	T
- 북동·북서항로의 운행, 북극권 항구, 북극 철도, 베링해협 철도, 내륙하천과 북극양과의 연계 로지스틱 - 대륙붕 자원개발 잠재력 - 육해공 군사 안보 기지(무기 테스트)확충의 최적지 - 북극 관광/생태 관광의 증가 - 수산업의 활성화 - 인간의 생활공간 북쪽으로 이동 - 농업 경작지 면적 증대 - 조선/물류업체의 활성화 - 북극권 광물 자원 채취 가능성 - 북극권 연료(석유/천연가스) 채취 가능성 - 북극과 연계한 우랄/시베리아/극동개발 활성화 - 북유럽과 한국, 중국, 일본의 해운/조선 협력 - 북극의 학문/과학적 공동연구/NGO협력 - 글로벌 이슈(기후협약 등) 해결 모색의 공간 - 저온 집약적 산업(데이터/클라우드 등) 활성화 가능성 - 4차 산업의 적용 가능성 증가	- 생태계 파괴, 오존층 파괴, 기후변화와 자연재해(폭풍, 산불, 가뭄), 기후 위기, 해수면 상승, 영구동토층과 툰드라 파괴, 토양침식, 식생대 변화, 새로운 바이러스, 예를 들면 영구동토층 해빙에서 나타나는 탄저병 등 - 메탄가스(화석연료 보다 20배 이상 CO_2 발생)문제 - 영구동토지대의 인프라시설(철도/송유관/가스관/건물 붕괴) - 생물종다양성 문제 - 원주민(네네츠, 축치, 에벤크 등)의 생활공간 축소와 사회경제적 문제, 북극 원주민의 보건/의료 문제 - 군사적 위협, 신'great game', 신 냉전 가능성 - 최근 미국의 '북극독트린'과 미국과 서방국가의 경제제재, NATO 훈련강화, 다국적 기업의 NSR 이용 거부 - 중국의 북극 진출 가속화와 NSR의 자유통행 주장 - 글로벌 안정화 및 평화 리스크 증대 가능성 - 거버넌스 도전(북극권 국가 간/북극권 국가와 비북극권 국가 간), 국제협력(UN, IMO, 북극이사회회, 국제 NGO 등)의 갈등 증대 - 북극권 개발/항행 과정에서 사고 개연성 증대

출처: 한종만, "러시아 북극권의 잠재력: 가능성과 문제점,"『한국과 국제정치』(경남대 극동문제연구소) 제27권 제2호, 2011, p. 211. 필자가 추가 편성하여 작성함.

북극은 지구상에 남은 마지막 처녀지이며 미래 세대를 위한 공간이며, 북극 대륙붕개발은 우주개발처럼 고비용과 고위험의 속성을 가지고 있다. 그러므로 북극의 군 기지의 확충과 NSR 자원개발과 이용은 지속 가능하며 환경친화적이며 생태계에 기반을 두어야 하며, 모든 형태의 제4차산업의 신기술과 혁신이 적용되어야 한다.

2014년 러시아의 크림반도 합병 이후 미디어에서는 북극에서 신냉전이라는 용어가 회자되고 있다. 그러나 러시아는 군사력(Hard Power) 강화뿐만 아니라 특히 자원/에너지/물류/사회/인구/보건/밀수/불법이주/재난/환경/생태/해양/기후 안보 등의 Soft Power도 병렬적으로 증강시키고 있다. 러시아의 북극 군사력 확충은 소련 때보다 비중이 훨씬 못 미친다는 점 그리고 미국과 중국에 비해 군비 예산 규모가 적다는 점을 고려할 때 하드파워 면에서 고강도의 전쟁/분쟁보다는 소프트파워의 저강도의 긴장/갈등/경쟁/협력에서 주도권과 우위를 확보하는 데 있다고 생각된다.

북미의 셰일 혁명으로 석유/가스 가격은 공급 과잉으로 국제 시세는 하락하거나 정체된 상황이며 설상가상 코로나-19로 인해 선물 유가는 한때 마이너스를 기록했다. 러시아도 200만 명 이상의 코로나 확진자가 발생하면서 의료보건 비용의 증대는 물론 경제 활성화를 위해 재정지출이 급증하고 있다. 러시아의 재정 제약으로 북극의 많은 프로젝트와 군자산의 투자는 한계를 가지고 있으며 지연 혹은 축소되거나 수정될 가능성이 높다. 많은 어려움에도 불구하고 역사적으로 러시아는 위기 극복 경험이 있어 시행착오를 줄이면서 발전할 수 있기를 기대한다. 실제로 러시아는 지난 300년 동안 어느 북극권 국가보다 북극 탐험과 개발에서 독보적 역할을 담당해왔다. 결론적으로 향후 북극개발과 이용은 국제협력의 공조가 상식 차원에서 이루어지기를 바란다.

러시아 북극권 이용과 개발 그리고 항행에서의 강점(S)과 기회(O)는 많은 도전과 위협에도 불구하고 인류 역사의 발전 경험에서와 같이 중장기적으로 진행될 것으로 예견된다. 러시아는 북극에서 약점(W)과 위협(T) 요인을 극소화하는 정책 또는 국제협력과 공조가 절대적으로 필요하다(<표 7> 참조).

2021년부터 2년 동안 러시아는 북극이사회와 북극 해안경비대포럼 순환 의장국 지위를 수행하면서 북극의 안보 문제뿐만 아니라 기후, 재난, 생태, 환경, 보건, 제4차산업의 적용 등 국제협력의 모색과 강화의 계기를 기대해본다. 또한 바이든 미국 차기 대통령의 취임 이후 기후 및 생태·환경·보건 안보 등의 국제공조는 더욱 강화될 것으로 예상된다.

〈참고문헌〉

한종만, "러시아의 북극정책 과정에서 북부함대의 군사력 강화현황과 배경,"「한국해양안보포럼 e-Journal」(한국해양안보포럼) 2020년 10-11월호.

_____, "2035년까지 러시아의 북극 쇄빙선 인프라 프로젝트의 필요성, 현황, 평가,"「한국시베리아연구」(배재대학교 한국-시베리아센터), 24권 2호, 2020년, pp. 1-36.

_____, "러시아 쇄빙선의 과거, 현재, 미래,"「북극연구 The Journal of Arctic」, No. 20, 2020, pp. 1-46.

_____, "러시아 NSR 물동량, 2024년까지 8천 만t 가능할까," *Russia · Eurasia Focus* (한국외대 러시아연구소), 제553호, 2019년 11월 4일.

_____, "러시아의 북극 자원/물류 개발에 관한 고찰," 한국외대 러시아연구소 180차 콜로키움 발표문 (한국외대 서울캠퍼스 교수회관 2층 세미나실, 2019년 10월 24일), pp. 1-27.

_____, "러시아 NSR의 현황과 전망," *EMERiCs 전문가 오피니언-러시아유라시아* (대외경제정책연구원) 2019년 4월.

_____, "러시아 북극권의 잠재력: 가능성과 문제점,"「한국과 국제정치」(경남대 극동문제연구소) 제27권 제2호, 2011, pp. 183-215.

_____, "지역주의와 지역통합 관점에서 본 러시아 극동·동시베리아 지역에서 인적자원의 중요성: 정치경제적 시각,"「슬라브학보」(한국슬라브학회) 제19권 1호, 2004년, pp. 361-393.

_____, "동북아 환경문제에 관한 연구: 러시아의 환경실태와 환경정책,"「한독사회과학논총」(한독사회과학회) 제8권, 1998년, pp. 259-288.

"Akademik Lomonosov begins commercial operation," *Nuclear Engineering International*, May 25, 2020.

Chabros, Michal, "The Arctic Icebreaker: Russia's Security Policy in the Far North," *Warsaw Institute Special Reports*, May 18, May 2020.

Chernov, Vitaly, "Fleet that supports," *Port News*, Sep. 24, 2019.

Emmerson, Charles, *Arctic Opening: Opportunity and Risk in the High North* (Chatham House, Lloyd's 2012).

Farre, Albert B., Linling Chen, Michael Czub, Scott Stephenson, "Commercial Arctic

　　　　Shipping through the Northeast Passage: Routes, Resources, Governance, technology, and Infrastructure," *Polar Geography*, Vol. 37, No. 4, 2014, pp. 1-27.

Goodman, Sherri and Katarina Kertysova, "The Nuclearisation of the Russian Arctic: New Reactors, New Risks," *Euro-Atlantic Security Policy Brief*, June 2020, pp. 1-11.

Han, Jong-Man, Joung-Hun Kim, Jae-Hyuk Yi, "Definition of Arctic Based on Physical and Human Geographical Division," *KMI International Journal of Maritime Affairs and Fisheries*, Vol. 12, Issue 1, 2020, pp. 1-16.

Mamontow, Sergey, "Arktis-Erschließung: Putin will Nordostpassage wiederbeleben," *RIA Novosti*, Sep. 23, 2011.

Natalucci, Matteo, "MOL Launches New NSR Transshipment Project," *Port technology*, Sep. 27, 2019.

"News review of the events on the NSR," *Nord University, Information Office*, Oct. 2, 2019.

Omarsson, Sigur A., *An Arctic Dream-The Opening of the Northern Sea Route: Impact and Possibilities for Iceland* (Haskolinn A Bifröst: Bifröst University, May 2010).

"Russia Plans New Icebreakers, Ports and Satellites for Northern Sea Route," *The Moscow Times*, Oct. 10, 2019.

"Russia's Novatek to splash up to $1.5 billion on Kamchatka LNG hub," *LNG World News*, Feb. 16, 2018.

"Russia's world-first floating nuclear plant arrives at Siberian port," *AFP-JIJI*, Sep 14, 2019.

Sergunin, Alexander and Gunhild Hoogensen Gjørv, "The Politics of Russian Arctic shipping: evolving security and geopolitical factors," *The Polar Journal*, Sep. 3, 2020.

Sukhankin, Sergey, "Icebreaker Diplomacy: Russia's New-Old Strategy to Dominate the Arctic," *Eurasia Daily Monitor*, Vol. 16, Issue: 87, Jun. 12, 2019.

Staalesen, Atle, "Russia presents a grandiose 5-year plan for the Arctic," *Barents Observer*, December 14, 2018.

Tian, Nan, Alexandra Kuimova, Diego Lopes Da Silva, Pieter D. Wezeman and Siemon T. Wezeman, "Trends in World Military Expenditure, 2019," *SIPRI Fact Sheet*, April 2020.

Болтенков, Дмитрий, Антон Лавров, "Оборона по-флотски: к 2028 году Север получит мощную ледокольную группировку," *Известия*, 9 августа 2020.

"В ожидании нового рекорда. Грузопоток по Северному морскому пути в 2017 г может превысить рекордный показатель," *Neftegaz.RU*, 30 августа 2017.

"Минтранс предусмотрел удвоение грузопотока Северного морского пути за год," *RBC.ru*, 30 июл 2019.

Половинкин, В. Н., А. Б. Фомичев, "Перспективные направления и проблемы развития, Арктической транспортной системы Российской Федерациив XXI веке," *Арктика: экология и экономика*, №3 (7), 2012, С. 74-83.

"Северный морской путь," *Руксперт*, Sep. 14, 2019.

Сколково, *Том 3: Северный морской путь: история, регионы, проекты, флот и топливообеспечение*, Москва, июль 2020.

Смирнова, О. О., С. А. Липина, М. С. Соколов, "Современные перспективы и вызовы для устойчивого развития Арктической зоны Российской Федерации," *Тренды и управление*, No.1, 2017, С. 1-15.

Совета Федерации, Байкальский Форум 2000 года, (Иркутск: Издание Совета Федератии, 2001/1).

서구문화사의 보존 가치
- 북극 러시아 원주민의 경제적 환경을 중심으로 -

양정훈[*]

Ⅰ. 들어가면서

소수민족들은 오랜 시간 주변의 다양한 요소들과 결합 되는 과정에서 형성 되고, 소멸 되어 왔다. 이러한 과정의 반복은 또 다른 하나의 민족을 형성하게 만들고, 그들의 전통 뿌리를 정착하는 역할에 도움을 주었다. 특히 외부의 침략과 교류를 통해 융합되거나 말살되는 과정을 거치면서 오늘날까지 이어져 내려오고 있는 것이다.

북극의 소수민족으로 구성된 원주민들 또한 다양한 요소들과 결합 되는 과정에서 오늘날까지 생존해 왔다. 그러기에 이들 삶의 방식은 민족의 고유성과 상대성을 담보하는 상상력의 원초적 틀이자 창조적인 문화를 지닌 인류문화의 유산이라 일컬을 수 있기에 이를 보존할 가치가 있다.

오늘날 국제사회에 밀려오는 기후온난화 현상은 북극이라 해도 제외는 될 수 없었다. 북극 지역 원주민들 존재의 의미가 전승되는 과정에서 일어난 기후온난화 현상은 북극 지역의 사회・역사적 상황과 지리・생태적 환경에 급격한 변화에 변화를 가져다주고 있다. 그중에서도 북극해 해빙에 따른 파괴와

※ 이 논문은 2020년 12월 명지대학교 인문과학연구소 인문과학연구논총 제41권 4호에 게재된 것임

[*] 수원대학교 러시아어문학과 교수

개발은 이곳 원주민들의 생태계에 큰 변화를 가져다주면서 주변 환경의 어려움도 배로 증가시키고 있다. 이렇듯 북극의 변화는 북극 지역 원주민들의 생존과 연계되기에 전문가와 연구자들의 인식이 필요하다.

이러한 현상은 북극 지역 원주민들뿐만 아니라 북극에 서식하고 있는 모든 생명체들의 생명력 또한 일정한 가변성으로 인해 가치를 인정받고 있기도 하지만 그렇지 못하고 소멸되어 잊혀져가는 위험성도 안고 있다. 그래서 문화적 잠재가치를 지닌 북극 지역 원주민들 삶 자체를 동시대인과 공유하고 시대에 맞게 재해석·재구성하는 문제를 당면한 시대적 과제로 올리고자 함이 목적이다. 그 어느 때보다도 서구문화재는 물론 인류문화재의 보존을 위해서는 재조명할 필요성에 공감하고 있다. 한발 더 나아가 서구문화와 유라시아와의 인접성도 고려할 때 중요한 지역이면서도 그동안 간과되고 있었던 북극 지역 원주민들 연구의 필요성이 대두된다고 하겠다.

지금까지 북극에 대한 이론·분석적 연구는 서구 여러 나라 학자들(H. Findeisen, В. Я. Проши, Е. А. Кузакова)과 국내 학자들(김정훈, 라미경, 예병환, 배규성, 서영교, 이재혁 등등)에 의해 수행된 바 있다. 그러나 자료학적 차원의 연구로는 러시아 학자들(В. Н. Аникина, О. Е.Бабошина, А. П. Дульзон, Г. А. Меновщиков, Д. Нагишкин)(김성일. 2013. 62)과 국내 학자들(김정훈, 라미경, 예병환, 배규성, 서영교, 이재혁 등)에 의해서 여러 차례 수행되었다. 이들 선행연구는 북극 지역 원주민들에 대한 일반 대중 및 연구가들의 관심을 촉발시키고, 이에 대한 연구가 양적, 질적으로 심화되는 토대를 마련했다는 의의를 가지고 있다. 이렇듯 러시아 내 개별적인 민족에 대한 연구는 어느 정도 구축되어 있지만, 북극 지역 원주민들에 대한 연구물들은 아직까지 미흡다고 볼 수 있다. 그래서 지금까지의 자료를 통해 북극 지역 원주민들에 대한 전반적인 현황이나 변화된 모습들을 정확히 파악하고, 연구하기에는 어려움이 따른다. 그렇다고 연구를 멈출 수는 없는 것이다. 부족한 환경이지만 인류의 가치 보존을 위해 서구문화 속의 한 부분이었던 북극 지역 원주민들에 대한 연구를 본 연구자는 지속하고자 한다.

본 논문에서의 연구 방향은 러시아 북극 서구 지역에서부터 전체적으로 분포되어 있는 원주민들의 삶과 경제적 환경에 대해 알아보고, 원주민 보호를 위한 러시아 정부의 정책과 그 한계점에 대해서 살펴보는 것이다. 이러한 연구의 중심에는 북극 지역 원주민들 미래 삶과 인류사적 존재의 의미를 고찰하여 인류보존의 의미와 생존의 방향성에 대해 논하고자 함이다. 좀 더 구체적이며 상징적으로 포괄할 수 있는 연구의 갈래는 크게 세 부류로 나눠볼 수 있다. 하지만 이러한 연구는 오랜 기간과 많은 연구자들의 공동 연구를 요하는 작업이므로 본고에서는 향후 이 주제에 대한 본격적인 연구를 위해 준비해 본 것이다. 서론, 본론, 결론으로 나눠지는 과정에 2장에서는 북극 지역 원주민의 원주민들의 환경. 3장에서는 북극 지역 원주민들의 자립 경제적 생활 그리고 러시아 정부의 시대적 정책 변화와 제도적 지원의 필요성. 4장에서는 북극 지역 원주민들의 삶이 서구문화재 유산의 가치를 넘어 인류문화재 보존의 가치를 가지고 있음을 연구하였다.

II. 러시아 북극 지역 원주민들의 삶

러시아 대륙의 최북단 서쪽에 위치한 무르만스크 콜라반도(Кольский полуостров)지역에 거주하고 있는 민족으로 삼인(Саммы), 폴리카르프 로췌프, 이반 테렌체프, 라피족(Lappish : 사미인들), 코미인, 만시족, 네네츠, 이제메츠인, 야말로 네네츠키, 타이미르 반도(полуостров Таймыр)

에 사는 돌간인(Долганы), 우데게이츠인. 시베리아 지역의 주의 우데게이츠인(Удегейцы), 그리고 태평양과 베링해의 경계에 위치한 코만도르 제도(Командорские острова)의 알레우트인(Алеуты)와 응가나산인(Нгасаны)들이 거주하고 있다[1].

〈사진 1〉 북위66.33도 경계 북극

출처 : 최우익, 「러시아 북극권 주민의 사회경제적 변화와 특성」, 『러시아연구』 제25권 제1호(2018.03), p. 211.

러시아 정부는 2020년까지 북극 정책 방향으로 "러시아 연방 북극 지역의 사회-경제적 발전 및 정책 실현"과 "러시아 연방 북극 지역 원주민 원주민들의 경제활동에 있어서 사회적 환경과 삶의 질적 향상"에 힘을 기울이겠다고 했

---

[1] 김혜진, 「이주에 따른 생활공간의 확장 : 코미 민족을 중심으로" 러시아 삶의 공간, 에쿠메네의 변호: 권력, 이데올로기, 일상공간」, 한국외국어대 러시아연구소 인문한국 연구사업단 국내학술세미나(2012.03.22.), pp. 52-53.

다. 이 두 가지 정책 방향에서 후자는, 구체적으로 러시아 연방 북극 지역 원주민들인 네네츠, 사미, 돌간, 응가나산, 축치, 에벤키족 등 위에서 언급한 반도 지역의 원주민들 경제활동의 용이성과 질적 향상을 위한 여건을 만들어주고자 함이다.

북극권 영토를 러시아 연방이 차지하고 있는 범위가 전체 북극권의 약 60% 정도이다. 이곳에 뿌리를 내리고 살아가는 원주민들 중 대표적 소수민족은 응가나산과 에벤키 에벤키, 코미족, 야쿠트족 등이 있다. 인구수는 약 4만4천6백명으로부터 1천여명 정도 구성되어 거주한다. 원주민들 경제활동 중 약 80% 이상이 순록 사육, 어업, 모피 등 동물을 포함한 사냥에 관련된 산업에 종사하고 있다.[2] 이에 반해 북극권 밖에 거주하고 있는 에벤키, 코미 및 야쿠트족들은 동종 산업에 종사하는 수가 그리 많지 않다. 그리고 이들 중 몇몇 민족들은 소수민족에도 포함되어 있지 않다.

냉대성 기후 조건, 척박한 지형학적 요인, 언어적 장애 등으로 부분적, 지엽적인 성격을 벗어나지 못하고 살아가고 있는 북극 지역 원주민들. 그들의 삶에는 사회·문화와 지형학적 고유성을 지닌 그들만의 방식인 인지체계와 정체성을 만들어 왔다. 이러한 그들만의 집단을 구성하고 있는 북극 지역 원주민들에 대해 러시아 연방 정부는 북극위원회 기구를 만들어 북극 발전을 위한 정책을 만들고 있다. 기본 정책 과제로 소수 원주민들의 생존에 관한 프로젝트를 정부 정책으로 채택한 것이다. 러시아 정부는 프로젝트를 넘어 서구 문화재로서 더 나아가 인류문화의 자산으로 북극 지역 원주민들의 민족 형태와 직업 그리고 그들의 특수한 형태에서의 삶, 이를 통한 전통적 경제활동 및 삶

---

2) Лашов, Б.В. Северные этносы и традиционное хозяйство / Б.В. Лашов // Известия Русского географического общества. – 2013. – Том 145, вып. 5. cc. 35-40.

의 형태를 문화유산으로 만들어 보존하고자 국가의 문화정책 방향 및 제도적으로 정착시키고자 노력하고 있다. 이는 세계문화 자산으로서도 충분한 가치를 가지고 있다는 판단이다.

　이러한 과제들이 실현되기 위해서는 두 가지 실용적 수단이 적용되어야 한다. 첫 번째, 지속적인 전통적 경제활동. 두 번째, 전통적 삶의 형태 등의 내용에 대한 이해가 필요하다. 왜냐하면 실제적 환경에서는 이러한 것이 한 가지의 의미로서만 해석되거나 이해되는 것이 아니기 때문이다. 다시 말해 '전통적 직업 분야'와 '전통적 경제활동 분야'로 접근해서 이해하는 것은 드물지 않게 볼 수 있기 때문이다. 첫 번째 경우, 전통적 경제활동의 특성이 지속적으로 이어질 수 있는 특수한 기술적, 조직적 실행의 위치가 강조되어 있지 않다. 이는 경제적인 면이 최우선적인 의미를 가지고 있어야 하지만 그렇지 못함을 보이고 있다. 이유는 원주민들 전통산업의 직업 보존 및 변화에 따른 규정된 요인이 뒷받침되지 못하기 때문이다. 여기서 언급한 전통적 활동 분야는 특별한 상황 속에서도 오랜 기간(수십 또는 수백 년)에 걸쳐 그 기술과 조직의 실행 변화가 시대의 흐름과는 무관한 형태로서 보전되었기 때문이다.

　하지만 시장경제 논리가 접근했을 경우 전혀 다른 해석이 나올 수밖에 없다. 어려움이 동반 작용할 수밖에 없음을 암시하는 것이다. 이들의 환경을 보면, 북극 지역 원주민 사회의 전통적 경제활동 분야 중에서도 가장 큰 범주를 차지하는 분야가 순록 사육이다. 자연 방목하는 순록 사육은 수백 년 전에 발생했고 기술적이나 조직적인 면의 실행에 있어 현재에도 큰 변화가 없이 존재해 왔을 것으로 본다. 그러므로 순록 사육 산업은 원주민 경제생활 수행에 큰 부분을 차지하고 있고, 시스템적으로도 정착화 되어 있어 일상적인 삶으로 규정된 원주민들 유목 생활의 기반이 되는 것이다. 이를 좀 더 거시적인 입장에서 접근해 보면, 북극 지역 원주민의 전통적 생활형태 및 인종 보존에 반응하는 특징으로 해석될 수 있다. 매우 열악한 환경 속의 삶이라는 공간을 통해 나타나는 그들만의 특수한 용어, 민속 공예와 문화, 전통, 언어와 같은 인종적 특징의 산물을 형성하고 유지하고 있음도 알 수 있다.

다른 한편으로 정착민으로서 집단 거주 속에 만들어내는 문화가 아닌 주거지를 옮겨 다니면서 생활하는 삶 즉, 유목 생활 속에서 만들어내는 문화라 매우 독특한 가치가 있다. 단지 주기적으로 일정한 가족의 생활환경 변화만 가져오는 것이 아니라 그들이 살아가는 주택도 포함되어 바뀌는 것을 볼 수 있다. 하지만 이러한 그들의 생활양식에 있어서는 여러 가지 문제들을 수반하고 있다. 이유는 "유목"이면서도 "유목" 자체가 목적이 될 수는 없기 때문이다. 북극 지역 원주민들의 생활양식은 환경으로부터 야기되는 특징적인 산물이기

〈사진 2〉 북극 지역 원주민들의 삶

출처 : 함희선, 「러시아 야쿠츠크 -이상하고 추운, 그들의 낙원」, 『트래비 매거진〈Travie〉』 2020.02.03, http://www.travie.com/news/articleView.html?idxno=21353 {인용 2020. 09. 30.}

때문이다. 따라서 이곳에 시장경제 논리의 접근보다는 현실에 맞는 관심과 실행이 러시아 정부에게 필요하다. 순록 사육 산업이야말로 북극 지역 원주민들 경제활동뿐만 아니라 그들의 일상적인 삶에도 중요한 지원이며 생활보장으로 인식될 수 있음을 알고 있어야 한다.

그렇다고 북극 지역 원주민들에 대한 지원이 아주 없는 것은 아니다. 일부 지원은 되고 있지만 실행되고 있는 지원이 그들의 생활에 크게 도움이 되는 것은 아니다. 이유는 제도적으로도 정착된 지원이 아니기 때문이다. 그래서 러시아 정부 또한 정책 실행에 적극적이지 못하고 있다. 제도적 지원에 대해서는 3장에서 논하기로 하겠다.

일단 순록 사육 산업을 북극 지역 원주민들의 경제활동으로 정착시키기 위해서는 자연 방목을 통한 적합한 기술적, 조직적 산물의 특징이 요구된다. 이러한 특징을 토대로 북극 지역 원주민들의 생활 형태와 연결시켜 올바른 보존이 가능해질 수 있도록 시스템적인 지원을 정착시키는 것도 매우 필요시 된다. 이는 보존의 가치뿐만이 아니라 북극 지역 원주민들 미래 삶의 전망을 위해서는 반드시 실행되어야 한다. 러시아 정부는 북극 지역 원주민들의 전통적인 터전에 대한 지원 방향이 새롭게 정립되어야 하는 부분이다.

순록 사육 이외의 경제활동 분야들을 돌이켜보면 이미 다른 분야에서는 기술적 및 조직적 산물에 급격한 변화가 밀려왔고 정착해 가고 있음을 알 수 있다. 이에 역효과를 내고 있는 사례가 있다. 북극 지역 원주민들 중 몇몇 소수 원주민들 사이에서 자민족 생존자체가 계속해서 낮은 수준으로 환경이 만들어져 매우 힘든 상황이다.

Ⅲ. 경제 활동 및 지원 정책의 입법화

1. 원주민들 경제활동의 방법론적 접근

북극 지역 원주민들의 경제 활동을 보게 되면, 일반적인 순록 사육뿐만 아니라 자연환경을 이용한 경제활동으로 연결되어 있던 북극. 이곳은 1700년대에 이미 모피 무역업으로도 수많은 사냥꾼의 활동 무대였다. 포경업은 17세기 이후 300년 동안 매우 활발한 경제활동으로 포경산업을 이끌어 왔고, 대유행으로까지 연결되었던 산업이다. 이렇게 보았을 때 북극 지역 원주민들의 경제적 현실은 자체적 능력에 의한 생산물을 생산하는 부분도 있지만 대다수가 자연 발생적인 환경에 의해 의지해 왔고 의지해 가고 있다는 사실이다. 이들은 해양 연안 및 그 외 내부 지역 그리고 북극 툰드라에서도 자생 된 생물자원들에 의해 의지하고 있는 것들이 많다. 하지만 이 자연환경을 활용해 경제활동으로 이어지는 측면에서는 매우 열악하다. 예를 들어 원주민들은 천연 저수에서 어업 생산물에 종사할 뿐 다른 경제적 접근인 양식업 같은 종류에는 종사하지 않는다. 원주민들은 야생 동물 및 조류 그리고 해양 포유류 등과 같은 것에만 의지해 있는 것이다. 다시말해 원주민들의 경제적 접근은 생산물 및 직업의 범주가 자연이 주는 것에만 의지할 뿐 그 이상도 그 이하도 아니다. 포경산업도 오늘날에 와서는 환경단체뿐만 아니라 여러 단체들이 중심이 되어 국제사회가 상업 포경을 중지시켜 그 맥이 끊어졌다[3].

만약 북극 지역 원주민 주거지역에 도시산업과 동일한 노동력과 이익 생산

---

3) Итоги Всероссийской переписи населения 2002 года // Т. 13. Коренные малочисленные народы Российской Федерации. – Москва : Фед. служба гос. статистики, 2005. c.574

성을 위해 산업시설이 들어서고 교통, 항법장치, 통신과 같은 산업의 효율성을 높이기 위한 도구들이 제어 없이 사용케 되었다면 어떻게 되었을까? 북극지역 원주민들의 원천 기반과 직업 환경은 감당하기 어려울 정도로 나빠질 수밖에 없다는 결론을 추정해 본다. 그러므로 북극 지역을 원주민들 정서에 맞게 삶의 터전을 보존하고 이와 더불어 원주민들의 경제활동에도 도움이 되는 현실적 환경을 만들어갈 수 있도록 북극해 활용을 거론해야 한다. 예를 들면 이곳에서 저수조 양어장과 양식장을 조업의 수단으로 활용하면 기대 이상의 효과를 가져 올 수 있다는 예측이 가능하다. 현실적 경제활동에 도움이 될 수 있는 예측에도 불구하고 어류 및 그 밖의 원천적인 해상 생물들의 재생산은 아직까지 잘 진행되지 못하고 있다. 어업 산업과 더불어 발달했던 모피 산업도 오늘날에 와서는 일정부분 제약을 받고 있다. 기술적 부분과 환경적 부분도 있다고 하지만 가장 큰 제약은 환경단체들의 부정적인 입장이 가장 크게 작용하고 있다. 이들의 역할이 시기적으로 크게 작용해 모피 산업에 제동이 걸린 것이다. 모피 산업은 어업 산업과는 달리 시대적 환경의 영향으로 큰 어려움을 격고 있고, 오늘날에 와서는 북극 여러 지역에서 경제활동으로 발달했던 모피 산업은 거의 중단된 상태이다. 원래 모피 산업은 북극 지역 원주민들을 시작으로 형성 발달 되었던 산업이다. 한때는 사육과 생산 그리고 소비가 바로바로 이어져 매우 적극적이면서도 인기 있는 큰 산업이지만 지금에 와서는 러시아 국내는 물론이고 국외 시장에서까지도 그 수요가 급격하게 떨어졌다. 오늘날 모피 시장과 산업 자체는 얼어붙은 상황이다.

　북극해를 주 무대로 이루어진 산업 중 어획 산업 또한 특별한 형태의 산업 활동으로 러시아 북동쪽 지역이 기반이 되어 활발히 움직여 왔다. 이 산업이 경제활동에 도움이 되는 큰 시장의 의미를 가지기 보다는 러시아 국내 수요를 충족시키는 것에 국한 되어 있다. 일부는 북극 전지역을 통해서 야생 동물, 조류, 어류 등을 사냥해 생산·소비하는 것이다. 그 밖의 산업들까지 지역 원주민들의 원천 소득으로서 러시아 국내 경제 기반 하에 나타남을 볼 수 있다[4]. 원주민들의 직업 분야에 따른 합목적 및 그 범주를 러시아 정부 차원에서 시대적이며 기술적, 조직적, 경제적 환경을 고려해서 만들어나가야 한다. 다시 말해 북극 지역의 위상과 환경적 기능에 따라서 전통적 산업자원을 활성화 시킬 수 있도록 입법화 하는 것이 원주민들 삶의 질을 보장하는 것이다.

〈사진 3〉 북극 지역 원주민들 순록 사육

출처 : 연합뉴스, 「'기후변화 공포' 툰드라 지표 변해 순록 수만 마리 아사」 2016년11월24일자, https://m.news.zum.com/articles/34453029(2020.09.30.)

---

[4] Государственная программа Российской Федерации «Социально-экономическое развитие Арктической зоны Российской Федерации на период до 2020 года» (утв. постановлением Правительства РФ от 24 апреля 2014 г. № 366).

위에 언급한 내용을 중심으로 주목해야 할 것은 자연 환경적이며 전통적 경제활동으로서 북극 지역 원주민들 삶의 질을 보장 할 수 있는 산업에 초점을 맞춰야 한다. 특히 여러 산업 분야들 중에서도 자연 생태계를 파괴하지 않은 범위에서의 생산물을 야기하고 있다. 이는 북극 전 지역에 원주민들 경제활동으로 퍼져 있는 자연방목 순록 사육 산업이다. 순록 사육을 육성시키는 것이 가장 중요한 포인트이다. 이 분야는 북극권 원주민들에게 있어 특별한 위치를 차지하고 있다. 현실적으로 유목 생활에 있어 만들어 낼 수 있는 생산물은 그리 많지 않기 때문이다. 원주민들의 오랜 전통적 경제생활 시스템으로 오늘날까지 이어져 내려오고 있는 대표적인 산업은 순록 사육이다. 이 산업이 가장 큰 범위를 차지하고 있기에 무엇보다 더 큰 관심을 가질 수밖에 없다.

이러한 분석이 발표 된 이후에 러시아 정부는 북극 지역 원주민들의 경제활동에 대해 정부 차원에서 관심을 갖기 시작했다. 순록 사육과 번식 그리고 환경에도 관심을 갖기 시작했다. 이러한 관심은 정부의 정책으로 이어졌고, 2000년 말에는 1백만여 마리였던 순록의 수가 2012년에 가서는 1백6십만 마리까지 번식이 되어 그 수가 점점 늘어났다. 2014부터 2018년도까지 순록의 수는 년도에 따라 줄어들었다 늘어났다 하는 차이가 있으나 대략 1백8십만여 마리 늘어나고 있는 상황이다. 러시아 북극 지역 순록 사육을 위한 공식적인 방목장 면적을 순록의 수로 가름해 보면 2백2십만 마리로 평가되고 있다. 그 중에서도 북극 지역 방목장 규모가 국경에 따라서 차이가 있으나 2010년도를 기준으로 보았을 때 방목장 규모는 대략 1백8십5만 마리 정도 사육할 수 있는 규모라고 한다[5]. 이렇듯 북극권 원주민들에게 있어 순록 사육 산업은 경제

---

5) Итоги Всероссийской переписи населения 2010года// http://gks./free_dok/new_site/perepis_itogi1612.htm (дата обращения: 26.07.2018.)

활동과 지역 발전에 아주 중요한 위치를 차지하고 있다. 아직까지는 야생 순록의 증가에 따른 순록이 살아갈 수 있는 방목장의 환경에는 문제가 없다고는 하지만 그래도 이 산업이 북극 지역 원주민들의 경제활동으로 정착화 시키기 위해서는 무엇이 필요한가? 이를 위해 다음과 같은 내용들이 뒷받침 되어야 할 것으로 보인다. 첫째, 자연적 원천의 존재; 예비 순록 방목장이 필요하다. 둘째, 순록 사육에 따르는 생산물 판매 시장의 환경이 조성되어야 한다. 셋째, 전통적 기술과 운영 방법에 의한 경제적 효율성을 분석해 시스템적으로 정착 시켜야 한다.

〈사진 4〉 북극 지역 원주민 주거지역 및 예비 방목장

출처 : 세계일보,「시베리아·레나강을 가다」척박함 속 생명 이어온 127개 민족… '기회의 땅' 희망을 노래하다」, 2017-12-09
http://www.segye.com/newsView/20171208003290?OutUrl=naver

이러한 인위적인 변화를 넘어 자연발생적인 환경에도 대비를 해야 한다. 오늘날 환경 변화로 밀려오는 기후 온난화 현상이 가져다 줄 수 있는 여건을 예측하고 있어야 한다. 이럴 경우 순록 사육에 커다란 경쟁자가 나타나게 될 것이다. 기후 온난화 현상이 가져다주는 가장 큰 문제는 해빙이다. 북극권의 해빙으로 모든 생명체의 터전이 협소해 질 것이며, 더군다나 다른 산업들의 발전으로 이어질 것이 예측되기 때문이다. 이에 대한 역효과로 방목장의 부족이라는 부정적인 현상이 되풀이 될 가능성이 높게 평가된다. 지금도 지역에 따라 방목장이 밀집 된 지역들과 미개척지로 방치 된 곳으로 구분되기도 한다. 방목장 지역은 야말로-네네츠 자치구(ЯНАО)로 현재 수준보다 약 2십만 마리를 더 방목할 수 있는 터전을 가지고 있다. 네네츠자치구(НАО)은 거의 밀집되어 있어 더 이상 방목장으로 확대 시킬 수 있는 지역이 없는 것으로 나타나고 있다. 하지만 추코트카자지구(ЧАО)와 북쪽의 사하공화국(Якутии)에는 순록을 사육 할 수 있는 예비 방목장이 보다 넓게 자리하고 있는 지역들이다.

2. 경제활동을 위한 유통망 확보

한편, 현존하는 방목장 지역은 각 산업들의 발전에 따른 변화가 지속 될 것으로 생각된다. 아니 그 쓰임새에서 이미 변화가 찾아와 시작되었다고 본다. 북극 지역 원주민들 터전에 시장경제 논리가 접근하기 시작 한 것이다. 시장경제 논리에 가장 기본이 되는 수요와 공급에 의한 작동이 가동 되었다.

북극 지역 원주민들 경제 산업 중 가장 기본이 되는 순록 사육과 생산 시장에서의 접근을 분석해 보자. 2014년[6] 기준으로 보았을 때 북극 지역들에서 순

---

6) Положение о Государственной комиссии по вопросам развития Арктики (утв.

록 사육에 따른 고기는 약 1만톤 정도 생산되었다. 이에 소비는 1인당 수요량에 따르면 1백 그램이 좀 못되는 것으로 평가되었다. 이렇듯 수요와 소비에 이미 문제점을 찾아 볼 수 있다. 순록 사육 산업은 생산에서 소비로 이어지는 과정에서부터가 문제시 되고 있다. 이를 다른 북극 지역으로 접근해 분석해 보면, 북극 극동지역은 러시아에서 가장 거대한 순록 사육 예비 방목 지역으로 사용할 수 있음을 이미 잘 알려진 사실이다. 극동 지역에서 현재 순록 사육을 위한 방목장으로 지정된 곳은 전체 지역의 40% 미만으로 사용되고 있기에 더 넓은 지역을 방목장으로 사용할 수 있다. 이러한 환경이 순록 사육 산업에 큰 도움이 되어 급격한 발달을 가져다 줄 수 있을 것으로 예측해 보지만 그것은 착각이나 오판이 될 수 있다. 순록 수가 증가할 것이라는 긍정적인 평가로 단정 지을 수는 있지만 이후 또 다른 어려움이 봉착될 것이다. 이유는 첫째 순록의 수가 상당한 양으로 늘어날 수 있는 반면 소비가 동반되어야 하는데 그렇지 못할 것이라는 판단이다.

둘째 가장 중요한 유통망의 부재이다. 공급은 그렇다 하더라도 소비가 원활히 이루어져야 하는데 소비를 할 수 있는 환경이 만들어져 있지 못한 것이다. 순록 사업에서 가장 핵심이 되는 고기 판매에 미치는 영향이 크다. 예를 들면 1헥타르의 방목장에서 150그램의 순록 고기를 얻는 다고 하자 그럴 경우 150그램의 판매액은 대략 300루블에 정도 된다. 순이익은 50-55루블 정도 창출해 낸다고 한다. 이는 2015년 순록 사육장 한곳의 경영에 따른 수익 수준의 통계이다. 그곳의 수익과 산업에 대한 러시아 정부의 보조금을 합한 것에 전반적 경영을 목적으로 한 지출을 차감하면, 네네츠자치구의 순록 사육사의 평균 소득은 한 달에 1만9천 루블 정도이다. 참고로 러시아 정부가 순록 고

Правительством РФ от 14 марта 2015г. с. 228)

기 1킬로그램에 대한 보조금을 평균 1백 루불로 책정해서 지불하고 있다. 순록 사육지에서 사육사들의 한 달 소득과 같은 수준임을 알 수 있다. 이는 북극 소수 원주민(КМНС)들 경제생활에 있어서도 매우 중요한 산물이며 민족적 특징이다[7].

이러한 통계가 다는 아니다. 이 외에 다른 면도 가지고 있다. 순록 사육 산업이 북극 지역 원주민 전체를 대상으로 하는 경제활동과 생산 기반으로 이어지는 것에는 부정적인 면도 보이고 있어 목적이 될 수는 없다. 다시말해 순록 사육 산업이 시장경제 측면에서는 그 효율성이 매우 떨어짐을 잘 알고 있기에 그렇다. 방목장에서도 문제시 되고 있는 기후, 질병, 맹수들의 습격, 기타 등등에 따른 환경으로 순록 사육에 대한 손실과 재난이 이어지고 점점 순록의 수는 줄어들고 있는 형편이다. 그래서 러시아 정부는 순록 사육 산업에 효율성을 높이기 위한 여러 가지 몇몇 여건과 환경을 만들어 보기도 하였다.

그러나 무엇보다 순록산업 육성을 위해서는 시장의 역할과 이보다 앞서 유통망의 역할이 안정적으로 정착되어야 한다. 이를 위해서는 최우선적으로 교통망이 확보되어야 하는데 그렇지 못한 현실에 아쉬움이 많다는 것이다. 시장이 없어서가 아니라 북극 여러 지역에 조그마한 시장이 있으나 이를 연결해 줄 수 있는 유통망과 소비가 약해 너무 불편하다는 것이다. 그렇다고 이러한 환경을 바꿀 수 없는 것은 아니다. 각 지역들의 특성을 살려 지역 산업 개발로 이어지면 안정적인 교통망 확보로 연계되기 때문에 바꿀 수는 있다. 과거에는 이 지역에서 순록 사육 산업에 대한 정부 지원정책이 미비했고 방목장 환경이 매우 낙후해 순록 사육 산업에 부정적인 평가가 있었다. 하지만 이

---

7) Лашов, Б.В. О государственной поддержке традиционного хозяйства коренных малочисленных народов Арктики / Б.В. Лашов // Известия Русского географического общества. – 2016. – Том 148, вып. 4. сс. 80-84.

와는 반대로 순록 사육에 따른 생산물(순록 고기) 산업이 북극 지역 원주민 밀집 지역 중심으로 형성되어 육성될 경우 교통 문제도 해결 될 가능성이 높고, 수요에 따른 내부 시장은 물론이고 외부 시장까지도 확대될 수 있다. 단 안정적인 교통인프라 발전이 새롭게 형성될 경우 가능하다는 전제 조건이 따르게 되는 것이다.

　순록 사육 산업과 연계 된 지역 발전 프로그램이 실현되면 북극 지역 원주민들의 가장 큰 문제 중 하나인 경제적 사회적 문제까지도 해결 될 수 있다. 이를 위해 러시아 정부는 북극 지역 예산 투자를 보다 확대하고, 신속히 집행함으로써 원주민들의 경제활동 및 시장경제 환경이 조성되어 나아갈 것으로 본다. 러시아 정부가 북극 지역을 위해 투자하고 있는 기존의 활동과는 별도로 북극 지역 원주민들만을 위한 순록 사육 산업 지원 정책이 반영 되고 실행 되었으면 한다. 그래야만 북극 지역 원주민들의 경제활동 및 삶의 터전이 안정되는 것이다. 순록 사육 산업의 발전에 주요 과제로는 그 산업의 경제적 효율성을 높이는 것이다. 현재와 같은 저급한 수준의 시스템으로는 방목장에 따른 기대치의 효율성을 만들어내는 것이 매우 어렵다. 자연에 의해 준비되어 진행되었던 생산물의 습득이 아닌 전통에 기반을 둔 산업 방식의 시스템이기에 어려움이 따를 수밖에 없다. 축산업 분야로서의 순록 사육은 이미 수백년 전에 발생한 것에 대해 누구나 알고 있는 사실이다. 하지만 오늘날 그 산업을 수행함에 있어서는 시스템(기술적 그리고 조직적)적으로 다른 방안을 가지고 있어야 하는데 아직까지 그렇지 못함이 아쉬울 따름이다. 그리고 북극 지역을 중심으로 살아가고 있는 원주민들의 방목 축산사업은 많은 나라에서 이미 그만 두었거나 또는 약간 변형된 형태로 이루어지고 있다.

3. 제도적 지원을 위한 시스템(보조금) 정착

러시아 정부는 순록을 보호하기 위한 정책으로 순록 사육사들에게 경제적 보조금이 많이는 아니지만 지급되고 있다. 그리고 시대적 현실을 파악할 수 있는 여건을 조성해 주고 있다. 이러한 일환으로 현대적 통신 수단 및 여러 가지 도구를 나누어주고 있으나, 북극 지역 원주민들 사이에서는 아직까지 문명화된 현대적 방식보다는 전통적인 방식으로 생활 수단을 이어가고 있다. 이는 현대적 방식과 전통적 방식을 논하기 앞서 북극 지역 원주민들의 삶에 환경적 여건과 경제적 여건이 매우 어렵기 때문이다. 하지만 헬기 사용에 있어서는 적극적으로 원주민 자신들 생활에서 발생되는 여러 가지 문제들을 해결하는 도구로 사용하고 있다. 교통수단뿐만 아니라 경제활동 도구로도 사용되고 있다. 툰드라 지역 건초를 이동하는 작업이나 순록 이동에 있어 사육사들의 이동에도 유용하게 사용하고 있다. 이 뿐만이 아니다. 북극 지역 원주민들의 경제생활 기반에서 자연에 의해 자생한 생산물들을 습득해 효율적인 소득과 지출이 연결되어 도움이 된다. 이러한 환경은 북극 지역 원주민들 간의 분쟁이 일어날 수도 있으나 전통적으로 내려온 경계가 있어 이를 중심으로 규정하고 있다. 다시 말해 자연이 줄 수 있는 생산물을 일정 수준만큼 획득하고 보존할 수 있는 용도로 사용하고 있다.

본 연구자는 북극 지역 원주민들 삶의 질을 높일 수 있는 방안이 현대식 문명으로 환경을 바꾸는 것이라고 생각하지는 않는다. 이유는 러시아 정부가 이미 시도는 해보았을 것이고 그들이 생각하는 만큼 접근하는데 어려움이 있었을 것으로 보기 때문이다. 그럼 어떠한 정책이 실행되어야 하느냐라는 물음이 남아 있다. 본 연구자의 답변은 이렇다. 그들이 원하는 전통적 방식에서 크게 벗어나지 않은 경제적 환경을 만들어주는 것이 가장 현실적이라 본다. 이를

<사진 5> 북극 지역 원주민 경제 활성화 도구 헬리콥터

출처: https://ko.sodiummedia.com/4343850-peoples-of-the-north-of-russia-smal-peoples-of-the-north-and-the-far-east {인용 2020.10.05.}

위해서는 순록 사육 산업 육성에 정부의 적극적인 개입이다. 순록 사육 산업 발전을 위한 러시아 정부의 정책 수립에 수반되어야 할 대안으로 다음과 같은 사항을 제안해 본다. 첫째, 방목장 확장. 현재 사용 되고 있는 방목장뿐만 아니라 예비 방목장 등을 넓혀서 최대한 활용하는 것이다.

둘째, 교통인프라 확충. 예비 방목장을 최대한 활용하기 위해서는 러시아 정부의 지속적인 관심과 지원만이 해결책이 될 수 있다. 지원에 있어서도 그 방향은 생산물에 따른 소비가 일정부분 지속적으로 이루어져야 하고, 지출 부분에 있어서도 정부 보조금 지원이 실정에 맞게 상향 조정되어 나아가야 한다. 특히 정부가 관심을 두어야 할 곳은 생산물(순록 고기)에 대한 원활한 재생산 및 수요처에까지 공급될 수 있는 특별한 교통망을 확보해 두어야 한다.

북극에서는 일반적인 교통수단이 아닌 항공기(헬리콥터)를 활용한 유통망과 연계 되어 원활한 시장 운영이 될 수 있는 정부 예산이 책정되어야 한다.

셋째, 원주민 대상 보조금. 정부 보조금은 생산과 지출에 따른 보상 형태로 나눠지고, 생산물의 조달자와 재생산자에 있어 수매에 따른 가격이 부가 되어야 한다. 더불어 이러한 정부의 보조금은 원주민들 일상 생활보조금뿐만 아니라 경제활동 지출과도 연계 되어 도움을 가져올 수 있다. 예로 생산물 생산을 시스템적으로 정착화 시키면 수준 높은 작업환경을 만들 수 있다. 생산 공장과 이를 조직적으로 활용할 수 있는 협회가 만들어지면 경영에 촉진되는 여건이 필요하다. 그리고 이와 같은 여건을 생산물에 대한 적정한 가격을 형성하여 수익 창출을 늘리는 것도 가능할 것이다.

전반적인 순록 산업에 대한 러시아 정부의 보조금과 그 산업 지원 범위는 연방의 규정에 따라 주체들의 평균 임금에 비추어 알맞게 책정하는 것이 좋다. 순록 산업에 종사하는 원주민들의 임금 수준을 일반 노동자들의 평균 수준에 다다르게 하는 목적적 지표를 세우는 것도 필요할 것이다. 북극 지역 원주민들의 경제적 활동에서 전통적 직업군의 특징이 직업 구성 및 생산성에 괄목할 만한 성장을 만들어 낼 수 있는 환경은 없다. 이유는 북극 지역 원주민들 경제활동에 있어 대다수가 원주민들이 종사하고 있는 산업은 순록 사육 산업이며, 주요한 소득 원천 수단이기 때문이다. 몇몇 지역의 어업 산업에 종사하는 원주민들도 있다. 하지만 대다수 원주민들이 종사하는 사업이 순록 사육 산업에 종사하고 있기에 그렇다.

순록 사육 산업을 하는 원주민들을 좀 더 구체적으로 살펴보면, 가족 모두가 이 사업에 종사하는 구성으로 되어 있어 한 업종에 종사하는 원천적 소득임을 알 수 있다. 경제적 활동의 시작과 끝이 한 업종에 매달려 있다. 북극 지역 원주민들 중 순록 사육 산업에 종사하고 있는 인원은 약 6천5백명 정도로 추정하고 있다. 이들 대부분은 네네츠 족이나 축치 족이다. 2002년 인구 목록에 따르면 네네츠와 야말로-네네츠 자치구 내의 농업, 사냥, 임업(대부분이 순록 사육에 따른) 분야에서 네네츠 족 약 3천7백명(36%)이 경제활동을 하고 있다. 이와 유사한 지표로 다른 민족들을 보았을 때 축치 족 1천5백명(28.8%), 돌간족 7백명(26.8%)이 동일한 산업에 종사하고 있다. 그리고 어업 및 어류 양식장에 종사하는 민족들을 조사해 보면 네네츠 족 1천5백명(14.4%), 축치 족 1백5십명(2.8%), 돌간 족 4백명(15%)이 종사하고 있다고 한다[8].

이러한 지표 외에도 유사한 일에 관계되는 소수 민족들은 북극 지역 각각의 장소에서 다양하게 다른 위치를 차지하고 있음도 보이고 있다. 그렇다고 전통적인 직업 환경에서의 활동이 새로운 일자리 창출로 이어지는 것은 아니다. 전통적인 직업군에 대한 제한적일 수밖에 없는 일자리가 현실이다.

북극 지역에 살아가고 있는 여러 민족들의 경제활동 분포도를 보면, 원주민들 전반적인 기반은 위에서 언급한 순록 사육 산업과 전통 산업이 가장 중심이 되어 다수를 이루고 있다. 순록 사육 및 기타 전통 산업에 60% 이상 직업군을 차지할 정도로 소수 원주민과의 차이점을 볼 수가 있다. 예로 교육 기관(원주민 인구의 20-25%)에 종사하고 있고, 의료 및 사회적 기관 안에(원주민 인구의 10%) 일하고 있다. 그 밖으로는 상업적 직업 및 정부 기관에서 일하고 있다. 현대 산업으로 발전된 지역에서는 채굴 등 재생산 분야에는 3-4%를 상회하지 못하는 것으로 나타났다.

---

[8] Забродин, В.А. Северное оленеводство РФ: состояние, перспективы развития, научное обеспечение / В.А. Забродин, А.В. Комаров // Северное оленеводство: современное состояние, перспективы развития, новая концепция ветеринарного обслуживания : материалы научно-практической конференции 21-23 сентября 2011 года. РАСХН. Северо-западный региональный научный центр. – Санкт-Петербург, Пушкин, 2012 – сс. 7-10.

최근 조사에 따르면, 오늘날 북극 지역 원주민들 일부는 자신들 삶의 질을 높이기 위해 새로운 분야의 직업군을 찾고 있다고 한다. 그들은 새로운 노동에 종사할 수 있는 자유로운 선택을 원하고 있다. 그러기 위해서는 일정한 수준을 갖추어야 한다. 일반적이면서도 전문적 교육을 받는다든지 아니면 뛰어난 기술을 기반으로 하는 행위가 이루어져야 한다. 물론 그 지역 발전에 대한 전망과 더불어 어떤 직업을 선택 할 것이냐에 대해서는 원주민들의 선택에 달려 있다. 특히 언급할 수 있는 북극과 북극 지역들에 따른 특수 산업 및 교통 개발과 관련된 전문직업들을 들 수 있다. 북극 지역 원주민은 자신들의 생활 과제로 토지 시설, 환경보호 그리고 법률적 기반 및 정부 기관과 같은 환경 속에서의 일하는 전문가의 양성에 특히 관심을 보이고 있다.

러시아 정부 또한 북극 지역 원주민들을 위한 경제정책 실행과 효과가 방법에 따라 차이가 있으나 순록 사육 산업을 위한 경제적 지원은 반드시 필요한 정책으로 판단하고 있다. 그렇다고 러시아 정부가 경제적 지원으로 순록 사육 산업에만 정책이 실행되어서는 안된다. 북극 지역 원주민들의 여러 가지 전통적 산업에 대해서도 경제지원뿐만 아니라 사회적 지원 방법에서도 관심을 두고 있어야 한다. 이는 순록 사육 산업이 유목생활을 하는 원주민들의 경제적 활동과 그 가족들 생활뿐만 아니라 민족들의 유일한 금융적 수익이며 원천이다. 툰드라 지역에서 가족 구성원이 할 수 있는 일(산업)의 가능성은 사실상 없기 때문이다.

북극 지역 원주민 중심의 경제활동에서 또 다른 경제적 활동 원주민들과 유목민의 임금에도 차이가 있다. 북극 지역 원주민 중에서도 교육을 받은 사람과 그렇지 않은 사람들의 평균적 노동 임금에서 차이가 있는 것이다. 네네츠 자치구를 사례로 그 지역의 경제적 상황을 알아보면, 네네츠 자치구 주민들의 매월 평균 임금은 2천 루블이었다. 그리고 지원금이 있다. 지원금을 순록 사육과 춤(원추형 이동식 주택)의 지원금으로 주 정부의 예산으로 보조금을 지급하고 있다. 보조금의 성향은 노동 연금과 학생들의 사회적 지원 사업에 따른 경제 활동이다. 북극 지역 원주민 자녀들 몫으로도 년 1회 보조금을 지급하고 있다. 1.5세-8세까지 함께 거주하고 있는 자녀들에게 보조금을 지급하는 형식이다. 그리고 순록 사육 이외의 전통산업에 종사하는 원주민들에게도 몇몇 형태의 보조금(학업 수행 및 의료 지원 등)을 지원하고 있다[9].

이 지원금의 범주는 그 지역들의 경제적 여건에 달려있다. 지원 방식들은 전통적 산업에 종사하는 등의 환경 속에 원주민들의 삶의 질을 높이는 것과 그들 민족의 언어 및 삶의 형태를 보존하는 것을 지원하는 프로그램 발전과정의 일원이다. 이러한 행위는 또 다른 인류의 유일한 유산을 간직하고 있는 것이다. 순록 사육 산업에 종사하는 원주민들의 자민족 언어를 보존하는 높은 수준의 효과를 거두어들이고 있다. 북극 지역 원주민들의 경제활동에서 언어 보존 지표는 네네츠 70%, 돌간 63%, 에벤키 33% 정도 유지해가고 있는 환경에 삶의 환경을 만들어가고 있다. 생활 터전에는 상설 주택이 세워졌다 이동하는 에스키모 인들의 분포도가 전체 에스키모인들 중 13%를 유지하고 있는 것으로 나타났다. 북극에 살아가고 있는 민족들에게는 그들의 언어와 문화 그리고 민족-예술 등을 가지고 있다. 이들은 자민족의 전통을 보존하는 것에 큰 목표를 두고 삶을 개척해 나가는 것이다. 특히 원주민들이 유지하고자 하는 것은 전통적인 산업 분야와 생활양식으로 어려운 과제를 갖고 있다. 이와 더

---

9) Государственная программа Российской Федерации «Социально-экономическое развитие Арктической зоны Российской Федерации на период до 2020 года» (утв. постановлением Правительства РФ от 24 апреля 2014 г. № 366); Итоги Всероссийской переписи населения 2010 года // http://gks./free_dok/new_ site/perepis_itogi1612.htm (дата обращения: 26.07.2018)

불어 전통적 생활양식 그 자체 속에서 삶의 형태와 언어 그리고 전통적 산물이 어렵게 보존되고 있는 것이다.

북극 지역 원주민들의 이러한 고충을 러시아 정부가 인류 문화재 보존차원으로 접근해 정부 차원에서 해결해 주는 보조금 지원이 절실하다. 다른 한편으로는 어려운 환경 속에서 전통을 유지할 수 있는 주도적인 기관을 만들어 그들이 원하는 과제를 해결하는 의지 및 노력도 시도해 볼 필요가 있다. 즉, 러시아 정부의 여러 기관과 문화 시설에 따른 협회들을 만들어 해결책을 찾아 볼 수도 있다. 그래야만 북극 지역 원주민들에 대한 인지도가 높아질 것이며, 중앙정부와 지방정부의 협력과 활동에 있어 원활한 진행이 이루어질 것이다.

〈사진 6〉 북극 여러 지역 소수민족의 직업군

출처: https://sacrednaturalsites.org/ko/2014/04/international-statement-on-living -recognizing-and-protecting-sacred-sites-of-arctic-indigenous-peoples/ {인용 2020.08.10.}

IV. 나가면서

모든 민족에게는 자민족만의 고유한 세계관과 가치관, 고유한 삶의 방식 등과 같은 특수성과 타민족과의 문화적 유사성, 보편성을 동시에 갖고 있다. 이러한 여건은 하나의 민족으로 그 가치를 인정받고 있다. 북극 지역 원주민들 또한 역사적 관행, 법률상의 권리와 지위, 국제적 원주민 레짐의 지원 등을 통해 소유한 영토에서 그들의 전통적인 삶의 방식과 경제활동을 유지해 왔다.

과거에서 현재까지 1차 산업에서 글로벌 시대로 이어지고, 첨단산업에서 AI 시대로 접어들면서 인류사는 또 다른 변화를 이끌어 내고 있다. 문명의 발달로 찾아오는 삶의 질도 있지만 또 다른 한편에서는 삶의 질을 높이기 위한 어마어마한 파손과 개발이 반복되면서 그 후유증으로 기후온난화 현상을 맞게 되었다. 이미 예견된 앞으로의 삶이라고 본다. 기후온난화는 삶의 질을 후퇴하게 만드는 좋지 않은 환경을 제공할 수 있을 것이라는 예측이다. 북극 지역 원주민들 경제활동에서 물고기 어획량, 모피 생산량, 해양 동물 포획량 등등이 줄어들고 있는 현실만 보아도 알 수 있다. 자연 생태계에서 생산되어 채취되는 버섯, 딸기 견과류, 약용 식물의 생산량도 줄고 있다. 이 뿐만이 아니다. 북극 지역 원주민 중 에벤키 족들은 짐승의 모피를 수백번 무두질하여 부드럽게 가공하는 기술이 수백, 수천년을 이어 내려온 그들만의 경제활동이며 생활이었다고 하면 이 또한 시대적 환경이 이 산업에 큰 지장을 주고 있다.

최근 들어 북극 지역에 나타나고 있는 해빙은 석유, 가스, 금속 등 지하자원 채굴로 이어지면서 이곳 환경은 파괴와 개발로 이어지고 있다. 더불어 북극 지역 원주민들의 경제활동과 사회 활동에 있어서도 큰 변화가 일어나기 시작했다. 이러한 현상은 기후온난화로 나타난 것이며, 심해지면 심해질수록 북극 지역의 변화가 더욱 크게 찾아올 것이라 본다. 북극 지역 원주민들 삶에는 더 큰 어려움이 따를 수밖에 없는 것이다. 오랜 시간 자신들 삶의 터전이었던 북극 영토와 영해가 일부 지역을 시작으로 전 지역을 산업화로 빼앗기는 사태가 초래하게 되었다. 영토와 영해는 그렇다 하드래도 또 다른 변화가 예측되고 있다. 인구 존속과 이주의 변화가 동반되고 있는 것이다. 외부로부터 유입되어 온 이주민들 정착 및 원주민들과의 관계에서 사회적 인프라는 더욱 훼손될 수밖에 없을 것이다. 이유는 오랜 시간 문명화된 사회와 깊은 관련 없이 터전을 지켜왔던 북극 지역 원주민들의 삶이 이를 말해주고 있다. 아직까지는 문명의 변화를 받아들일 준비가 되어 있지 않은 상황이다. 이럼에도 불구하고 인간들의 탐욕은 그 높이를 알지 못하기에 또 다른 역풍이 밀려올 수 있는 것이다. 아무튼 오늘날 세계는 지구온난화와 같은 북극권의 자연환경 변화로 사회변동의 새로운 변수가 작용하고 있음을 인식하고 있어야 한다.

이러한 변화 속에 서구 학자들은 북극의 내일이 아닌 지구상의 내일을 어두운 그림자가 다가오고 있다는 학설을 펴고 있다. 변해가는 생태학적 환경이 원주민들의 주거환경에도 좋지 않은 영향을 미칠 뿐 아니라 국제사회 질서에도 일정부분 영향이 미칠 것이라 보는 것이다. 러시아 정부는 북극 개발에 앞서 우선적으로 북극 지역 원주민들을 위한 지원 정책을 준비해야 한다. 그 다음으로 국제사회 변화와 질서에도 협력해야 할 부분이 있다.

현재 실행되고 있는 북극 지역 원주민들 삶의 터전을 위한 지원 정책을 러시아 연방이 규정한 법령으로 접근해 보면, 첫 번째, 북극 시베리아를 6개 지역으로 지형학적 분류로 나눠져 있다. 두 번째, 원주민 5만명 이하만을 소수민족으로 규정하고 있다. 여기서부터 북극 지역 원주민들에 대한 연구의 문제점이 발생 되는 것이다.

첫 번째, 북극권을 6개 지역의 지형적 구분으로 나누었을 경우 소수민족들의 거주 지역 구분이 불명확해지는 문제가 발생한다. 왜냐하면 소수민족들은 시기와 계절적으로 이산(離散)을 반복적으로 경험했거나 경험해가고 있다. 이들은 다양한 지역적 경계를 넘어서 넓은 지역적 분포도를 보이기 때문이다.

두 번째, 인원수로 제한을 두었을 때 소수민족 규정의 경우 무엇보다도 많은 소수민족들이 제외 될 수밖에 없고, 이미 사라졌거나, 타민족에 통합된 소수민족들의 추적이 불가능해지는 문제를 발생되는 것이다. 따라서 이 분야 연구를 위해서는 관련 자료에 대해 보다 광범위한 수집과 해당 소수민족들에 대한 보다 면밀한 검토와 추적이 필수적이라고 하겠다.

북극 개발에 의한 민족의 보존과 가치를 논하기 앞서 가장 중요한 사실은 북극 지역 원주민들 삶의 터전을 잃어버릴 수 있다는 것이다. 그러기 때문에 가장 우선적으로 실행되어야 할 것은 러시아 정부의 정당한 지원 정책이 제도적으로 정착되는 것이다. 보조금 지원 정책이 제도적으로 실행됨으로써 북극 지역을 삶의 터전으로 가지고 있던 원주민들의 당면 문제 중 가장 시급한 부분이 해결되는 것이다. 하지만 아직까지는 정책이 실행되지 않았기 때문에 통상적인 러시아 소수민족 정책수립이 아니라, 북극 지역 원주민들을 위한 지원 기준을 좀 더 면밀하게 검토하고 점검해야 한다. 전반적인 측면에서 북극 지역 원주민들에 대한 여러 권리를 보장하려는 목적을 가지고 있지만, 본 글에서 보았듯이, 그 법적인 근거가 마련되었음에도 불구하고 많은 시간이 흐른 지금에도 정책 실행은 역시 적극적이지 않다는 것이다. 다른 법령들과의 충돌, 개정 전후의 일관성 부족, 무효력성, 법 시행에 있어 연방정부와 지방정부 간의 불일치 등 여전히 많은 논란과 한계를 가지고 있다.

러시아 정부는 북극 지역 원주민들을 위한 지원방안이 제대로 효력을 발휘하기 위해서는 정부와 원주민 공동체간 대화의 장을 만드는 것이 우선 되어야 한다. 그리고 서로의 타협점을 찾을 때까지 여러 차례 의견을 나누고 합의점을 찾아내기 전까지는 계속해서 만나 합의점을 찾아내야 한다. 북극 지역 원주민들 또한 러시아 정부와 협력 업무를 실질적으로 참여하기 위해서는 준비해야 할 부분이 있다. 여러 민족으로 구성되어 있는 원주민들 간의 공동 목표와 목적을 인지하고 체계적인 구조를 갖추는 등 자기조직화가 선행되어야 한다. 그리고 그에 합당한 교육, 차세대 육성 등이 함께 이루어지기 위해서 제3의 기구가 관여하여 중재가 필요할 것으로 본다.

 오늘날 북극 지역 원주민들 환경은 생존의 위협과 각종 경제·사회적 문제들을 겪고 있다. 북극 지역 원주민들에게 찾아온 급격한 기후변화는 산업화의 물결로 이어지면서 이들의 주거지인 고유영토까지 침범을 받는 큰 어려움을 겪고 있다. 그러기에 북극 지역 원주민들에게는 생존과 권리 보호를 위한 새로운 접근법이 만들어져야 한다. 국제법의 일반적인 원주민 관련 기준과 러시아 북극 지역 원주민의 실제 상황 사이에는 상당한 차이가 있음을 인식하고, 북극 지역 원주민들의 생존과 발전에 대한 지원은 분명히 이루어져야 한다.

〈참고문헌〉

김성일, 「시베리아 소수민족 원형스토리와 토테미즘: 남시베리아 소수민족을 중심으로」, 『건국대학교 스토리앤이미지텔링연구소』, 스토리앤이미지텔링(5), 2013.

김혜진, 「러시아의 소수민족 정책과 한계」, 『국제지역연구』제16권 제1호, 2012.

최우익, 「러시아 북극권 주민의 사회경제적 변화와 특성」, 『러시아연구』제25권 제1호, 2018.

АПК в условиях Крайнего Севера // Няръяна вындер. – 2015. – № 113.

Государственная программа Российской Федерации «Социально-экономическое развитие Арктической зоны Российской Федерации на период до 2020 года»(утв. постановлением Правительства РФ от 24апреля 2014г. №366)

Забродин, В.А. Северное оленеводство РФ: состояние, перспективы развития, научное обеспечение / В.А. Забродин, А.В. Комаров // Северное оленеводство: современное состояние, перспективы развития, новая концепция ветеринарного обслуживания : материалы научно-практической конференции 21-23 сентября 2011 года. РАСХН. Северо-западный региональный научный центр. – Санкт-Петербург, Пушкин, 2012 – С. 3-12.

Итоги Всероссийской переписи населения 2002 года // Т. 13. Коренные малочисленные народы Российской Федерации. – Москва : Фед. служба гос. статистики, 2005. – С. 574

Лашов, Б.В. Северные этносы и традиционное хозяйство / Б.В. Лашов // Известия Русского географического общества. – 2013. – Том 145, вып. 5. – С. 35-40.

Лашов, Б.В. О государственной поддержке традиционного хозяйства коренных малочисленных народов Арктики / Б.В. Лашов // Известия Русского географического общества. – 2016. – Том 148, вып. 4. – С. 77-84.

Положение о Государственной комиссии по вопросам развития Арктики (утв. Правительством РФ от 14 марта 2015 г. № 228).

Итоги Всероссийской переписи населения 2010 года // http:// gks./free_dok/new_site/ perepis_itogi1612.htm(дата обращения: 2018.07.26.) {인용- 2020. 10. 10}

함희선, 「러시아 야쿠츠크 -이상하고 추운, 그들의 낙원」, 『트래비 매거진〈Travie〉』, (발간년도 누락)

2020년02월03일기사 http://www.travie.com/news/articleView.html?idxno=21353

연합뉴스, 「'기후변화 공포' 툰드라 지표 변해 순록 수만마리 아사」2016년11월24일자, https://m.news.zum.com/articles/34453029 {인용 2020. 09. 30.}

세계일보, 「시베리아·레나강을 가다」 척박함 속 생명 이어온 127개 민족… '기회의 땅' 희망을 노래하다」2017년12월09일.

http://www.segye.com/newsView/20171208003290?OutUrl=naver {인용 0000. 00. 00.}

https://ko.sodiummedia.com/4343850-peoples-of-the-north-of-russia-small-peoples-of-the-north-and-the-far-east {인용 2020. 10. 05.}

https://sacrednaturalsites.org/ko/2014/04/international-statement-on-living-recognizing-and-protecting-sacred-sites-of-arctic-indigenous-peoples/ {인용 2020. 08. 10.}

'러시아의 콜럼버스'를 꿈꾼 로모노소프의 북극해 항로 프로젝트

박성현*

Ⅰ. 서론

지구 온난화로 인해 해빙(海氷)이 급속히 녹아가고 최첨단 설비의 쇄빙선을 이용한 북극해 탐사가 활발해지면서, 북극해 항로는 지난 수십 년간 각별한 주목을 받아 왔다. 특히 2000년대 후반 이래 북극해 항로를 이용하는 상업적 선박의 운항이 증가하고 기후 변화 및 지질·해양 환경을 연구하기 위한 해저 시추 탐사 활동들이 두드러지고 있다. 북극해에 내장된 석유와 천연가스, 광물 자원의 개발과 물류·운송을 둘러싼 경제적 이해관계는 북극이사회(Arctic Council)의 회원국들뿐만 아니라 한국이 포함된 옵서버 국가들의 공통 관심사이기도 하다.

북극해 지역 중 특히 주목을 받는 곳은 풍부한 자원이 매장된 로모노소프 해령이다. 이곳은 2004년 유럽해양연구시추컨소시엄(ECORD)이 심부 시추를 통해 북극해의 진화와 기후 변화 역사에 대한 부분적 정보를 얻은 곳이고, 2007년 러시아 잠수정이 티타늄 국기를 꽂으면서 인접국들 간 영유권 분쟁의 중심이 된 곳이기도 하다. 노보시비르스크 제도(러시아)와 그린란드(덴마크),

---

※ 이 글은『한국 시베리아연구』25권 1호에 게재된 것임.
 * 경상국립대학교 강사

엘즈미어섬(캐나다) 사이에 뻗어 있는 이 해저산맥은 1948년 소련의 고위도 탐험대에 의해 처음 발견되어 러시아 석학 미하일 바실리예비치 로모노소프(М. В. Ломоносов, 1711-1765)의 이름이 붙여졌다. 이는 로모노소프가 북극 지역 연구에 지대한 공헌을 했음을 입증한다. 바로 여기에 이 논문의 출발점이 있다.

러시아 최초의 근대적 자연과학자로 알려진 로모노소프는 다양한 분야에 박식한 '르네상스형 인간', '호모 우니베르살리스(homo universalis)'로 불린다. 그는 물리학, 화학, 천문학, 지리학, 야금학, 지질학, 문법학, 수사학을 아우르는 학자이자, 최초로 교회 슬라브어가 아닌 러시아어로 송시를 쓴 시인이었고 역사서를 쓴 역사가였으며, 후일 그의 이름을 따 로모노소프 모스크바 국립대학이 된 대학의 설립을 계획한 교육자였다. 실용주의적 과학자였던 그는 또한 천문 관측과 항해에 필요한 도구들을 제작했으며, 유리 제조 기술을 완성해 색유리를 러시아에서 생산했을 뿐만 아니라 직접 색유리 모자이크로 표트르 1세의 초상화를 만든 예술가이기도 했다.

로모노소프는 1745년 화학 교수로 임명돼 러시아 태생으로서는 처음으로 상트페테르부르크 황실과학아카데미[1]의 정회원이 되었고, 1760년에는 스웨덴 왕립과학아카데미의 명예회원, 1764년에는 볼로냐 연구소의 과학아카데미 명예회원으로 선출됐다. 로모노소프가 프랑스 화학자 라부아지에보다 앞선 1756년에 질량 보존의 법칙을 제시했다는 사실도, 1761년 자신이 만든 망원경으로 금성의 이동을 관찰해 금성에 대기가 존재함을 최초로 발견했다는 사실도 대중적으로 잘 알려져 있지 않다.

---

1) 1747-1803년 사이에는 공식 명칭이 '상트페테르부르크 황실과학예술아카데미'로 바뀌었다.

로모노소프가 광범위한 영역에서 업적을 남긴 데 비해, 상대적으로 그에 대한 연구는 국내외에서 적은 편이다. 무엇보다도, '과학적 항해의 창시자'로서 그가 북극해 항로 탐사의 이론적 토대를 마련했다는 것은 러시아의 연구자들 외에는 거의 주목받지 못했다.[2] 게다가, 러시아 내 선행 연구들도 로모노소프

---

2) 러시아 내에서 로모노소프에 대한 전기적 소개와 '박식가(polymath)'로서의 그의 학문적 활동을 보여주는 출판물이 19세기 이래 꾸준히 이어져 오긴 했지만, 북극 지역에 대한 그의 기여를 조명한 연구들은 주로 2000년대 이후에 눈에 띄는 편이다. 특히 로모노소프 탄생 300주년(2011년)을 계기로 여러 분야의 학자들이 로모노소프의 북극해 관련 연구에 대한 글들을 발표했는데, 여기에는 시기적으로 북극해 항로를 둘러싼 국제적 관심과 러시아의 이해관계도 반영된 것으로 추정된다. 최근의 몇몇 연구들을 소개하면 다음과 같다: И. Б. Орлов, "Северный морской путь Ломоносова," *Для пользы общества коль радостно трудиться: к 300-летию со дня рождения М. В. Ломоносова*, [сб. ст.], Ломоносов. фонд, Помор. землячество (Москва: Звонница-МГ, 2010), pp. 142-163; Н. А. Окладников, "М. В. Ломоносов и мезенские полярные мореходы," *М. В. Ломоносов и Арктика: материалы междунар. науч. конф., посвящ. 300-летию со дня рождения великого рос. ученого Михаила Васильевича Ломоносова(1711-1765 гг.), 21-24 июня 2011 г.*, Рус. геогр. о-во, Арханг. центр Рус. геогр. о-ва, Сев. (Арктич.) федер. ун-т им. М. В. Ломоносова и др. (Архангельск: Северный (Арктический) федеральный ун-т им. М. В. Ломоносова, 2011), pp. 232-236; С. А. Огородов, Ф. А. Романенко, В. И. Соломатин, "М. В. Ломоносов и освоение Северного морского пути," *Вестн. Моск. Ун-та Сер. 5. География*, № 5, 2011, pp. 11-17; В. В. Фомин, "Разработка Северного морского пути в трудах М. В. Ломоносова," *Арктика: экология и экономика*, № 4, 2011, pp. 92-101; Д. А. Ширина, "Артика и север в трудах М. В. Ломоносова," *Наука и техника в Якутии*, № 2(21), 2011, pp. 3-9; Б. М. Амусин, И. Н. Кинякин, "Михаил Васильевич Ломоносов и научные исследования военными моряками Арктики и северной части Дальнего Востока," *Арктика: экология и экономика*, № 1(5), 2012, pp. 104-109 등. 영어권 연구로는 국가적 내러티브(신화화)라는 관점에서 로모노소프에 대한 종합적 접근을 시도한 다음의 저술이 있다: Steven A. Usitalo, *The Invention of Mikhail Lomonosov: A Russian National Myth* (Boston, MA: Academic Studies Press, 2013). 과학자로서의 로모노소프를 조명한 영어 논문들에서도 그의 북극해 관련 연구는 지극히 제한적으로 언급되며, 이 주제에 관한 국내 논문은 찾기 어렵다. 북극권을 다루는 국내 연구들은 주로 자원 및 해상 항로 운송의 경제적 측면이나, 정치, 법, 안보, 기후, 해저 지질 환경

의 업적을 서술하는 차원에만 머물고 있는 실정이다.

　본 논문은 러시아의 '백과전서파'로 불리는 자연과학자 로모노소프가 북극해를 따라 동아시아와 북아메리카로 이어지는 항로를 탐사하기 위해 18세기에 어떤 과학 연구를 수행했고 어떻게 원정대를 준비시켰는지, 그의 관점과 작업이 어떤 의의를 가지며 후대의 북극 탐험과 연구에 어떤 영향을 미쳤는지를 조명하는 데 목적이 있다. 그러므로 본 연구의 특성상 그 역할을 새로운 정보의 전달과 소개로 국한하고 향후 심화된 분석적 연구가 나올 수 있는 토대로 삼고자 한다. 또한 이 글에서는, 러시아 학자들의 선행 연구가 간과하거나 자국의 입장에서 바라보았던, 로모노소프 시대의 신항로 개척과 세력 확장을 둘러싼 유럽 국가들 간의 경쟁 구도에 대해서도 거리를 두고 살펴볼 것이다.

　북극해 연안의 '포모르(помор)'[3] 출신인 로모노소프는 북극해 항로의 이용이 러시아 제국에 엄청난 경제적 이익과 영광을 가져다 줄 것임을 알고 있었다. 그는 과학적 연구를 통해 북극의 자연 현상과 해상 환경에 대한 이론들을 제시했는데, 북극광(오로라)의 원인, 북극해 얼음의 특성과 종류, 해수 순환이 기후에 미치는 영향, 얼음의 이동과 관련된 해류와 바람의 역할, 빙산의 기원 등이 여기에 포함된다. 그는 또한 극지 해양학의 교육 과정을 작성하고 원정대를 위한 구체적인 지침을 마련했으며 그들에게 천문 관측을 가르쳤다.

　등에 초점을 맞추고 있는데, 예를 들면 다음과 같다. 예병환, 배규성, "러시아의 북극전략: 북극항로와 시베리아 거점항만 개발을 중심으로,"『한국 시베리아연구』제20권 1호 (대전: 배재대학교 한국-시베리아센터, 2016), pp. 103-144; 김정훈, 한종만, "북극권 진출을 위한 해양공간 인문지리: 동해-오호츠크 해-베링 해,"『한국 시베리아연구』제23권 2호 (2019), pp. 63-94; 라미경, "기후변화 거버넌스와 북극권의 국제협력,"『한국 시베리아연구』제24권 1호 (2020), pp. 35-64 등.

3) 백해를 중심으로 북극해 연안에 살던 러시아 주민.

로모노소프는 자신이 심혈을 기울여 준비한 북극해 항로 탐사 프로젝트가 실현되는 것을 미처 보지 못하고 1765년 4월 4일[4] 사망했다. 5월 9일 마침내 원정대가 출발하기 약 한 달여 전이었다. 치차고프(В. Я. Чичагов, 1726-1809)가 이끄는 원정대는 1차 항해(1765년 5월 9일-8월 20일)와 2차 항해(1766년 5월 19일-9월 10일)를 시도했지만 두 번 다 얼음에 길이 막혀 되돌아오면서 탐험은 안타깝게도 실패로 끝났다. 북극해를 따라 유럽과 아시아를 잇는 항로는 19세기 말에 가서야 성공을 하게 되지만, 18세기에 로모노소프가 마련한 이론적 기반과 그가 제시한 여러 과학적 가설들은 후대의 과학자들과 탐험가들에 의해 그 가치와 의미가 재발견되고 있다.

북극해와 관련된 로모노소프의 여러 연구 성과들은 1763년에 발표된 "북부 바다에서의 다양한 항해에 대한 간략한 기술(記述)과 시베리아 대양을 통해 동인도로 가는 가능한 항로의 입증(Краткое описание разных путешествий по северным морям и показание возможнго проходу Сибирским океаном в восточную Индию, 이하 "간략한 기술…"로 표기)"[5]에 종합되었다. 따라서 본 논문은 로모노소프의 저술들을 1차 자료로 하되, 특히 "간략한 기술…"을 중심으로 그의 북극해 연구가 갖는 특징들을 살펴볼 것이다.

---

4) 당시 러시아에서 사용하던 율리우스력으로, 이하 기록상의 날짜는 모두 율리우스력이다.
5) 원제목에 쓰인 'северные моря(northern seas)'를 우리말에서 사용되는 '북해(North Sea, 영국, 덴마크, 노르웨이, 독일, 네덜란드, 벨기에, 프랑스 사이에 위치한 대서양 바다)'와 구분하기 위해 '북부 바다'로 번역했다. 또한, 제목의 'восточная Индия(동인도)'는 로모노소프가 'Ост-Индия(East Indies)'의 뜻으로 사용한 것으로, 식민지 시대의 유럽인들이 서인도 제도(콜럼버스가 인도로 착각한 데서 유래한 카리브해 연안 군도의 명칭)와 대조해 붙인 동인도 제도, 즉 인도 아대륙과 동남아시아 지역을 지칭한다.

II. 로모노소프의 북극해 연구의 배경과 전개

1. 송시 속에 나타난 북극해 항로에의 열망

로모노소프는 1711년 아르한겔고로드 구베르니야(당시 행정 구역 단위)의 홀모고리(Холмогоры) 마을 맞은편에 위치한 쿠로스트로프(Куростров)섬의 미샤닌스카야(Мишанинская) 마을에서 태어났다. 현재 로모노소보로 불리는 이 마을은 아르한겔스크주 홀모고르스키군(라이온)에 속하며 이 지역은 백해로 이어지는 북드비나(세베르나야드비나)강에 면해 있다. 로모노소프는 어린 시절부터 농부이자 어부인 아버지를 따라 매년 무르만의 케쿠리 캠프에서 대구 낚시를 했고, 콜라와 푸스토제르스크의 군사 수비대에게 나라의 곡물을 조달하느라 백해를 비롯해 북극해 해안을 따라 긴 항해를 하곤 했다.[6] 백해의 솔로베츠키 제도, 무르만스크 해안뿐만 아니라, 바렌츠해와 카라해 사이에 위치한 노바야제믈랴 제도, 북극해의 스피츠베르겐 제도(현 노르웨이 영토인 스발바르 제도)에 이르기까지, 북극 바다에서의 경험과 관찰을 통해 소년 로모노소프가 축적한 지식들은 후일 그의 연구에 중요한 자양분이 되었다.

북극에 대한 로모노소프의 관심이 최초로 표현된 글은 1747년 "엘리자베타 페트로브나 여제 폐하 전(全) 러시아 황제 즉위일에 부치는 송시(Ода на день восшествия на Всероссийский престол Ея Величества Государыни

---

6) Б. М. Амусин, И. Н. Кинякин, "Михаил Васильевич Ломоносов и научные исследования военными моряками Арктики и северной части Дальнего Востока," *Арктика: экология и экономика*, № 1(5), 2012, p. 104. 무르만(Мурман)은 당시 콜라반도의 북부 해안(바렌츠해)을 가리키는 지명이고 케쿠리(Кеккуры)는 그곳에 있던 낚시 캠프이다. 푸스토제르스크(Пустозерск)는 현 네네츠 자치구 나리얀마르시 근처에 있었던 사라진 북극권 도시로, 당시 러시아가 북부와 시베리아로 진출하기 위한 전진 기지였다.

Императрицы Елисаветы Петровны 1747 года)"이다. 당시 그는 국비 장학생으로 선발됐던 독일 마르부르크(Marburg) 대학에서 3년, 이후 프라이베르크(Freiberg)에서 1년간의 유학을 끝내고 1741년 귀국, 1742년 상트페테르부르크 과학아카데미에서 물리학 강의를 시작해 1745년부터는 화학 교수로 근무 중이었다. 이 송시가 쓰인 것은 1747년이지만, 엘리자베타 페트로브나가 쿠데타로 황제의 자리에 등극한 것은 1741년 말이고 대관식은 1742년에 거행됐다. 여제는 부친이었던 표트르 1세가 개혁 정책을 추진하면서 새로운 교육 시스템을 만들고 1724년 상트페테르부르크 과학아카데미를 설립했던 것처럼, 그의 이상을 따라 과학과 교육, 예술을 지원했다. 북극해가 등장하는 이 송시의 일부는 다음과 같다.

"북쪽 나라는 영원한 눈으로 덮여 있지만 북풍이 얼어붙은 날개로 당신의 깃발을 드높이는 곳, 그러나 얼음산 사이의 신은 자신의 기적들로 위대하도다. (…) 거기 함대의 젖은 길은 하얗게 되고 바다는 양보하려 애를 쓰네. 러시아의 콜럼버스는 바다를 건너 미지의 민족들에게 당신의 관대함을 선포하려 서두른다."
(Хотя всегдашними снегами / Покрыта северна страна, / Где мерзлыми борей крылами / Твои взвевает знамена; / Но Бог меж льдистыми горами / Велик своими чудесами: / (…) / Там влажный флота путь белеет, / И море тщится уступить: / Колумб российский через воды / Спешит в неведомы народы / Твои щедроты возвестить.)[7]

---

7) М. В. Ломоносов, "Ода на день восшествия на Всероссийский престол Ея Величества Государыни Императрицы Елисаветы Петровны 1747 года," *Полное собрание сочинений* [В 11т.], Т. 8 (М.; Л.: изд-во Акад. наук СССР, 1959), p. 203, p. 205. 이하, 로모노소프의 전집(총 11권, 1950-1983) 인용 시, 글 제목, 전집(*ПСС*), 권 (Т), 출판 연도와 페이지만 표시하기로 한다. 전집의 출처는 러시아 기초전자도서관(ФЭБ) 내 전자학술출판물(ЭНИ) '로모노소프' 부분이다.

편집자들의 주석에 의하면, 이 송시에서 '러시아의 콜럼버스'는 북아메리카 서해안에 도달했던 제2차 캄차카 원정대를 회상한 것으로, 베링(B. Беринг, 1681—1741)을 도와 원정대의 한 배를 이끌었던 알렉세이 치리코프(A. И. Чириков, 1703-1748)를 로모노소프가 염두에 둔 것이라 설명되어 있다.[8] 그의 다른 송시들에도 북극에 관한 내용이 등장하는데, 특히 '러시아의 콜럼버스'라는 표현은 1752년 위의 시와 거의 같은 제목인 "엘리자베타 페트로브나 여제 폐하 전(全) 러시아 황제 즉위 기념일에 부치는 송시"와 1760년 영웅시 "표트르 대제(Петр Великий, героическая поэма)"에서도 보인다.

"엄격한 자연이 저녁 해안에서 동쪽으로 가는 입구를 우리에게 감추어도 소용없네. 나는 영리한 눈으로 보네, 얼음 사이 러시아의 콜럼버스가 서두르며 운명을 경멸하는 것을."(Напрасно строгая природа / От нас скрывает место входа / С брегов вечерних на восток. / Я вижу умными очами: / Колумб Российский между льдами / Спешит и презирает рок.)[9]

---

8) Ibid., p. 939(편집자 주석, Т. А. Красоткина, Г. П. Блок, "Примечания"). 로모노소프가 쓴 "볼테르의 『표트르 대제 치하 러시아 제국의 역사』 1권에 대한 의견"을 보면, "캄차카를 통한 아메리카 탐험에서 치리코프가 언급되지 않는데, 그는 책임자였고 더 멀리 갔으며, 이는 우리의 명예를 위해 필요하다."고 치리코프의 기여를 강조하고 있다 (М. В. Ломоносов, "Замечания на первый том «Истории Российской империи при Петре Великом» Вольтера," ПСС, Т. 6, 1952, p. 363). 한편, '러시아의 콜럼버스'를 캄차카 원정대의 총대장이었던 비투스 베링으로 해석하는 경우도 있는데, 베링이든 치리코프, 로모노소프가 캄차카 원정대(제1차 1725-1730, 제2차 1733-1743)로부터 감화를 받았던 것을 고려할 때 이 원정대를 염두에 뒀던 것은 분명해 보인다. 그러나 로모노소프가 '콜럼버스'를 복수형으로도 사용하는 것을 감안하면, 더 넓은 의미에서, 북극해를 따라 극동으로 항해한(또한 항해할) 모든 개척적인 러시아의 탐험가들을 함축하는 것으로 해석할 수 있다.
9) Ibid., p. 502.

"그토록 무시무시하고 끔찍해 보이는 얼음 자신이 사나운 불행들로부터 우리가 안전히 나아가게 해 주리라. 우울한 운명을 경멸하는 러시아의 콜럼버스들은 동쪽으로 가는 새로운 길을 얼음 사이에서 열고 우리의 국가는 아메리카에 도달하리라."(Сам лед, что кажется толь грозен и ужасен, / От оных лютых бед даст ход нам безопасен. / Колумбы Росские, презрев угрюмый рок, / Меж льдами новый путь отворят на восток, / И наша досягнет в Америку держава.)[10]

두 번째 시 "표트르 대제"의 인용구에는 북극의 얼음이라는 최대의 난관에도 불구하고 '러시아의 콜럼버스들'이 동쪽으로 가는 항로[11]를 개척해 북아메리카 대륙에 다다를 것이라는 로모노소프의 믿음이 드러나는데, 이는 막연한 희망사항이 아니라 북극과 관련된 그의 연구가 뒷받침된 것이었다. 이보다 앞선 1755년 4월 26일의 연설 "표트르 대제 폐하의 은총을 기념하는 찬사(Слово Похвальное блаженныя памяти Государю Императору Петру

---

10) Ibid., p. 703.
11) 북극해 항로(Arctic sea routes)는 캐나다 북부 해역을 따라 대서양에서 태평양으로 이동하는 북서항로(Northwest Passage, NWP)와 노르웨이와 러시아 사이에 있는 바렌츠해에서 시베리아의 북부 해역을 따라 추코트해로 이동하는 북동항로(Northeast Passage, NEP), 그리고 북극해 중심을 가로질러 대서양과 태평양을 잇는 북극횡단항로(Transpolar Sea Route, TSR)로 나뉜다. 북동항로에서 일부분인 노르웨이 해역을 제외한 것이 러시아의 북부해 항로(Северный морской путь, Northern Sea Route, NSR)로, 북극이사회는 북동항로 중 러시아 연방의 배타적 경제 수역(EEZ)에 있는 여러 항해 경로들을 NSR로 규정하고 있다. 즉 엄밀히 말해, 북동항로는 러시아의 북부해 항로를 포함하는 보다 넓은 범위지만 북동항로의 대부분을 러시아 구간이 차지하기 때문에, '북부해/북방항로'의 뜻으로 '북동항로', '북극항로', '북극해 항로'라는 용어들이 종종 혼용된다. 로모노소프가 언급한 시베리아 대양 또는 북부의 바다들을 따라 동쪽으로 가는 '러시아 콜럼버스'의 항로는 현재의 북동항로나 러시아의 북부해 항로에 해당한다고 볼 수 있지만, 당시 그의 연구는 북극해 지역 전체를 포괄하는 것이었고, 후에 그는 원정대가 취할 길로 북서항로를 먼저 택하게 된다.

Великому, говоренное Апреля 26 дня 1755 года)"[12])에도 "그곳에서 새로운 콜럼버스들은 러시아의 위력과 영광을 높이기 위해 미지의 해안으로 서둘러 갑니다.("Там новые Колумбы к неведомым берегам поспешают для приращения могущества и славы Российской, …")"라는 문구가 나온다. 이와 같이, 송시들과 연설문에서 로모노소프는 북극해를 거쳐 러시아의 극동에, 나아가 북아메리카에 이르는 항로 개척에 대한 열망을 '러시아의 콜럼버스'로 표현하고 그것이 러시아에 가져다 줄 번영에 대한 믿음을 피력하고 있다.

2. 북극 관련 과학 연구의 배경과 전개

송시에서 엿볼 수 있듯이, 로모노소프는 러시아의 번영과 영광을 염원하면서 연구와 실험과 발명을 했던 과학자였다. 러시아의 과학과 교육의 발전을 위해 세워진 상트페테르부르크 과학아카데미는 초창기에 연구진을 서유럽에서 초청된 저명한 외국인 과학자들로 구성하고 황실의 적극적인 지원과 자유로운 연구 분위기 덕분에 곧 높은 수준에 도달했다. 그러나 왕좌가 여러 번 교체되는 러시아의 복잡한 상황 속에서 아카데미의 사정도 악화돼, 로모노소프가 도착할 무렵에는 재정 문제와 관료적 내분, 명성 높은 외국 출신 학자들의 이탈로 위기에 처해 있었고 예산 부족으로 교육도 소홀히 해 원래의 목표였던 러시아인 과학자 양성이 제대로 되지 않았다. 아카데미의 이러한 상황을 정비한 사람이 로모노소프였다. 화학 교수였던 그는 1757년 아카데미를 이끄는 3인의 고문 중 한 명으로 임명됐고 1758년에는 역사회의와 지리국, 그리고 아카데미의 대학과 김나지움의 책임자로 일하면서 라틴어나 독일어가 아닌 러

---

12) op. cit., p. 598.

시아어로 된 강의와 과학 출판물을 확대해 더 많은 러시아 학생들을 아카데미의 김나지움으로 모집했다. 로모노소프의 이러한 노력은 그가 사망한 해인 1765년까지 7명의 아카데미 회원들을 포함해 러시아 태생의 교수진을 10명까지 늘리게 된다.[13] 로모노소프가 과학 저술뿐만 아니라 문법학, 수사학, 역사학 책을 쓰고 최초로 러시아어를 사용해 물리학 강의를 했던 것도 이런 맥락 속에 놓여 있었음을 알 수 있다. 북극에 대한 연구 역시 아카데미에서의 그의 연구, 교육 및 조직 활동과 유기적 연관 속에 진행되었다. 어린 시절의 경험을 바탕으로 한 북극해에 대한 그의 지식과 관심이 당시 유럽 열강을 따라잡으려 한 조국 러시아에 부와 영광을 가져다 줄 방편으로 북극해 항로 원정을 준비시키고 이를 위한 과학 연구로 이어진 것이다.

북극과 관련된 로모노소프의 이론적 연구를 입증하는 첫 기록은 그가 1751년부터 1756년까지 자신이 연구한 작업에 대해 과학아카데미의 수장에게 제출한 보고서[14]에서 발견되는데, 1754년 "캄캄한 하늘의 바다에서 경도와 위도를 찾는 방법"들을 고안해 내고 북극해의 동결 조건을 알기 위해 해수를 실험했다는 내용이 그것이다. 1755년에는 "시베리아 대양을 통해 동인도로 가는 북부 경로에 대한 편지(Письмо о северном ходу в Ост-Индию сибирским океаном, 1755)"를 작성했다는 언급이 있는데, 이 편지는 분실됐지만 학계에서는 그 내용이 1763년 "간략한 기술…"의 제3장 '시베리아 대양을 통해 동인도로 가는 항해의 가능성에 대하여(О возможности мореплавания Сибирским океаном в Ост-Индию)'에 반영된 것으로 판단한다. 또한, 1756

---

13) Vladimir Shiltsev, "Mikhail Lomonosov and the dawn of Russian science," *Physics Today*, 65(2), 2012, p. 41.
14) М. В. Ломоносов, "1756 октября 28 - ноября. Репорт президенту АН с отчетом о работах за 1751-1756 гг." *ПСС*, Т. 10, 1957, pp. 388-393.

년에 대한 보고에는 그가 여러 해 동안 작업한 논문들 중 "보다 나은 과학적 항해에 대한" 연구가 있다고 쓰여 있는데, 이 원고도 발견되지는 않았지만 연구자들은 그 내용이 후에 "해로의 더 큰 정확성에 대한 추론(Рассуждение о большей точности морского пути, 1759)"의 제3장 '과학적 항해에 대하여(О ученом мореплавании)'에 사용된 것으로 간주한다.[15]

"해로의 더 큰 정확성에 대한 추론"은 로모노소프가 1759년 과학아카데미의 총회에서 행한 연설로, 항해술에 대한 다년간의 연구를 종합해 수학, 물리학, 천문학, 수로학, 기계학이 결합된 과학적 항법을 소개하고 있다. 그는 어두운 날씨나 밤에 배의 위치와 시간을 측정하기 위한 방법을 설명하는데, 예를 들어 밤에 고정된 별들의 위치를 관찰해 배의 자오선 상에서 시각을 결정할 수 있다는 것과 이를 위한 별 관측법, 관측 도구를 제시하고 있다. 또한 자신이 발명한 여러 관찰 도구들을 소개하는데, 자동기록나침반(방향표시기), 드로모미터(선박 바닥에 장착해 항해의 속도와 거리를 측정하는 회전형의 하단 기계식 로그), 클리제오미터(자체 기록 메커니즘을 사용하여 바람의 영향을 받는 선박의 드리프트를 결정하는 장치), 시마토미터(선박의 종방향 진동 운동의 기계적 계수기가 있는 장치), 살로미터(해류의 방향과 속도를 결정하는 장치)가 그것이다.[16]

북극에 관련된 로모노소프의 또 다른 주요 연구로, 오로라의 전기적 성질을 규명한 "북극광 및 기타 유사한 현상들의 원인 실험(Испытание причины северного сияния и других подобных явлений, 1757)"과 빙산의 기원 및 이

---

15) op. cit., pp. 391-393, 785; Д. А. Ширина, "Начало научного исследования Арктики в трудах М. В. Ломоносова," *Гуманитарные науки в Сибири*, 2012, № 1, p. 7. (이 논문은 앞서 언급한 "Артика и север в трудах М. В. Ломоносова"(2011)의 수정판이다.)

16) М. В. Ломоносов, "Рассуждение о большей точности морского пути," *ПСС*, Т. 4, 1955, pp. 129-139, p. 747.

동 문제를 다룬 "북부 바다 내 얼음산의 기원에 대한 추론(Рассуждение о происхождении ледяных гор в северных морях, 1760)"이 있다. 후자는 라틴어로 쓰였는데, 로모노소프가 자신이 회원으로 있던 스웨덴 왕립과학아카데미에 이 글을 보내 1763년에 출판되었고 1766년에는 독일어로도 출판됐다. 북극해 항로 개척과 관련해 중요한 문제인 빙산의 형성 과정을 추적한 이 연구는 이후 "간략한 기술…"에서 보강된다. 한편, 오로라에 대한 로모노소프의 탐구심은 송시에도 반영돼 있는데, "위대한 북극광이 일어날 때 신의 장엄함에 대한 저녁 명상(Вечернее размышление о Божием величестве при случае великого северного сияния, 1743)"이 그것이다.

"무엇이 밤에 밝은 빛이 물결치게 합니까? 무엇이 얇은 불꽃을 창공으로 강타합니까? 사나운 검은 구름 없이 번개가 어떻게 땅에서 천정(天頂)으로 가려 하는 걸까요? 어떻게 한겨울에 얼어붙은 증기가 불을 낳는 걸까요?"(Что зыблет ясный ночью луч? / Что тонкий пламень в твердь разит? / Как молния без грозных туч / Стремится от земли в зенит? / Как может быть, чтоб мерзлый пар / Среди зимы раждал пожар?)[17]

로모노소프는 1753년 11월 26일 아카데미의 공개회의에서 연설한 "전기력으로부터 발생하는 대기 현상들에 대한 일언(Слово о явлениях воздушных, от электрической силы происходящих)"에 덧붙인 설명글[18]에서 이렇게 쓰

---

17) М. В. Ломоносов, "Вечернее размышление о Божием величестве при случае великого северного сияния," *ПСС*, Т. 8, 1959, p. 122.
18) 이날의 행사는 옐리자베타 여제의 등극일(1741년 11월 25일)을 기념해 그 다음날 아카데미에서 개최된 것으로, 로모노소프의 연설 원고는 남지 않았지만 1753년 출

고 있다: "게다가, 1743년에 작성되어 1747년 『수사학』에 인쇄된, 북극광에 대한 나의 송시는 북극광이 에테르의 움직임에 의해 생성될 수 있다는 나의 오랜 견해를 담고 있습니다."[19]

북극해를 따라 동쪽으로의 이동을 꿈꾼 로모노소프는 시베리아의 광대한 광물 자원을 개발하는 데 기초가 될 지질학적 연구도 수행했다. 북부 지역의 천연 자원 문제를 다룬 "지구의 지층에 대하여(О слоях земных)"에서 그는 값비싼 금속과 광물의 개발이 안 된 이유로, 광석의 대부분이 검은 흙과 모래로 덮여 있는데 이를 캐내기에는 시베리아의 인구가 너무 적고 서리와 눈이 반년 이상 지속되며, 소수인 시베리아 주민들이 목축을 하고 필요한 금속을 얻으며 사는 반면 러시아의 농업과 농촌 생산품들은 광석의 채굴이 필요 없는 총, 식기류, 교회 집기들이었기 때문이라고 설명하고 있다.[20] 로모노소프가 작업한 여러 프로젝트들은 1768-1774년에 과학아카데미가 유럽 러시아, 시베리아, 코카서스 영토에서 조직한 광범위한 원정 조사의 기초를 마련했으며, 아카데미는 이 탐사들을 통해 러시아의 천연 자원, 특히 풍부한 광물 자원에 대한 지식을 습득하고 지하수에 대한 정보를 수집했다.[21]

판된 회의 책자에 실려 있다. 이 책은 같은 해에 라틴어로도 출판됐는데, 각각의 책에 이 설명글, 즉 "대기의 전기 현상들에 대한 일언에 적합한 설명"(Изъяснения, надлежащие к слову о электрических воздушных явлениях)이 포함돼 있다.

19) М. В. Ломоносов, "Изъяснения, надлежащие к слову о электрических воздушных явлениях," ПСС, Т. 3, 1952, p. 123. 로모노소프가 언급한 1747년의 인쇄물은 그해 아카데미의 화재로 소실됐고 이 송시는 1748년 『웅변술에 대한 간략한 지침서』에 실려 처음으로 출판됐다.

20) "지구의 지층에 대하여"는 1763년 『야금 또는 광석 채굴의 첫 번째 기초』(Первые основания металлургии или рудных дел)에 '추가 2(Прибавление второе)'로 포함돼 출판되었다. 인용 부분은 М. В. Ломоносов, "Первые основания металлургии или рудных дел," ПСС, Т. 5, 1954, pp. 620-621.

21) В. А. Низовцев, А. В. Постников, В. А. Снытко, Н. Л. Фролова, В. М. Чеснов, Р.

한편, 이론 연구 외에 로모노소프는 지도 제작과 도구 발명에도 힘을 기울였다. 그가 아카데미 지리국의 책임자로 있던 1758년부터 1765년까지 지리국은 3개의 지도를 출판하고 9개의 지도를 출판하기 위해 준비했다. 로모노소프가 제작한 많은 지도들 중, 특히 제1차(1757), 제2차(1764) 환북극 지도와 러시아 최초의 교육용 지구본이 유명하다. 로모노소프는 어둠 속에서 사물을 알아볼 수 있는 '야간투시관'을 발명해 1756년 5월 13일 아카데미 회의에서 시연했는데, 그 후 이 야간투시관을 토대로 해서 그가 만든 '야간잠망경'은 1765년 북극해 항로를 탐색하러 떠나는 치차고프 원정대에게 공급된다. 그는 또한, 1760년 1월 상원의 승인을 받은 '러시아 아틀라스'의 수정을 위한 지리적 문제들의 목록에 북부 해로에 대한 그의 이론 작업과 관련된 항목을 배치했다.[22]

이상에서 볼 수 있듯이, 로모노소프는 북극해 항로 탐사를 위해 다양한 분야의 학술 연구를 진행했고 지도와 도구를 만들었을 뿐만 아니라, 원정대를 교육하기 위해 "북부 시베리아 대양을 통해 동쪽으로 가는 길을 찾으러 떠나는 해군 지휘관들을 위한 본보기 지침(Примерная инструкция морским командующим офицерам, отправляющимся к поисканию пути на восток Северным Сибирским океаном, 1765)"도 썼다. 북극과 관련된 그의 모든 연구 성과들은 앞서 언급했듯이 "간략한 기술…"(1763)에서 종합되었고, 이후 여기에, "추가. 시베리아 대양을 따라 동쪽으로 가는 북부 항해에 대하여(Прибавление. О северном мореплавании на восток по Сибирскому

С. Широков, В. А. Широкова, *Исторические водные пути Севера России (XVII-XX вв.) и их роль в изменении экологической обстановки. Экспедиционные исследования: состояние, итоги, перспективы* (М.: Парадиз, 2009), p. 213.

22) В. В. Фомин, "Разработка Северного морского пути в трудах М. В. Ломоносова," *Арктика: экология и экономика*, № 4, 2011, pp. 94-95.

океану, 1764)"와 "아메리카 섬들의 산업가들이 보내온 새로운 소식과 상사원인 토볼스크의 상인 일리야 스니기레프와 볼로그다의 상인 이반 부레닌의 요청에 따라 작성된 두 번째 추가(Прибавление второе, сочиненное по новым известиям промышленников из островов американских и по выспросу компанейщиков, тобольского купца Ильи Снигирева и вологодского купца Ивана Буренина, 1764)"가 덧붙여졌다. 따라서 다음 장에서는 로모노소프의 북극 프로젝트의 총화라 할 수 있는 "간략한 기술…"을 통해 그가 이룬 이론적 성과들을 살펴보기로 한다.

Ⅲ. "북부 바다에서의 다양한 항해에 대한 간략한 기술과 시베리아 대양을 통해 동인도로 가는 가능한 항로의 입증"

1. 구성과 개요

1763년에 완성된 "간략한 기술…"은 9월 20일자 로모노소프의 서명과 함께 파벨 황태자에게 바쳐졌는데, 원고의 사본이 역사학자 소콜로프(А. П. Соколов)에 의해 1847년에서야 최초로 상트페테르부르크 해양부 수로국에서 간행되었다. 이 논문은 로모노소프가 황태자에게 올리는 헌사와 서문, 5개의 장과 결론으로 구성되어 있으며, 1764년에 추가된 두 편의 글로 보충되었다. "간략한 기술…"의 각 장의 제목과 절의 구성은 다음과 같다: 제1장 '서북부 바다들을 통해 동인도로 가는 항로를 찾기 위해 취해진 다양한 항해들에 대하여'(1-21절), 제2장 '시베리아 대양을 통해 북동쪽에서 동인도로 가는 해양 경로의 탐색에 대하여'(22-42절), 제3장 '자연 상황들에 의해 인식되는, 시베리아 대양에서 동인도로 가는 항해의 가능성에 대하여'(43-83절), 제4장 '시베리아 대양 항해 준비에 관하여'(84-99절), 제5장 '북부 항해 프로젝트 자체에 대하여 그리고 동쪽에서의 러시아 위력의 확립과 증대에 관하여'(100-123절).

예카테리나 2세의 아들로 당시 어린 황태자였던 파벨 페트로비치(후일 파벨 1세)를 향한 헌사에서, 로모노소프는 황태자의 증조부(파벨 1세의 아버지인 표트르 3세의 외조부)인 표트르 1세가 최초로 러시아의 함대들을 건조한 공적을 칭송한다. 북동항로의 개척이 갖는 의의는 헌사와 결론에서 각각 "북부의 대양은 광대한 들판으로, 그곳에서 황태자 전하의 통치 아래 인도와 아메리카로 가는 동북 항해의 창안(изобретение)을 통해 유례없는 이익과 더불어 러시아의 영광이 강화될 수 있습니다."와 "러시아의 위력이 시베리아와 북부 대양에 의해 성장하고 아시아와 아메리카의 주요 유럽 정착지들에 도달할 것입니다."로 기술되고 있다.[23]

서문에서 로모노소프는 러시아가 확장시킨 동쪽 영토의 탐사와 실질적인 점유, 동쪽 민족들과의 상업 거래를 성공시키고 조국의 번영과 부를 이루기 위해 시베리아 대양의 북부 항로 개척의 필요성을 역설하고 고려 사항들을 설명한다. 그는 우선 제1장과 2장에서 북아메리카 군도가 있는 서북부 바다들을 따라가는 항로(현 북서항로)와 시베리아 대양을 따라가는 항로(현 북동항로)에 대한 16-18세기 서유럽의 여러 탐험들을 개관하고, 아시아와 북아메리카 사이의 해협(후에 베링의 이름을 따서 불리게 된)을 최초로 통과했던 1648년 데즈뇨프(С. И. Дежнёв)의 탐험을 통해 북극해에서 태평양으로의 항로를 확인한다. 제3장은 그의 이론적 성과물이 집약된 중요한 장이다. 시베리아 대양

---

23) М. В. Ломоносов, "Краткое описание разных путешествий по северным морям и показание возможного прохода Сибирским океаном в Восточную Индию," *ПСС*, т. 6, 1952, p. 420, 498. 이하, "Краткое описание…"로 표기.

을 따라가는 항로가 실행 가능하다고 생각한 로모노소프는 이 3장에서 '자연의 상황들'을 통해 이를 입증하는데, 지리학, 해양학을 비롯한 여러 과학적 설명과 가설들이 여기에 제시되고 있다. 제4장에서는 그가 제안하는 고위도 항로 프로젝트에 필수적인 선박, 사람, 비축 물품, 도구들에 대해 상세히 논하고, 5장에서는 탐험을 성공시키기 위한 구체적인 조언들을 하고 있으며, 결론에서 다시 조국의 영광과 이익을 위해 북부 바다와 시베리아 극동으로의 진출을 강조하고 있다.

〈그림 1〉 "간략한 기술…"에 첨부된 북극 지도

(상트페테르부르크 러시아국립도서관)

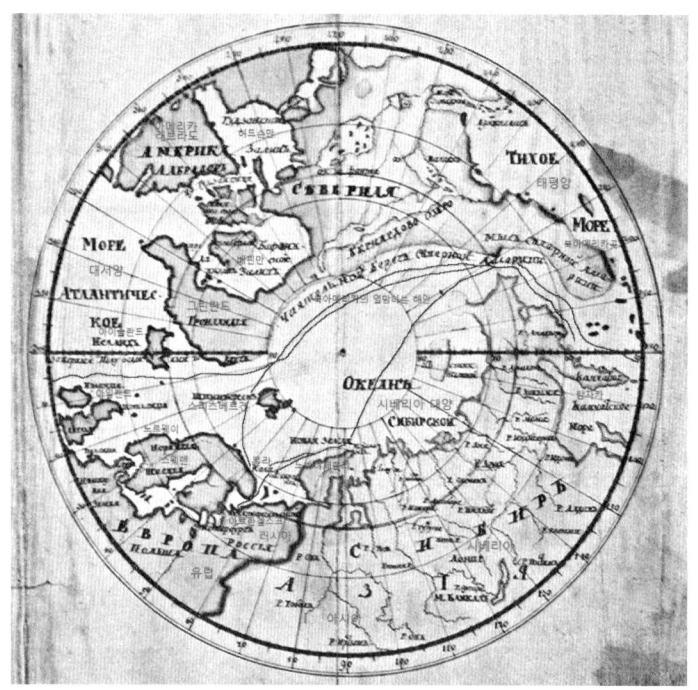

출처: Н. П. Копанева, "Михаил Васильевич Ломоносов: ≪Северный океан есть пространное поле, где… усугубиться может российская слава≫," *Наука из первых рук*, №. 6(42), Декабрь 2011, p. 103(PDF버전).[24]

이 논문에는 북극 지도가 첨부되었는데, 로모노소프가 과학아카데미 사무국에 1763년 10월 16일자로 보낸 보고에 의하면, 자신의 감독 하에 측지학 학생인 일리야 아브라모프가 북부 항해에 관한 책을 위해 두 개의 북극 지도를 만들어 황태자 전하에게 바쳤다고 되어 있다. 현재는 이 중 하나의 지도만 전해진다.[25]

이 지도는 당시 북아메리카에 대한 지식수준을 반영하는데, 허드슨만, 배핀만 등 실제의 발견들도 표시되어 있지만, 허구로 간주되는 '스페인 제독 데 폰테의 발견'도 포함되어 있고 그린란드에서 시작해 북아메리카곶에서 끝나는 '북아메리카의 열망하는 해안'도 추측으로 그려져 있다. 지도의 중앙 부분을 지나는 세 개의 선 중 두 개는 "간략한 기술…" 제3장 83절에서 제안한 고위도 항로들이다. 콜라반도에서 스피츠베르겐(스발바르)과 노바야제믈랴로 갈라진 두 항로가 베링 해협을 통과해 캄차카에서 끝나는데, 각각 현재의 북서항로와 북동항로에 해당한다(아르한겔스크와 노바야제믈랴를 연결한 선도 보인다). 세 번째 선은 "간략한 기술…" 제2장 42절에서 설명된 것으로, 1660년 멜게르라는 이름의 포르투갈 항해자가 일본에서 출발해 시베리아 대양을 통해 포르투갈로 돌아갔다는 항로인데 역시 허구로 간주되고 있다. 지도상으로는 '추콧카곶(현 데즈뇨프곶)'에서 스피츠베르겐과 그린란드 사이를 지나 아이슬란드와 영국 사이로 이어지는 선이다.[26]

---

24) 원본의 흐릿한 항로선들을 진하게 긋고 주요 지명들에 한글을 첨가하였다. 로모노소프 전집 6권에 실린 "간략한 기술…"에는 이 지도의 흑백 사본이 서문(p. 424 bis)에 삽입돼 있다.
25) Ibid., p. 605(편집자 주석, А. И. Андреев и В. Р. Свирская, "Примечания"); М. В. Ломоносов, "1763 октября 16. Справка о работах студента-геодезиста И. Аврамова," *ПСС*, Т. 9, 1955, p. 301.
26) М. В. Ломоносов, "Краткое описание…," *ПСС*, Т. 6, 1952, pp. 456-457, 482-483, 605-

이 세 번째 선의 항로는 로모노소프가 프랑스 지리학자이자 지도제작자인 필립 뷔아슈(P. Buache)의 북극 지도에 근거해 표시한 것이다. 그는 또한, 프랑스 천문학자이자 지도제작자인 조제프-니콜라 들릴(J.-N. Delisle)의 저서 『남해[태평양] 북부에서의 새로운 발견들의 지도에 대한 설명(Explication de la carte des nouvelles découvertes au nord de la mer du Sud, Paris, 1752)』과 여기에 첨부된 "남해로의 항로 탐색을 위한 데 폰테 제독과 스페인, 영국, 러시아의 다른 항해자들의 발견에 대한 일반 지도(Carte générale des découvertes de l'amiral de Fonte et autres navigateurs espagnols, anglois et russes, pour la recherche du passage à la mer du Sud)", 뷔아슈의 저서 『속칭 남해[태평양]로 불리는 대양 북부에서의 새로운 발견들에 대한 지리적, 물리적 고려 사항. 관련 지도들과 함께(Considérations géographiques et physiques sur les nouvelles découvertes au nord de la Grande Mer, appelée vulgairement la Mer du Sud; avec des cartes qui y sont relatives, Paris, 1753)』, 그리고 뷔아슈가 들릴의 책을 위해 그린 지도인 "남해 북부에서의 새로운 발견들의 지도: 시베리아와 캄차카의 동쪽과 누벨프랑스[북아메리카의 프랑스 식민지]의 서쪽(Carte des nouvelles découvertes au nord de la mer du Sud: tant à l'est de la Sibérie et du Kamtchatka, qu'à l'ouest de la Nouvelle-France, 1750)"을 참고했다.[27]

문제는 들릴과 뷔아슈의 작업이 이른바 스페인 제독 바르톨로메오 데 폰테에 대한 잘못된 정보에 기반을 두었다는 점이다. 데 폰테라는 인물이 1640년경 북아메리카의 북서 해안을 항해해 태평양과 대서양을 잇는 항로를 발견했

606.
27) Ibid., p. 607(편집자 주석).

다는 이야기가 1708년 런던의 잡지(*Monthly Miscellany or, Memoirs for the Curious*)에 실렸는데, 그의 발견뿐만 아니라 그런 인물이 존재했었다는 증거도 없어서 당시에도 지지와 의심이 공존했고 현재는 허구로 간주되고 있다. 로모노소프는 "간략한 기술…" 1장의 19-20절(pp. 439-440)에서 데 폰테의 발견에 대해 의심을 표명하면서도 들릴과 뷔아슈의 작업에 기초해 이를 소개하고 있는데, 들릴은 그의 스승이기도 했다.

조제프-니콜라 들릴과 관련된 이야기들은 당시 새로운 항로의 발견을 둘러싼 유럽 내 경쟁적 분위기를 반영하고 있어 주목할 만하다. 들릴은 1725년 상트페테르부르크 과학아카데미에 천문학 교수로 초청돼 1726년부터 1747년 초까지 근무하면서 천문대를 만들고 아카데미에 지리국을 창설해 러시아 영토의 지도 작성과 이에 필요한 천문학 작업을 이끌었다. 그는 러시아의 천문학과 지리학의 발전에 큰 기여를 했지만, 당시 아카데미 비서였던 슈마이허(J. D. Schumacher)에 의해, 전략적으로 귀중한 러시아 지도들과 기밀문서들을 프랑스로 보내 스파이 활동을 했다는 혐의를 받는다. 1740년 안나 이바노브나 여제의 사후 더욱 권력이 커진 슈마이허의 전횡과 재정 낭비, 학계의 요구 무시에 대해 들릴도 불만이 있었고 이미 오래 전에 많은 학자들이 떠나기도 했지만, 스파이 혐의로 인해 들릴은 아카데미에서 점점 고립되다가 결국 1747년 파리로 돌아가게 된다.[28]

---

28) Marie-Anne Chabin, *Les Français et la Russie dans la première moitié du XVIIIe siècle. La famille Delisle et les milieux savants*, Thèse de l'École nationale des chartes(박사학위논문), 1983 [édition 2013, 온라인버전], pp. 90-91; Marie-Anne Chabin, "L'astronome français Joseph-Nicolas Delisle à la cour de Russie dans la première moitié du XVIIIe siècle," *L'influence française en Russie au XVIIIe siècle*, dirigé par Jean-Pierre Poussou, Anne Mézin, et Yves Perret-Gentil (Paris: Institut d'Études Slaves, Presses de l'Université de Paris-Sorbonne, 2004), p.

들릴의 스파이 혐의에 대한 연구자들의 시각은 상이하다. 그의 스파이 혐의를 인정하는 러시아 역사학자 포민은 들릴과 뷔아슈가 신화적 인물인 데 폰테의 북서항로 탐색과 존재하지 않는 군도의 발견(17세기)이라는 허구를 내세워 베링 원정대의 발견(18세기) 역사를 왜곡했다고 강조한다[29]. 여기에는 러시아 항해자들의 성과가 정당히 평가받지 못했다는 점과 더불어, 들릴 형제가 원정대에 끼친 악영향도 고려되었을 것이다. 제2차 캄차카 탐험을 위해 지도를 편집한 조제프-니콜라 들릴과 이 탐험에 참여했던 그의 형 루이 들릴 들라 크루아예르(Louis Delisle de La Croyère)가 잘못된 지도 정보에 의거해 포르투갈 항해가(João da Gama 또는 Juan de Gama)가 발견했다는 가상의 넓은 영토 '가마의 땅'(후에 쿠릴 열도의 한 섬으로 추정되었다)을 찾아야 한다고 고집한 탓에 탐험대에 막대한 피해를 입혔기 때문이다. 들릴이 제작한 지도의 오류와 잘못된 정보에 대한 반박이 당시 상트페테르부르크 아카데미 명예회원으로 베를린에 있던 저명한 수학자 오일러(L. Euler)에 의해 프랑스어로 쓰여 1753년 익명으로 출간됐다("남해[태평양] 북부 지역에서의 최근 탐색을 나타내는 지도에 대해 러시아 해군 장교가 어떤 귀족에게 보낸 편지. 그리고 1752년 파리의 들릴 씨에 의해 출판된 이 지도의 설명에 대하여"). 아카데미의 역사학자 뮐러(G. F. Müller) 역시 들릴의 이 1752년 지도의 오류를 바로잡기 위해 러시아 탐험대가 발견한 북아메리카 해안과 그 부근의 지도를 1754년 프랑스어로 만들어 발표했는데, 이 지도는 1758년 아카데미에서 러시아어로도 출간되었다("인접 지역들과 함께 북아메리카의 알려지지 않은 해안에서

513.
29) В. В. Фомин, "Разработка Северного морского пути в трудах М. В. Ломоносова," *Арктика: экология и экономика*, 2011, № 4, p. 93.

러시아 선박들이 행한 발견들의 새로운 지도"). 30)

들릴이 러시아에서 단순히 프랑스 천문학의 전령이었는지 스파이었는지에 대해 프랑스 학계에서도 문제가 제기되지만, 들릴이 남긴 편지와 기록들을 추적한 프랑스 연구자 샤뱅은 그의 스파이 혐의를 부인한다. 당시 프랑스를 비롯한 서유럽은 러시아의 군사 활동과 표트르 대제의 정복 전쟁, 지리학적 지식과 관련해 러시아의 지도에 관심이 많았고 프랑스에서는 베링 원정대의 결과를 궁금해하고 있었다는 점, 들릴의 러시아 체류는 파리 왕립과학아카데미가 러시아의 과학 발전에 공식적으로 기여한다는 틀 속에서 이뤄졌고 그가 프랑스 아카데미 회원의 지위를 포기하는 것에 대한 어떤 질문도 없었다는 점과 들릴의 성격을 고려할 때, 그가 러시아 영토의 지도들을 프랑스 정부나 왕립과학아카데미에 보냈더라도 그로서는 프랑스의 요구를 거부할 수 없었을 것이라는 게 샤뱅의 해석이다. 이 연구자는 들릴이 러시아나 프랑스를 위해 일한 것이 아니라 과학을 위해 헌신했음을 강조하고 있다. 31)

들릴을 둘러싼 논란은—현재 북극의 로모노소프 해령을 둘러싼 몇몇 국가들의 영유권 분쟁처럼—당시 유럽 국가들 사이에 있었던 신경전을 엿보게 한다. 식민지 확장의 신항로 개척 시대가 마감되던 시기, 아직까지 미지로 남아있던 시베리아 극동과 아메리카 북부 해안을 연결하는 항로에 관심이 쏠리고 있었으니 1720-1740년대 두 차례의 캄차카 탐험을 통해 러시아가 이룩한 발견의 우선순위에 대한 논쟁이 나온 것도 납득할 만한 일이다. 당시, 세계의 지리와 발견의 역사를 기술한 책들이 방대한 시리즈로 출판되었고 이는 로모노소프가 "간략한 기술…"의 1장과 2장에서 태평양으로 가는 북극해의 두 항로,

---

30) Ibid.
31) Marie-Anne Chabin, "L'astronome…," op. cit., pp. 515-516, pp. 518-519.

즉 북아메리카 주위를 따라 서쪽으로 가는 길과 아시아 북부 해안의 시베리아해를 따라 동쪽으로 가는 길을 찾기 위한 기존의 항해들을 설명하는 데 기초가 됐다.[32] 그러나 "간략한 기술…"의 핵심은 북극해 항로 개척을 위한 로모노소프의 과학 이론과 지침이 압축된 3-5장이라 할 수 있으므로, 다음 절에서 그 특징들을 간략히 살펴보겠다.

2. 북극해 항로 탐사를 위한 이론적 토대

"간략한 기술…"의 3장은 로모노소프의 주요 아이디어들을 담고 있는 핵심적인 장이다. 북극해 항해의 가장 큰 장애물인 혹한과 얼음, 북극해 생태계, 태양열과 지열의 해수와의 관계를 설명하고 북극광 현상의 원인을 규명한(극지의 열린 바다를 증명하는 데 기여하는) 후, 53절부터 로모노소프는 가장 중요한 문제인 얼음의 기원과 종류, 특성을 상세히 기술하고 있다. 그는 북극해의 얼음을 살얼음, 빙산, 빙원으로 분류하는데, 물 위를 떠다니는 작은 살얼음은 유연하고 선박에 해롭지 않다. 빙산은 수심 30-50싸젠[33] 깊이에 수면 위 10싸젠 또는 그 이상 높이인 불규칙한 모양의 산으로, 끊임없이 갈라지는 소리

---

[32] 로모노소프는 독일어판 『해상 및 육로 여행의 일반 역사, 또는 모든 여행 기록 모음(Allgemeine Historie der Reisen zu Wasser und Lande, oder Sammlung aller Reisebeschreibungen…, 총 21권, 1748-1774)』을 자료로 사용했는데, 이는 당시 영국에서 출판된 『항해와 여행의 새 일반 컬렉션(New general collection of voyages and travels…, 총 4권, 1745-1747)』과 이를 기초로 시작된 프랑스어판 시리즈 『여행의 일반 역사, 또는 해상 및 육로 여행에 대한 모든 기록의 새로운 컬렉션(Histoire générale des voyages, ou, Nouvelle collection de toutes les relations de voyages par mer et par terre…, 총 20권, 1-19권은 1746-1770년 출판, 20권의 출판 연도는 불분명)』을 번역해 편집한 것이다.

[33] 제정 러시아 시대의 길이 측정 단위로 2.1336미터에 해당.

를 내 안개 속이나 밤에 다가올 때 알 수 있으므로 예방 조치를 취해야 한다. 빙산은 파도가 칠 때, 특히 여울에 설 때와 방향을 바꾸면서 큰 소음과 함께 깨질 때 위험하기 때문이다. 스타무하(стамуха, 좌초된 큰 얼음덩이)들 또는 얼음벌판(빙원)은 얇은 얼음과 섞여 종종 몇 베르스타[34]까지 뻗어 있는데, 대량으로 떠다니고 쉽게 배를 뒤로 밀어낸다. 이것은 서로 부딪쳐 부서진 스타무하들로 이뤄진 것으로 떠다니는 얼음산과 구별해야 한다.[35]

로모노소프는 시베리아 바다의 움직임, 즉 해류의 방향에 대해 분석하면서 북극 너머에 큰 바다가 있고 이에 의해 북극해의 물이 극 주변의 일반법칙의 힘에 따라 동쪽에서 서쪽으로 흐른다고 추론한다(59-62절). 그는 다양한 자연적 특징들을 관찰하고 논거를 통해 북극해의 시베리아 해안과 반대쪽의 북아메리카 해안의 모양, 특성에 관한 상세한 가설을 세웠다. 그에게 궁극적으로 중요했던 문제는 북극해 항해를 위해 얼음이 없는 바다 공간을 증명하는 것이었다. 그 일환으로, 로모노소프는 노르웨이 북단의 곶(노르캅, North Cape)에서 가져온 해수를 실험해 그 물이 얼지 않고 혹한 180도(들릴 온도계에 의한 것으로 영하 20도에 해당)에서 작은 용기 내에 굳어지는 정도라는 것을 발견했다(71절). 물론 현대 과학의 수준에서는 바다의 실질적인 조건들을 고려하지 못한 그의 이론적 한계가 지적되기도 한다. 즉, 염분의 농도가 높은 물은 자라는 결정체로부터 소금이 생성되는 과정에서 담수화되고 주변의 물은 염도가 높아져 고염수가 되는데, 이 고염수가 다시 결정체를 자라게 하고 결정체를 통해 다시 염도가 낮아지기 때문에 얼음의 형성 과정은 지속된다는 점이 그러하다.[36]

---

34) 500싸젠, 1,066.8미터에 해당.
35) М. В. Ломоносов, "Краткое описание…," ПСС, Т. 6, 1952, pp. 463-465.
36) С.А. Огородов, Ф.А. Романенко, В.И. Соломатин, "М. В. Ломоносов и освоение

로모노소프는 77절부터 얼음을 움직이는 바람과 해류의 역할에 대해서 논하고 있다. 노바야제믈랴, 스피츠베르겐, 그린란드, 추콧카반도 등 극지 여러 곳의 얼음들이 바람과 해류에 의해 이동하는 상태를 예측하면서 그는 83절에서 다음과 같이 결론을 내린다. 첫째, 시베리아 해안에서 500-700베르스타 거리의 시베리아 대양은 선박의 항로를 방해하고 항해자들을 위험에 빠뜨리는 얼음들이 여름철에는 없다. 둘째, 가장 좋은 항로는 노바야제믈랴의 동북쪽 끝을 지나 추콧카곶으로 향하는 것으로, 처음에는 북동쪽으로 출발하고 그 다음에 지구상의 가장 큰 원의 호(弧)를 유지하면서 동쪽과 남동쪽으로 기울어지는 경로이다. 셋째, 북아메리카 해안에서 일정 정도 떨어진 곳에 있는 그린란드와 스피츠베르겐 사이의 항로는 보다 작은 얼음들이 다수여서 가능하다. 거리는 좀 더 멀지만, 만약 그곳의 바다가 극 주위를 순환하면서 추콧카곶으로 가는 길의 해류가 될 수 있다면 더 가능해 보인다. 마지막으로, 돌아오는 항로는 해수와 바람에 의하면 시베리아 해안에서 적절한 거리에 있는 노바야제믈랴 근처일 가능성이 큰데, 그 반대로 스피츠베르겐 너머와 극 너머에서는 추콧카곶으로, 더 나아가 인도와 아메리카로 항해하게 된다.[37] 여기서 로모노소프는 북극해 항로의 두 가지 고위도 경로인 북동항로와 북서항로의 가능성을 선보이고 있다.

"간략한 기술…"의 제4장은 시베리아 바다의 항해를 준비시키는 장으로, 로모노소프는 먼저 배, 사람, 비축품, 도구를 네 가지 주요 요소로 꼽는다. 배는 작고 가볍고 강하며 민첩해야 하고, 편리성을 위해 그리고 배의 속성들이 어느 정도 기술적으로 경험되어 있어 여름에 진가를 드러낼 수 있도록, 완전히 새로운 것은 아니어야 한다(84-85절)는 로모노소프의 말은 쇄빙선이 없던 시

Северного морского пути," *Вестн. Моск. Ун-та Сер. 5. География*, № 5, 2011, p. 14.
37) М. В. Ломоносов, op. cit., pp. 482-483.

대의 북극해 항해를 위한 최선이었을 것이다. 사람에 해당하는 원정대의 구성은 먼저, 북극해의 경험이 있는 숙련된 해군 장교의 지휘 아래 장교와 부사관, 항해사, 해군 사관후보생들이 있는데, 이들 중에 경위도의 천문 관찰이 가능한 2-3인이 포함된다. 이 선원들과 병사들 외에 주목할 구성원으로는 얼음 더미 위에서 바다표범을 잡는 약 10명의 포모르들(겨울오두막과 표류 경험으로 추위와 고난에 익숙한), 노바야제믈랴에서 겨울에 스키를 타고 북극곰을 잡는 사람들, 시베리아 북동 해안 토착민들의 언어, 특히 축치어를 아는 2-3인의 통역자들이다(88-89절). 특이한 점은 헤엄치지 못하는 맹금류를 데려가는 것인데 그들이 얼음이 근접한지를 보여줄 수 있기 때문이다. 또한 물고기와 짐승을 잡기 위한 그물, 낚싯대, 주낙, 창을 가져가야 하고, 괴혈병 치료 약품으로 소나무보드카, 솔방울, 전나무가지, 야생나무딸기와 기타 약국 의약품이 필요하다. 비축품은 최소 3년 치를 준비해야 하며 많을수록 좋다(91-92절).

도구와 관련해서는 경도와 위도를 알기 위한 천문 관측 도구, 천문 관측의 도움 없이 해상에서 경위도를 연구할 수 있는 도구, 미지의 바다를 항해할 때 활동에 필요한 기타 도구들이 언급된다(93절). 그밖에도 로모노소프는 첫 번째 경로로 노바야제믈랴 북동곶 근처 담수가 풍족한 곳에 북극해 항해자들의 안전과 피난을 위한 겨울오두막을 여러 채의 통나무집으로 지어 빵 굽는 화덕과 창문 바인딩, 덧창, 천장 덮개, 안뜰을 갖추고 판자로 덮어야 한다는 것, 음식과 기타 필요 물품들을 보관할 수 있는 헛간과 바냐(러시아식 사우나)를 지을 것을 조언하고 있다(99절).

5장에서 로모노소프는 항해를 위한 위원회 구성을 제안하고, 길을 발견하는 방법, 주의 사항, 부가적 이익, 격려와 사람들의 복종 유지에 관한 지침을 상세히 제시하는데, 마지막 사항의 경우 원정대 참가자들에 대한 다양한 보상 언급이 인상적이다(101-114절). 또한, 캄차카 외에 오호츠크만의 동쪽 해안을 따라 새로운 정착지를 찾아내어 사람들을 보내자는 구절이 주목을 끈다. 환경 여건상 생산적으로 보이는 지역에 인구를 조성하고 우다강 하구에 도시를 건설하기 위해 훌륭한 특권과 자유를 약속하면 많은 사냥꾼들 그리고 특히 상인들이 이웃과 함께 그곳으로 갈 것이며, "프랑스의 예를 따라, 러시아에서 헛되이 비틀거리거나 범죄로 추방되어야 하는 남녀의 사람들을 매년 그곳으로 보내"면 "새로운 장소와 환경이 그들의 습속을 바꾸고 빵의 필요성이 나무랄 데 없는 노동으로 그것을 구하게끔 그들을 가르칠 것"이고 시베리아 주민 대다수가 그런 예라는 게(117절) 로모노소프의 생각이다.[38]

"간략한 기술…"에 덧붙여진 "추가. 시베리아 대양을 따라 동쪽으로 가는 북부 항해에 대하여"는 1764년 3월에 쓰인 것으로, 로모노소프는 "그루만트[스피츠베르겐/스발바르의 포모르식 명칭]와 노바야제믈랴의 산업가들로부터 온 새로운 소식에 따르면, 동쪽으로 가는 북부 항로의 탐색은 노바야제믈랴보다 서부 그루만트 해안에서 시작하는 게 더 편하"고 자신의 이론상 "시베리아 해안 반대편의 북아메리카 북부 해안이 시베리아 해안보다 항해에 더 편리하다"[39]는 주장을 펴면서 그 이유들을 설명하고 있다. 그는 이 항로에 따라 상세한 계획을 세우고 준비를 위해 스피츠베르겐의 클로크바이만(灣)에 겨울오두막과 상점을 짓는 등 구체적인 지시 사항을 썼다.

1764년 4월 초 시베리아 총독 치체린은 상인회사가 알류샨 열도의 섬인 어널래스카와 움나크를 찾았다는 보고서를 페테르부르크로 보내는데, 이때 1759년 이 섬들을 발견한 포노마레프와 글로토프의 보고서 사본과 섬들의 지도를 첨부했고 상사원인 상인 스니기레프와 부레닌을 함께 보냈다. "간략한

---

38) op. cit., pp. 483-495(직접 인용 부분 pp. 494-495).
39) М. В. Ломоносов, "Прибавление. О северном мореплавании на Восток по Сибирскому океану," *ПСС*, Т. 6, 1952, p. 501.

기술…"의 두 번째 부록인 "아메리카 섬들의 산업가들이 보내온 새로운 소식과 상사원인 토볼스크의 상인 일리야 스니기레프와 볼로그다의 상인 이반 부레닌의 요청에 따라 작성된 두 번째 추가"는 이런 배경 속에서 1764년 4월 24일자로 작성됐다. 이와 함께 로모노소프는 새로이 발견된 섬들이 포함된 더 상세한 지도를 새로 그렸지만, 이 지도는 살아남지 못했다.[40]

IV. 로모노소프 프로젝트의 실행, 경과 및 의의

1763년 9월 20일 "간략한 기술…"이 완성된 후 11월 17일 러시아 제국 해군 및 해군성의 위원회가 공식적으로 조직되었다. "간략한 기술…"을 헌정받은 어린 황태자이자 당시 해군성 총장이었던 파벨 페트로비치는 이 위원회에 편지를 보내 로모노소프가 참석한 가운데 그가 제안한 탐사의 조직 가능성에 대해 논의하도록 지시했고, 해군성의 주요 성원인 체르니셰프의 지지를 받아 12월 22일 로모노소프의 프로젝트가 위원회에 제출되었다. 1764년 3월 5일 로모노소프의 입회하에 위원회는 스피츠베르겐과 노바야제믈랴에 드나든 포모르 네 명을 불러 정보를 얻었고, 이와 관련해 작성된 첫 번째 "추가"에서 로모노소프는 자신이 "간략한 기술…" 83절에서 제안한 북극해의 두 항로 중 스피츠베르겐을 통해 가는 쪽, 즉 북서항로가 유리하다는 판단을 내리게 된다. 1764년 5월 14일 예카테리나 2세는 해군성에 비밀 명령을 내려 첫 번째 "추가"에서 제시된 북서항로를 따라 캄차카로 가는 원정대를 조직하게 했다. 즉, 아르한겔스크-스피츠

---

40) М. В. Ломоносов, *ПСС*, Т. 6, 1952, pp. 617-618("Прибавление второе, сочиненное по новым известиям…"에 대한 편집자 주석).

베르겐-그린란드-북아메리카 북서곶-움나크-캄차카로 이어지는 경로이다. 같은 날 동시에 해군성은, 역시 로모노소프가 "추가"에서 쓴 조언에 따라, 이 원정을 외국인들에게 감추기 위해 스피츠베르겐에서의 예전 고래 어업의 재개에 관한 명령을 내리고 여기에 20,000루블을 할당했다. 6월 25일에는 해군 대령 치차고프가 탐험대장으로 임명됐다. 비밀 유지를 위해 고래 어업으로 위장했지만, 프랑스 외무부는 상트페테르부르크에서 1764년 9월 4일자로 보내온 보고를 통해 이미 로모노소프 프로젝트에 관한 상세한 정보를 입수한 상태였다.[41]

1764년 6월-1765년 3월 사이 로모노소프는 앞서 언급된 "…해군 지휘관들을 위한 본보기 지침"을 작성해 매우 세밀한 지시와 설명을 하고 있다. 예를 들어, "육지의 근접성을 인지하기 위해 (…) 헤엄칠 수 없는 큰까마귀들이나 다른 새들을 해안에서 눈에 띄는 거리에 놓아둘 것", "해수의 상이한 염도가 증가하면 해안과 얼음이 먼 것을 나타내고 감소하면 가깝다는 걸 뜻한다", "지구가 극을 향해 오른쪽으로 회전하는 곳에서는 (…) 북아메리카의 산등성이가 극에 가깝게 뻗어 있고 위험한 얼음이 나타나는 것을 알았을 때 북위 85도

---

[41] Ibid., p. 503(본문), p. 606, 615-618(편집자 주석). 공공연한 비밀이었던 로모노소프의 북극 프로젝트에 관한 관심은 1765년 북아메리카 로드아일랜드의 장관이던 에즈라 스타일스(E. Stiles)와 벤자민 프랭클린(B. Franklin) 사이의 서신왕래에서도 드러난다. 스타일즈는 당시 런던에 체류 중이던 프랭클린을 통해 러시아의 기상 조건에 대한 정보를 요청하는 서신을 로모노소프에게 보내려 했는데, 이와 더불어 자신이 런던의 신문을 통해 알게 된 로모노소프의 북극해 항로 탐험 계획에 대해서도 묻고 있다. 편지의 중개자 역할에 동의한 프랭클린은 원정대의 항해(1차)가 실패했음을 보고하면서 로모노소프의 죽음을 모른 채 "로모노소프가 그 문제를 바로잡을 것"이라고 확언한다. Steven A. Usitalo, *The Invention of Mikhail Lomonosov: A Russian National Myth* (Boston, MA: Academic Studies Press, 2013), p. 124. 프랭클린은 또한 스타일즈에게 북극해의 기온 체제에 대해 로모노소프와 가장 잘 소통하는 방법을 조언하기도 했다. Vladimir Shiltsev, "Mikhail Lomonosov and the dawn of Russian science," *Physics Today*, 65(2), 2012, p. 43.

를 넘어 감행하지 않는다", "반대로, 해안이 극에서 멀어지면서 왼쪽으로 돌기 시작하면 (…) 가능한 계산에 따라 배핀해를 통과하기 전에는, 정오까지 북위 78도보다 멀리, 즉 극점에서 12도보다 많이 감행하지 않는다", 또한 해상 기록과 더불어, "1) 기상 도구에 따른 공기 상태, 2) 달과 태양이 어두워지는 시간, 3) 바다의 깊이와 해류, 4) 나침반의 편각과 복각, (…), 7) 어떤 새, 짐승, 물고기, 조가비들이 어디에 표시되는지를 적고, 수집할 수 있는 것을 오는 길에 방해되지 않으면 가져올 것, (…), 무엇보다도 주민이 있는 곳과 그들의 외모, 풍습, 행동, 복장, 주거 및 음식을 기술할 것" 등이다.[42]

원정대의 항해사, 부항해사, 견습생들이 천문관측법을 배우기 위해 과학아카데미에서 특별 교육을 받는 것을 비롯해, 원정대의 모든 이론적, 실질적 준비 과정을 이끌었던 로모노소프는 안타깝게도 탐험 시작 한 달여 전에 사망하게 된다. 이보다 앞서, 1764년 7월 보조파견대의 배들이 아르한겔스크를 떠나 8월 초 스피츠베르겐에 도착해 클로크바이만에 5채의 통나무집, 목욕탕 및 헛간으로 구성된 겨울오두막을 지었다. 원정대의 총대장인 치차고프와 다른 두 배를 지휘할 장교 파노프(Н. Д. Панов), 바바예프(В. Я. Бабаев)는 출발 전에 미리 진급하는 특전을 받았다. 이들의 이름을 따라 명명된 세 척의 배가 해군, 포모르, 산업가 등 총 178명을 싣고 마침내 1765년 5월 9일 북극 항해를 시작했다. 이 1차 항해에서 원정대는 북위 80°26'에 도달했지만 얼음에 막혀 8월 20일 아르한겔스크로 돌아왔다. 해군성은 치차고프의 행동에 몹시 실망해 다시 출항할 것을 명령했다. 1766년 5월 19일-9월 10일 사이의 2차 항해에서 원정대는 북위 80°30'까지 갔지만 다시 얼음을 만나 귀환하게 된다.

---

42) М. В. Ломоносов, "Примерная инструкция морским командующим офицерам, отправляющимся к поисканию пути на Восток северным Сибирским океаном," *ПСС*, Т. 6, 1952, p. 524, pp. 527-528, p. 534.

세밀한 준비과정에 비해 허무하게 끝난 탐험이었지만, 당시의 지식과 기술의 한계 속에서 로모노소프의 도전은 큰 의의를 띤 것이었다. 군사학자들은 치차고프의 두 번의 탐험이 해양의 관점에서 볼 때 나무랄 데 없었고 이는 로모노소프의 지시와 활동 덕분이었다고 평가한다. 현대의 쇄빙선으로도 건너기 어려운 북극해에 나선 세 척의 범선이 얼음들 사이에서 그리고 폭풍우와 안개 속에서도 항상 함께 유지될 수 있었기 때문이다. 지리학자들 역시, 비록 로모노소프의 이론적 한계—시베리아의 큰 강들 하구에서만 극지의 얼음이 형성되어 바람과 해류에 의해 바다로 이동된다거나 극 너머에 큰 바다가 있다고 추론한—와 그가 북극해 얼음의 양을 크게 줄여 잘못 계산했다는 것을 인정하지만, 그럼에도 불구하고 북극해 항로에 대한 고찰과 이론적 일반화를 최초로 해냈으며 그의 프로젝트가 실제의 탐사로 구현됐다는 점에서 커다란 과학적, 실천적 의의가 있음을 강조한다.[43]

실제로, 로모노소프가 얼음의 이동 및 해류에 미치는 바람의 역할을 설명하고 바다가 얼지 않은 곳의 얼음이 동에서 서로 표류한다고 예측한 것은 1893-1896년 난센의 프람호 표류를 통해 그 타당성이 입증됐다. 가장 극지인 부분이 많은 섬들로 채워져 있고, 그 너머에 북아메리카 북부 해안이 있는 군도가 그곳을 차지할 가능성이 매우 높다("간략한 기술…" 63절)는 예상도 옳았음이 1873년 제믈랴프란차이오시파 제도의 발견에 의해 증명되었다. 로모노소프는 노바야제믈랴 근처의 얼음을 분석하면서 그 북동쪽에 있는 세베르나야제믈랴의 존재(1913년 발견)를 예견했고, 이 둘 사이에 놓인 비제섬과 우샤코프섬이 1930년과 1935년에 각각 발견됐을 때 그 위치는 로모노소프가 계산한

---

43) Б. М. Амусин, И. Н. Кинякин, op. cit., p. 107; С.А. Огородов, Ф.А. Романенко, В.И. Соломатин, op. cit., p. 14.

거리와 같았다. 1948년에 발견돼 로모노소프의 이름이 붙여진 해령의 위치는 로모노소프가 지시한 곳의 근처였다. 비록 북극의 '열린 바다'는 없다는 것이 후대에 밝혀졌지만, 북극해에 관한 그의 아이디어들은 19세기 말까지 많은 지리학자들과 탐험가들에게 영향을 미쳤고 그의 여러 과학적 가설들은 20세기에 와서야 확인되기도 했다.[44]

마지막으로, 치차고프 원정대와 함께 준비되었던 크레니친(П. К. Креницын)과 레바쇼프(М. Д. Левашов)의 원정대(1764-1771)도 주목할 필요가 있다. 이 원정대는 베링-치리코프를 이어 알류샨 열도 및 북아메리카 북서 해안의 조사를 계속해야 한다는 로모노소프의 주장에 따라 조직됐는데, 이들과 치차고프 원정대가 태평양에서 만날 가능성에 대비해 서로를 식별하기 위한 신호가 준비되기도 했다. 로모노소프 북극해 프로젝트의 일부로 볼 수 있는 이 원정대는 1765년 10월 유로로 오호츠크에 도착해 1766년 10월 10일 항해를 시작했다. 크레니친은 1770년 캄차카강에서 익사했고 레바쇼프는 1771년 페테르부르크로 귀환했는데, 이들이 제작한 지도와 알류샨 열도의 자연, 주민에 대한 기록은 귀한 자료로 남아 있다.

V. 결론

미하일 로모노소프는 북극해 지역 포모르 출신으로서의 경험과 과학자로서의 연구를 종합해 러시아 최초의 고위도 탐험을 설계하고 조직했다. 그는 북

---

44) Б. М. Амусин, И. Н. Кинякин, ibid., pp. 105-106; С.А. Огородов, Ф.А. Романенко, В.И. Соломатин, ibid., p. 16; В. В. Фомин, op. cit., p. 100.

극해 항로 개발의 필요성을 인식하고 이를 위한 과학적 연구들을 수행했으며 원정대를 교육하고 준비시켰다. 북극해 항로 개척에 대한 그의 열망은 그가 쓴 송시들에서 '러시아의 콜럼버스'라는 표현으로 압축되어 드러난다. 그는 북극해의 얼음 사이를 뚫고 동시베리아와 북아메리카로 뻗어나가는 항로가 러시아에 큰 번영과 국력을 가져다 줄 것이라 확신했다. 당시 러시아는 표트르 1세가 해군을 창설하고 1724년 상트페테르부르크 과학아카데미를 설립한 이래 과학의 발전과 세력의 확장을 꾀하던 상태였다. 유럽 열강과의 경쟁 속에 놓인 18세기 러시아에서 로모노소프의 북극해 항로 프로젝트는 중요한 의미를 띠고 있었고, 베링-치리코프 탐험대에 이어 국가적 차원에서 추진되었다.

'과학적 항해'의 기틀을 마련한 로모노소프의 이론적 성과는 다양하다. 그는 북극광 현상의 원인을 규명하고 극지 해안의 기상 체제를 처음으로 분석했다. 무엇보다도, 성공적인 항해를 위해 필수적이었던 북극해 얼음에 대한 연구는 매우 중요한 가치를 지닌다. 로모노소프는 세계 과학사에서 최초로 북극해 얼음의 종류를 분류하고 각각의 특성을 기술했으며 빙산의 기원을 밝혔다. 또한, 얼음의 이동과 해류, 바람의 관계를 분석하고 해수 순환의 원리와 기후에 미치는 영향을 설명하는 등, 북극의 해상 환경에 대한 연구를 발전시켰다. 그는 천문 관측을 통해 보다 정확한 해로를 찾는 방법을 알아냈고 이를 위한 여러 도구들을 고안했을 뿐만 아니라 지도 제작에도 힘을 기울였다.

로모노소프의 북극해 프로젝트를 위한 이론들에는 물리학, 천문학, 수학, 수로학 등 다양한 분야가 망라되어 있으며, 그 총화로 볼 수 있는 "북부 바다에서의 다양한 항해에 대한 간략한 기술과 시베리아 대양을 통해 동인도로 가는 가능한 항로의 입증"은 방대한 과학 이론을 담고 있어 그 자체로 독립적인 연구 대상이 될 만하다. 이 저술이 러시아 황실에 제출되면서 북극해 항로에 대한 실질적인 탐험 준비가 시작되었다. 이후 그가 원정대의 교육을 위해 작성한 "북부 시베리아 대양을 통해 동쪽으로 가는 길을 찾으러 떠나는 해군 지휘관들을 위한 본보기 지침"에는 항법과 관련된 지시 사항부터 북극의 자연을 연구하기 위한 세부 사항에 이르기까지 광범위하고 구체적인 내용이 선구적으로 제시되어 있다.

로모노소프의 이론과 지침을 실행에 옮긴 치차고프 원정대의 두 차례에 걸친 항해는 이 걸출한 과학자의 계산과는 다르게 나타난 북극해의 얼음에 막혀 계획대로 완수되지 못했다. 그러나 이것은 과학 이론을 토대로 한 최초의 항해였다는 점에서 그 의의가 크다. 로모노소프는 북극해의 기후와 해양학 연구를 통해 북극의 자연 환경을 밝히는 데 기여했고 북극해 항로 개척을 위한 과학적 자양분을 제공했다. 비록 그의 연구도 어느 연구들처럼 이론적 한계를 안고 있기는 했으나 후대의 연구자들과 탐험가들에게 많은 영향을 끼쳤고, 그의 이론들 중 적지 않은 부분이 거의 2세기 후에서야 타당하다고 입증되었다.

역사에서 가정은 무용한 것이지만, 로모노소프가 원정대의 출발 약 한 달 전에 사망하지 않았더라면 원정대가 얼음에 막혀 돌아왔을 때 자신의 이론을 재검토하고 수정해 북극해 항로 연구의 발전을 가속화했을 것이다. 현대의 쇄빙선으로도 여전히 직면하는 북극해 탐사의 난제들과 경제적 이해관계로 인한 국제 분쟁, 북극의 토착민 공동체와 환경 보호를 위한 세계의 공동 협력이 논의되는 현 상황에서, 러시아가 특히 2000년대 이후에 들어와 로모노소프의 북극해 항로 연구를 주목하는 이유들 중에는 그가 이룩한 이론적 성과를 강조함으로써 과학사적 우위를 선점하려는 목적도 있을 것이다. 그럼에도 불구하고, 로모노소프의 북극 연구가 세계에 잘 알려져 있지 않은 것이 사실이며 이는 안타까운 일이다. 북극 지역과 북극해 항로를 둘러싼 과학 역사의 출발점에 로모노소프의 공헌이 있었음을 본 논문이 조명한 까닭이기도 하다.

〈참고문헌〉

〈1차 자료〉

Ломоносов М. В. *Полное собрание сочинений* [в 11т.]. [Глав. ред.: С. И. Вавилов, Т. П. Кравец; Редкол.: В. В. Виноградов и др.], М.; Л.: изд-во Акад. наук СССР, 1950-1983. (출처: 기초전자도서관(ФЭБ) 내 전자학술출판물(ЭНИ) "Ломоносов")

전집(*ПСС*)으로부터 인용된 저술:

"Изъяснения, надлежащие к слову о электрических воздушных явлениях." *ПСС*, Т. 3, 1952, pp. 101-133.

"Рассуждение о происхождении ледяных гор в северных морях"(Перевод И. В. Эйхвальда). *ПСС*, Т. 3, 1952, pp. 454-459.

"Испытание причины северного сияния и других подобных явлений." *ПСС*, Т. 3, 1952, pp. 481-486.

"Рассуждение о большей точности морского пути." *ПСС*, Т. 4, 1955, pp. 123-186.

"О слоях земных"("Первые основания металлургии или рудных дел. Прибавление второе"), *ПСС*, Т. 5, 1954, pp. 530-631.

"Замечания на первый том ≪Истории Российской империи при Петре Великом≫ Вольтера." *ПСС*, Т. 6, 1952, pp. 359-364.

"Краткое описание разных путешествий по северным морям и показание возможного проходу Сибирским океаном в Восточную Индию." *ПСС*, Т. 6, 1952, pp. 417-498.

"Прибавление. О северном мореплавании на восток по Сибирскому океану." *ПСС*, Т. 6, 1952, pp. 499-506.

"Прибавление второе, сочиненное по новым известиям промышленников из островов американских и по выспросу компанейщиков, тобольского купца Ильи Снигирева и вологодского купца Ивана Буренина." *ПСС*, Т. 6, 1952, pp. 507-514.

"Примерная инструкция морским командующим офицерам, отправляющимся к поисканию пути на восток Северным Сибирским океаном." *ПСС*, Т. 6, 1952, pp. 519-535.

"Вечернее размышление о Божием величестве при случае великого северного сияния." *ПСС*, Т. 8, 1959, pp. 120-123.

"Ода на день восшествия на Всероссийский престол Ея Величества Государыни Императрицы Елисаветы Петровны 1747 года." *ПСС*, Т. 8, 1959, pp. 196-207.

"Ода на торжественный день восшествия на Всероссийский престол Ея Величества Великия Государыни Императрицы Елисаветы Петровны Ноября 25 дня 1752 года." *ПСС*, Т. 8, 1959, pp. 498-506.

"Слово Похвальное блаженныя памяти Государю Императору Петру Великому, говоренное Апреля 26 дня 1755 года." *ПСС*, Т. 8, 1959, pp. 584-612.

"Петр Великий, героическая поэма." *ПСС*, Т. 8, 1959, pp. 696-734.

"1763 октября 16. Справка о работах студента-геодезиста И. Аврамова." *ПСС*, Т. 9, 1955, p. 301.

"1756 октября 28 - ноября. Репорт президенту АН с отчетом о работах за 1751-1756 гг." *ПСС*, Т. 10, 1957, pp. 388-393.

그 외, 해당 저술에 대한 편집자 주석들.

〈2차 자료〉

김정훈 · 한종만. "북극권 진출을 위한 해양공간 인문지리: 동해-오호츠크 해-베링 해." 『한국 시베리아연구』, 배재대학교 한국-시베리아센터, 제23권 2호, 2019, pp. 63-94.

라미경. "기후변화 거버넌스와 북극권의 국제협력." 『한국 시베리아연구』, 배재대학교 한국-시베리아센터, 제24권 1호, 2020, pp. 35-64.

예병환 · 배규성. "러시아의 북극전략: 북극항로와 시베리아 거점항만 개발을 중심으로." 『한국 시베리아연구』, 배재대학교 한국-시베리아센터, 제20권 1호, 2016, pp. 103-143.

Chabin, Marie-Anne. "L'astronome français Joseph-Nicolas Delisle à la cour de Russie dans la première moitié du XVIIIe siècle." *L'influence française en Russie au XVIIIe siècle*, dirigé par Jean-Pierre Poussou, Anne Mézin, et Yves Perret-Gentil, Paris: Institut d'Études Slaves, Presses de l'Université de Paris-Sorbonne, 2004, pp. 503-519.

_____. *Les Français et la Russie dans la première moitié du XVIIIe siècle. La famille Delisle et les milieux savants*, Thèse de l'École nationale des chartes, 1983 [édition 2013, 온라인버전]

Shiltsev, Vladimir. "Mikhail Lomonosov and the dawn of Russian science." *Physics Today*, 65(2), 2012, pp. 40-46.

Usitalo Steven A. *The Invention of Mikhail Lomonosov: A Russian National Myth*, Boston, MA: Academic Studies Press, 2013.

Амусин Б. М., Кинякин И. Н. "Михаил Васильевич Ломоносов и научные исследования военными моряками Арктики и северной части Дальнего Востока." *Арктика: экология и экономика*, № 1(5), 2012, pp. 104-109.

Копанева, Н. П. "Михаил Васильевич Ломоносов: ≪Северный океан есть пространное поле, где... усугубиться может российская слава≫." *Наука из первых рук*, № 6(42), Декабрь 2011, pp. 88-105.

Низовцев, В. А., Постников, А. В., Снытко, В. А., Фролова, Н. Л., Чеснов, В. М., Широков, Р. С., Широкова, В. А. *Исторические водные пути Севера России (XVII-XX вв.) и их роль в изменении экологической обстановки. Экспедиционные исследования: состояние, итоги, перспективы*, М.: Парадиз, 2009.

Огородов С. А., Романенко Ф. А., Соломатин В. И. "М. В. Ломоносов и освоение Северного морского пути." *Вестн. Моск. Ун-та Сер. 5. География*, № 5, 2011, pp. 11-17.

Фомин В. В. "Разработка Северного морского пути в трудах М. В. Ломоносова." *Арктика: экология и экономика*, № 4(4), 2011, pp. 92-101.

Ширина, Д. А. "Начало научного исследования Арктики в трудах М. В. Ломоносова." *Гуманитарные науки в Сибири*, № 1, 2012, pp. 7-11.

러시아 언론의 '북극'에 관한 보도내용 및 성향 분석 : '타스 통신사'의 뉴스 기사 텍스트를 중심으로

계용택*

Ⅰ. 들어가는 말

최근 기후변화로 북극 지역의 자원개발과 북극항로 상용화 가능성이 커지면서 이 지역의 잠재력에 국제사회의 이목이 집중 되고 있다. 영토의 북부지역 대부분이 북극권에 속하는 러시아는 비록 1990년대에는 경제위기로 큰 관심을 기울이지 못했으나, 2000년대 급속한 경제성장에 힘입어 북극개발에 다시 눈을 돌리게 되었다. 러시아 정부의 북극에 대한 관심이 정책적인 기반을 갖추게 된 것은 2008년 9월 메드베데프 대통령이 승인한 「러시아 연방 북극정책 원칙 2020」계획이 마련되면서다. 2013년 2월에는 다시 푸틴 대통령이 「러시아 연방 북극권 개발 전략」을 공포하여 「북극 정책 2020」을 기반으로 한 분야별 실천 과제 등을 구체적으로 제시함으로써, 러시아 정부의 북극 정책 추진 체계는 완성되게 된다.

「러시아 연방 북극정책 원칙 2020」은 분야별 목표와 전략적 우선 과제를 포함하고 있는데, 우선 5대 분야별 정책 목표로는 1) 사회 · 경제적 개발 분야 -

---

※ 이 글은 『한국 시베리아연구』 24권 4호에 게재된 것임
  이 논문은 2019년 대한민국 교육부와 한국연구재단의 지원을 받아 수행된 연구임
  (NRF-2019S1A5C2A01081461)
* 러시아리서치 센터 대표

에너지, 수산자원 등 천연자원의 수요를 충족할 수 있는 자원 기지의 확충 2) 군사 안보 분야 - 군사 시설 유지 등 원활한 군사 작전 여건 제공 3) 환경 분야 - 점증하는 경제활동과 기후변화에 대응하여 북극 환경 보호 4) 정보통신 분야 - 북극에서의 통합정보 공간 구축 5) 과학 기술 분야 - 북극에서의 군사 안보, 인간의 정주 또는 경제 활동에 필요한 과학적 연구의 보장 6) 국제협력 분야 - 북극권 국가들과의 호혜적 협력 활동 등을 설정하고 있다.

러시아 정부의 2020년까지 북극지역 개발전략은 총 2단계로 나누어서 1단계(~2015년까지)에는 법적·정치적·경제적 차원에서 종합적인 북극 지역 개발을 통한 국가안보 강화 조치를 마련한다. 2단계(~2020년까지)에서는 북극항로 개방 및 구축 완료, 북극해 대륙붕 경계의 인접 국가들로부터 법적·국제적 보장, 북극지역 연안 환경·생태계 보호, 북극 지역 내 사고 예방 시스템 마련, 환경오염 모니터링 시스템 구축 등을 목표로 한다[1].

러시아 정부 입장에서 북극에 대한 정책이 실질적인 성과를 달성하기 위해서는 자국민에 대한 정책 이해와 협조 획득이 매우 중요하다. 이를 위해 국영 통신사를 통해 러시아 정부가 원하는 북극 정책에 대한 좋은 이미지를 국민에게 심어주는 것이 필요하다. 이러한 러시아 정부의 북극에 대한 정책 및 실행 의지가 반영된 국영 통신사의 보도 내용을 고찰함으로써 러시아의 북극 정책의 내용 및 실행 과정, 보도 경향을 파악하고자 한다.

뉴스는 정치-사회적 이슈를 반영하는 중요한 채널이다. 뉴스 기사 텍스트를 분석하는 것은 정치-사회적 이슈를 이해하는 데 많은 도움이 된다. 본 글에서는 방대한 분량의 '타스 통신사' 뉴스 텍스트로부터 데이터를 추출하여 주요 사건을 감지하고, 사건들 상호 간의 관련성을 판단하여 사건 네트워크를 구축

---

1) 에너지경제연구원, 『세계 에너지시장 인사이트』, 제16-7호, 2016. 2. 26. p. 17.

함으로써 요약된 사건정보를 제공하는 기법을 사용한다. 또한 텍스트 분석기법과 연관분석 기법을 활용해 비정형 뉴스 텍스트를 정형화하여 정치-사회적 이슈를 시스템적으로 분석하고자 한다.

Ⅱ. 선행연구 분석

국내에서 '뉴스 분석 빅데이터'를 분석 방법으로 사용한 다양한 주제의 논문들이 발표되고 있다. 대표적인 사례 논문들에는 "뉴스 기사의 빅데이터 분석 방법으로서 뉴스정보원 연결망 분석"[2], "장기 시계열 내용 분석을 위한 뉴스 빅데이터 분석의 활용 가능성: 100만 건 기사의 정보원과 주제로 본 신문 26년"[3], "뉴스 빅데이터를 활용한 평생교육 토픽 분석"[4], "서울의 다문화 공간 연구: 뉴스 빅데이터 분석 시스템 '빅카인즈'를 이용한 국내 언론의 외국인 마을 보도 (1990~2016) 분석"[5], "빅데이터 분석 기법을 활용한 2015 개정 교육과정 정책에 대한 언론보도 분석"[6], "도서관에 대한 언론 보도 경향: 1990~2018 뉴

---

2) 박대민, "뉴스 기사의 빅데이터 분석 방법으로서 뉴스정보원 연결망 분석", 『한국언론학보』, 제57권 6호.(서울: 한국언론학회, 2013), pp. 234-262.
3) 박대민, "장기 시계열 내용 분석을 위한 뉴스 빅데이터 분석의 활용 가능성-100만 건 기사의 정보원과 주제로 본 신문 26년", 『한국언론학보』, 제60권 5호.(서울: 한국언론학회, 2016), pp. 353-407.
4) 김태종 · 박상옥, "뉴스 빅데이터를 활용한 평생교육 토픽 분석", 『평생교육학연구』, 제25권 3호.(서울: 한국평생교육학회, 2019), pp. 29-63.
5) 이은별 · 전진오 · 백지선, "서울의 다문화 공간 연구: 뉴스 빅데이터 분석 시스템 '빅카인즈'를 이용한 국내 언론의 외국인 마을 보도 (1990~2016) 분석", 『미디어 경제와 문화』, 제 15권 2호.(서울: SBS 미디어 경제와 문화, 2017), pp. 7-43.
6) 유예림, "빅데이터 분석 기법을 활용한 2015 개정 교육과정 정책에 대한 언론보도 분석", 2017, 서울대학교 대학원 박사학위논문.

스 빅데이터 분석"[7], "한국 사행산업 관련 뉴스의 빅데이터 분석을 통한 인식 연구"[8]등 많은 논문들이 있다.

국내 뉴스 데이터를 바탕으로 '빅데이터' 분석 방법이 가능한 이유는 한국언론재단이 제공하는 국내뉴스 데이터 분석 시스템인 '빅카인즈'가 있기 때문이다. '빅카인즈'는 전국 언론 뉴스 데이터베이스로, 자체적으로 데이터 가공을 하여 연구자로 하여금 검색 및 분류, 데이터 시각화 등이 손쉽게 작성될 수 있도록 구성되어 있다.

그러나 외국 뉴스 기사에 대한 '빅데이터 분석 방법'을 사용한 국내 학자들의 논문은 적은 편이다.

특히 러시아 뉴스 분석 논문은 매우 적은 편이다. 국내에서 러시아 뉴스를 분석한 논문에는 "러시아 신문에 보도된 한반도 뉴스 특성에 대한 연구-2002~2010년의 이즈베스티야에 보도된 한반도 관련 기사 내용분석"[9], "R 텍스트 마이닝을 활용한 러시아 진보계열 미디어의 '크림반도 합병' 관련 기사 분석-RadioFreeEurope/RadioLiberty', 'Новая газета'의 2014 · 2015년, 2019년 기사 비교를 중심으로"[10], "북극에 관한 러시아 언론분석 및 한국의 대응전략"[11]

---

7) 한승희, "도서관에 대한 언론 보도 경향: 1990~ 2018 뉴스 빅데이터 분석", 『정보관리학회지』, 제 36권 3호(서울: 한국정보관리학회, 2019), pp. 7-36.
8) 문혜정·김성경, "한국 사행산업 관련 뉴스의 빅데이터 분석을 통한 인식 연구", 『방송공학회논문지』, 제 22권 4호(서울: 방송공학회, 2017), pp. 438-447.
9) RADJABOVA, DILOROM, "러시아 신문에 보도된 한반도 뉴스 특성에 대한 연구-2002~2010년의 이즈베스티야에 보도된 한반도 관련 기사 내용분석", 2011, 이화여자대학교 대학원, 2010, 석사학위 논문.
10) 박진택, "R 텍스트 마이닝을 활용한 러시아 진보계열 미디어의 '크림반도 합병' 관련 기사 분석-RadioFreeEurope/RadioLiberty', 'Новая газета'의 2014 · 2015년, 2019년 기사 비교를 중심으로", 2019, 서울대학교 유럽지역학 연계전공 우수논문.
11) 계용택, "북극에 관한 러시아 언론분석 및 한국의 대응전략", 『한국 시베리아연구』, 제 19권 2호(대전: 배재대학교 한국-시베리아센터, 2015), pp. 35-72.

등이 있다.

"러시아 신문에 보도된 한반도 뉴스 특성에 대한 연구"는 다량의 러시아 이즈베스티야 신문 노문 뉴스 기사를 분석한 석사논문으로 저자는 국내 학자가 아닌 외국인인 경우이다.

"R 텍스트 마이닝을 활용한 러시아 진보계열 미디어"는 빅테이터 분석 방법을 사용하였으나 분석 데이터로 사용된 기사 건수가 적고 러시아어가 아닌 영문 텍스트를 사용한 것이 한계점이다.

"북극에 관한 러시아 언론분석 및 한국의 대응전략"은 다수의 러시아 미디어 매체에서 발행된 다량의 노문 뉴스 기사를 '빅데이터 분석 방법'을 사용한 연구이지만 연어 분석(바이그램, 트라이그램) 및 단어 상관관계 분석 등에서 부족한 점이 있다. 그러므로 지금까지 러시아어 뉴스를 기반으로 하여 '빅테이터 분석 방법'을 충분히 활용한 연구논문은 나오지 않은 상태다.

Ⅲ. 자료수집

본 연구는 2018년 10월부터 2020년 10월까지 2년간의 '타스 통신사'의 뉴스 기사 텍스트 가운데 'арктика(북극)'으로 검색된 뉴스를 분석의 대상으로 삼았다. 논문의 분석에 사용된 전체 기사는 4,435건이며 약 101,600개의 문장과 약 41,000(중복 미포함)개의 단어로 구성되어 있다.

분석대상의 뉴스 발행기관인 러시아 통신사 타스(Информационное агентство России "ТАСС")는 러시아의 국영 통신사이다. 전신은 소련의 국영 통신사인 타스(Телеграфное Агентство Советского Союза)이며 본사는 모스크바에 있다.

1992년 이타르타스(ИТАР-ТАСС, Информационное Телеграфное Агенство России)라는 이름으로 설립했다. 러시아 대통령에 의해서 타스의 권리를 계승한 기관이다. 약칭인 "이타르타스"는 정식 명칭 단어의 머리 글자를 취한 것에 전신의 약칭을 늘어놓은 것이었다. 2014년 9월 사명을 이타르타스에서 원래 사명이었던 타스로 개칭했다. '타스 통신사'가 국영이므로 뉴스의 성격은 러시아 정부의 정책과 사회 공공성을 잘 반영한다고 볼 수 있다.

Ⅳ. 연구방법

본 연구는 뉴스기사 내용 분석을 위하여 동시 출현 단어 빈도수 분석 기법을 이용하여 키워드의 네트워크 구조와 바이그램으로 내용을 가시화하고, 이를 바탕으로 뉴스 내용에 대한 상세한 텍스트 분석을 실시하였다. 이러한 방법을 통하여 뉴스 기사 텍스트 전체의 내용과 구조를 파악할 것이다. 본 연구에서 수행한 주요 연구 절차와 핵심 연구내용 및 연구방법론을 개략적으로 설명하면 다음과 같다.

사용된 주된 컴퓨터 프로그램으로는 R(Rstudio), 파이썬(Python), MS Window Server 및 MS SQL Server등이 있으며 스크립트 코딩에는 Visual Studio를, 작업환경으로 웹 브라우저에서 파이썬 코드를 작성하고 실행까지 해볼 수 있는 아나콘다 주피터 노트북(Anaconda Jupyter Notebook)을 사용하였다. 데이터베이스 구축단계에서는 수집된 뉴스 기사를 발행날짜, 인터넷 주소, 기사 내용 등의 레코드로 구성된 데이터베이스를 구축하였다. 또한 뉴스 기사를 문장 단위로 분리된 레코드가 있는 데이터베이스를 구축하여 상세

내용 분석에 활용하였다.

데이터 정제 단계에서 이용한 텍스트마이닝은 자연어 처리(Natural language processing) 기술을 이용하여 비정형 혹은 반정형 텍스트 데이터로부터 유용한 정보를 추출 및 가공을 목적으로 하는 기술이다. 텍스트마이닝 기술을 통해 방대한 텍스트 뭉치에서 유의미한 정보를 추출하고, 다른 정보와의 연계성을 파악하거나 텍스트가 가진 범주를 찾아내는 등 단순한 정보검색 그 이상의 결과를 얻어낼 수 있다. 동시출현단어 분석은 텍스트에 제시된 주제 영역 내에 존재하는 아이디어 간의 관계를 파악하기 위해 텍스트 내에 존재하는 키워드(단어 혹은 명사구)들의 동시 출현 패턴을 이용하는 내용 분석 기법으로 정의할 수 있다. 즉, 뉴스 기사에 포함된 텍스트를 대상으로 단어 간의 동시 출현 행렬을 생성하여 이를 바탕으로 네트워크 형태로 가시화하는 기법이라고 할 수 있다. 네트워크의 전체 형태와 개별 단어 간의 역할을 설명할 수 있는 다양한 지수들을 이용하여 네트워크의 구조와 변화 형태를 설명할 수 있다.

본 연구에서는 텍스트마이닝을 위해 R의 tm 패키지를 이용하였다. 데이터베이스의 뉴스 기사 텍스트에서 공백제거, 소문자 변환, 마침표 제거, 불용어 처리, 단어 형태소 분석-변환 등의 정제를 거친 후 단어들 및 문서 간의 관계를 표현하기 위하여 단어문서행렬(Term document matrix)을 생성하는 기법을 사용하였다. 이와 더불어 텍스트마이닝 결과 도출 모델 및 시각화에 N-gram (바이그램-트라이그램) 및 워드클라우드, 의미연결망 모델을 사용하였다.

- N-gram : N-gram 알고리즘은 n개의 문자열 크기만큼의 창(window)을 만들어 문자열을 왼쪽에서 오른쪽으로 한 단위씩 움직이며 추출되는 시

컨스 집합의 출현 빈도수를 기록한다. 이때 n은 얼마만큼의 단위로 잘라낼지를 나타내는 지표인데, 이 값이 1이면 유니그램(unigram), 2이면 바이그램(bigram), 3이면 트라이그램(trigram)이라 부른다.
- 워드클라우드 : 워드클라우드는 문서에 사용된 단어의 빈도를 계산해서 시각적으로 표현하는 것을 말한다. 많이 나오는 단어는 크게 표시되기 때문에 한눈에 문서의 핵심 내용을 파악할 수 있다.
- 의미연결망 : 개별 단어의 고정된 속성이나 개념이 아니라 상호 작용하는 관계의 맥락 속에서 역동적인 의미를 포착하는 방법이다. 이처럼 의미연결망 분석에서는 단어들의 빈도수와 한 문장 안에서 동시에 사용되는 단어들의 관계를 통해 텍스트의 의미화 패턴을 분석할 수 있다. 이때, 정보단위가 되는 단어나 구를, 각각의 노드(node)를 형성하는 개념으로 놓고 개념 간의 연결 상태를 링크(link)로 나타낸다. 여기서 링크로 드러나는 단어들의 공동출현 관계를 통해 의미를 해석한다. 단어들의 사용 빈도와 관계는 텍스트에서 강조되는 상징성을 보여줄 수 있고 단어들의 결합을 통해 특정한 의미를 만들어내는 경향이 있다.

V. 연구내용 및 결과

1. 뉴스 기사 본문 분석

1) 단어 빈도수(워드클라우드 제시) 분석

전체 4,435건의 뉴스 기사 본문 텍스트에 나타난 단어의 빈도수 분석 결과, 빈도수가 높은 상위 50개 단어 및 빈도수는 다음과 같다 (숫자는 단어 빈도수,

러시아어는 기본형으로 표기됨).

арктика 13308, проект 8864, развитие 7969, россия 7299, регион 6727, работа 4627, мочь 4292, территория 4167, форум 3832, компания 3623, область 3593, страна 3505, восток 3276, программа 2993, время 2929, рубль 2870, экспедиция 2831, центр 2752, зона 2734, вопрос 2720, президент 2615, слово 2564, ...[12]

출현 빈도를 기준으로 단어들을 한눈에 파악할 수 있는 워드클라우드로 생성하면 [그림 1]과 같다. 워드클라우드 중심부에는 출현 빈도가 높은 단어들이 위치하고 출현 빈도가 낮은 단어들이 중심부로부터 먼 가장 자리에 위치하고 있다. 빈도분석에서 출현 빈도가 높은 арктика(북극), проект(프로젝트), развитие(개발), россия(러시아), регион(지역)등의 단어가 중심부에 큰 글씨로 나타나고 있다.

단어 빈도수에서 'арктика(북극)'의 빈도수는 2, 3번째로 많은 'проект'(프로젝트) 및 'развитие(개발)' 보다 1.5배 이상으로 압도적으로 많다. [그림 1] 참조. 단어 빈도수 분포 분석을 용이하도록 압도적으로 많은 'арктика(북극)'를 제외한 워드클라우드를 그려보면 [그림 2]와 같다.

---

12) ученый 2480, исследование 2361, строительство 2314, море 2301, создание 2262, земля 2251, условие 2214, остров 2200, прессслужба 2139, правительство 2081, система 2017, район 2007, рамка 1934, возможность 1902, округ 1849, север 1820, агентство 1818 университет 1791, участник 1790, путь 1787, участие 1770, место 1764, ледокол 1729, представитель 1726, апрель 1696, поддержка 1665, министр 1658, реализация 1652, александр 1651, день 1648.

[그림 1] 전체 뉴스 기사 본문 워드클라우드(러시아어는 기본형으로 표기됨)

[그림 2] 전체 뉴스 기사 본문에서 'арктика(북극)' 단어를 제외한 워드클라우드
(러시아어는 기본형으로 표기됨)

[그림 2]를 보면 단어 빈도수에서 'арктика(북극)'를 제외하고 'проект(프로젝트)', 'развитие(개발)', 'россия(러시아)', 'регион(지역)'이 비교적 비슷한 빈도수로 중앙 핵심 위치를 차지하고 있다.

전체 기사 본문의 핵심 키워드는 '러시아', '지역', '발전(개발)', '프로젝트' 라고 볼 수 있다. 즉 분석된 뉴스 기사 텍스트의 핵심은 북극을 [러시아 지역 발전(개발) 프로젝트의 대상]으로 보고 있는 것이라고 말할 수 있다.

2) 뉴스 텍스트에서 사용된 단어 간의 네트워크 분석

단어 간의 네트워크 분석은 단어 동시 출현 분석을 바탕으로 하여 하나의 뉴스 기사 텍스트에서 두 단어가 함께 쓰이는 현상을 분석한다. 동시 출현 단어분석은 이슈 집단의 생성과 단어 간의 연결 여부를 확인하여 주제 분석처럼 특정 안건들의 논의 여부를 확인할 수 있다. 단어 동시 출현 분석에서는 2개의 단어가 주어진 문헌의 분석 단위 (문서 또는 문장) 안에서 함께 출현하는 횟수를 기반으로 단어의 연관성 및 문헌 집단의 특성을 파악하는 데 초점을 둔다.

동시 출현 단어 분석은 두 단어 각자가 일정한 개념을 가지고 있을 때, 동시 출현한 두 단어는 개별 개념보다 추상화된 개념을 나타낼 것이며, 동시 출현 현상을 세밀히 살펴보아 문서 집합에 내재 된 지식을 얻어낼 수 있으리라는 가정에서 시작하며, 추상적인 개념 정보를 추출하는 데 동시 출현 분석은 좋은 수단이 될 수 있다.

연관분석은 같은 문맥 내에서 두 단어가 나타나는 빈도가 높을수록 우연적 관계가 아닌 밀접한 의미 관계가 있다는 가정을 갖는다. 따라서 텍스트에서 동시에 출현하는 단어의 쌍을 추출하고, 단어 쌍을 네트워크화 하여 분석하게 되는데, 해당 텍스트로부터 그들 간의 관계를 파악하기 위해 사용한다. 동시 출현의 관계는 개별 문서, 혹은 문서 집합으로부터 어느 정도 추상화된 정보를 얻을 수 있게 한다. 추상화된 정보란 문서로부터 추출 가능한 개념, 의미, 지식을 의미한다.

[그림 3]은 하나의 뉴스 기사 텍스트에서 동시 출현하는 빈도수가 높은 단어들의 연결 관계를 파악하고 이를 전체 기사 4,435건에도 동일하게 확대 적용하면 상관도가 높은 단어끼리 네트워크가 발생하는 것을 보여주고 있다. 네트워크를 이어주는 연결선이 굵을수록, 네트워크 중심에 있을수록 높은 상관도를 보여준다. 전체 뉴스 기사 본문 4,435건 단어 간의 상관관계가 높은 단어들 가운데 상위 40개 단어는 다음과 같다.

'арктика', 'проект', 'развитие', 'россия', 'регион', 'рф', 'работа', 'мочь', 'территория', 'форум', 'компания', 'область', 'страна', 'восток', 'программа', 'время', 'рубль', 'экспедиция', 'центр', 'зона', 'вопрос', 'президент', 'слово', 'ученый', 'исследование', 'строительство', 'море', 'создание', 'земля', 'условие', 'остров', 'прессслужба', 'правительство', 'система', 'район', 'рамка', 'возможность', 'округ', 'север'

[그림 3] 전체 뉴스 기사 본문 4,435건에서 상관관계가 높은 단어 간의 네트워크.

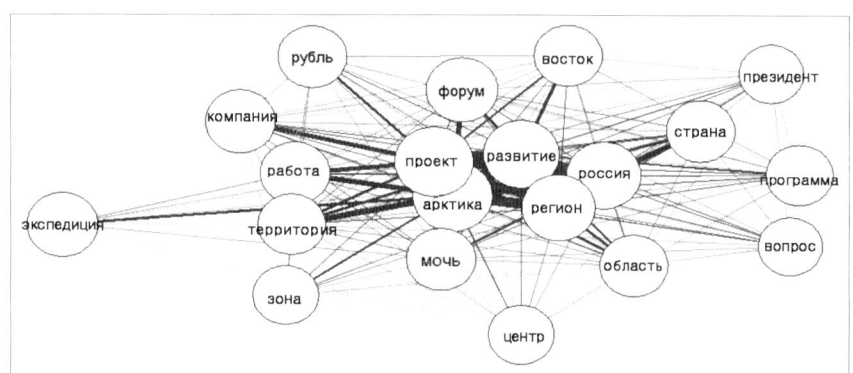

연결 중심성 지수가 가장 높은 'арктика(북극)'을 중심으로 상관도가 높은 단어들 ['арктика(북극)', 'проект(프로젝트)', 'развитие(개발)', 'россия(러시아)', 'регион(지역)']이 중심위치에서 상호간 매우 밀집하게 연결 되어 있는 것을 볼 수 있다. 이러한 단어들의 외곽으로는 'работа(일)', 'мочь(힘)', 'территория(영토)', 'форум(포럼)', 'компания(회사)', 'область(주)', 'страна(국가)', 'восток(동부)' 단어들이 연결되어 있다. 이 같은 상관도 네트워크 모습은 '러시아', '지역', '발전(개발)', '프로젝트' 단어들이, 전체 뉴스 기사 본문의 의미를 대표한다고 볼 수 있다.

[그림 4]는 개별 뉴스 기사 본문 문장에서 동시 출현하는 빈도수가 높은 단어들의 연결 관계를 파악하고 이를 전체 문장 101,600건에도 동일하게 확대 적용 시키면 상관도가 높은 단어끼리 네트워크가 형성되는 것을 보여 주고 있다. 하나의 문장을 구성하는 단어 간의 연결 관계는 매우 높은 상관관계를 보여 준다. [그림 4]에서 'арктика(북극)'과 'развитие(개발)'에는 다른 단어들 보다 매우 높은 상관관계를 보여 주고 있다. 'арктика(북극)'과 'развитие(개

[그림 4] 전체 뉴스 기사 본문을 구성하는 101,600개의 문장 내에서의 상관관계가 높은 단어 간의 네트워크.

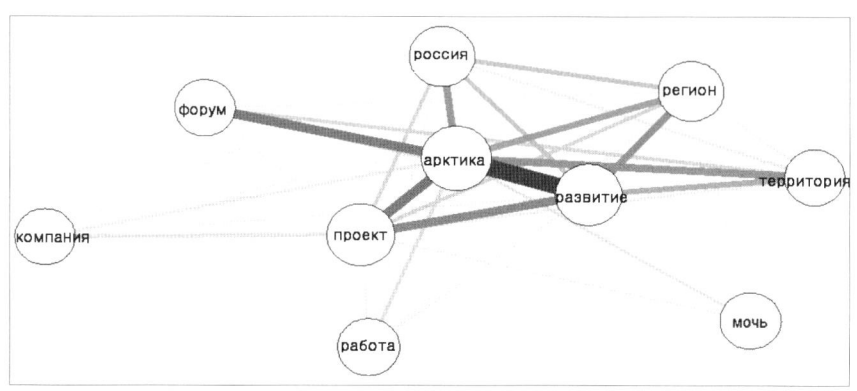

발)'의 연결을 중심으로 ['арктика(북극)'-'развитие(개발)'-'проект(프로젝트)'], ['арктика(북극)'-'развитие(개발)'-'регион(지역)'], ['арктика(북극)'-'развитие(개발)'-'территория(영토)'] 등의 3그룹으로 나누어질 수 있다. 즉 [북극 발전(개발) 프로젝트], [북극 지역 발전(개발)], [북극 영토 발전(개발)]을 표현하는 것으로 볼 수 있다.

3) 뉴스 기사 텍스트 엔그램(n-gram) 분석
- 바이그램 분석

텍스트의 의미를 제대로 조합하기 위해서는 개별 단어보다 크고 문장보다 작은 단위가 중요하다. 이를 위해 단어의 연쇄 추출이 가능하며, 이러한 단어의 연쇄 추출을 엔그램(n-gram)이라고 한다. 연어 분석 (연속출현 단어, bi-gram)을 통해 나타나는 단어들의 연결망에서는 특정 단어와 함께 쓰이는 단어들의 관계가 나타난다.

연어 분석에서 가장 많이 사용하는 2단어 연어 분석(bi-gram)은 순서대로 나타나게 되는 단어들을 2개 단위로 묶어 분석하며, 1개 단어만으로는 원래 이어진 단어들의 의미가 상실되는 점을 보완하여 원래 단어들의 관계를 확인할 수 있는 용도로 사용한다. 형태소 분석 결과를 2개 단어 단위로 묶어서 이웃하는 각 단어 쌍의 수만큼 반복하는 형태로 2단어 연어 데이터를 생성한다. 2단어 연어분석은 연산 결과표만으로는 의미를 해석하는 것이 매우 어려워, 연어 분석 관계도로 시각화하여 관계를 살펴보는 것이 필요하다.

a) 뉴스 기사 본문에서 키워드 그룹 분포

[그림 5]는 전체 기사 본문에서 추출한 바이그램 가운데 370회 이상 나타난 단어 쌍 및 단어 쌍 간의 네트워크를 표현한 것이다.

[그림 5] 뉴스 전체기사 본문에서 빈도수가 많은 단어 쌍(바이그램)들의 네트워크
(러시아어는 기본형으로 표시)

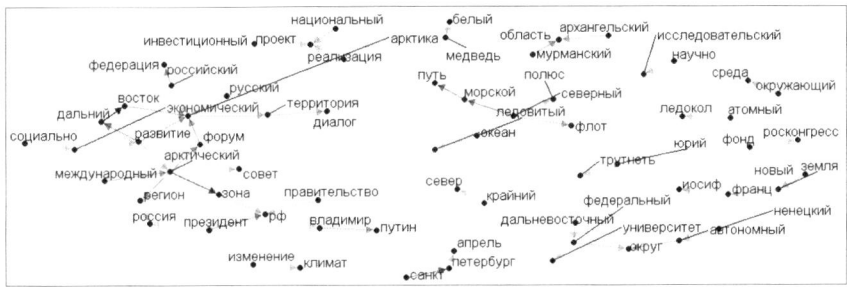

다음은 370회 이상 출현한 바이그램을 빈도수 순으로 나타낸 것이다(숫자는 빈도수).

дальний восток(극동) 2999, арктический зона(북극 지대) 1807, санкт петербург(쌍트-페테르부르그) 1416, северный морской(북방 해양의) 1172, морской путь(해로) 1158, развитие дальний(발전 원거리) 1126, президент рф(대통령 러연방) 1064, …[13]

---

13) арктический регион 915, восток арктика 902, арктический форум 893, международный арктический 852, развитие арктика 852, российский федерация 850, мурманский область 847, форум арктика 843, владимир путин 779, автономный округ 750, северный флот 731, архангельский область 654, арктика территория 647, территория диалог 615, новый земля 601, земля франц 549, зона рф 547, франц иосиф 545, федеральный округ 541, ненецкий автономный 537, арктический совет 520, развитие арктический 520, экономический развитие 511, петербург апрель 501, национальный проект 499, правительство рф 497, дальневосточный федеральный 493, научно исследовательский 479, окружающий среда 478, российский арктика 478, изменение климат 470, атомный ледокол 464, белый медведь 443, реализация проект 441, северный полюс 426, фонд росконгресс 426, социально экономический 424, русский арктика 412, регион россия 395, северный ледовитый 388, ледовитый океан 384, крайний север 378.

바이그램은 한 문장에서 나타나는 2개의 연속되는 단어 가운데 빈도수 높은 것들을, 의미가 연결되는 단어 쌍으로 보여줄 수 있다. 그러므로 바이그램은 구체적인 의미를 파악하는데 높은 효용성을 가진다. 뉴스 기사 본문 전체를 표현한 바이그램은 뉴스 기사 내용을 대표되는 몇 개의 키워드 그룹으로 나누어 질 수 있게 한다.

키워드 그룹에는 1) 북극-극동 지역 개발 2) 국제 북극 포럼 2) 북극 항로 및 북극 함대, 원자력 쇄빙선, 3) 자연환경, 4) 야말 네네츠 차치관구, 5) 아르한겔스크 및 무르만스크 주, 6) 투자 프로젝트 실현, 7) 노바야 및 이오시프-프란츠 군도, 8) 기후 변화, 9) 북방 민족 10) 북극 곰 11) 로스콩크레스 펀드 12) 학술-연구 13) 쌍트-페테르부르그 등의 그룹이 있다.

b) 뉴스 기사 본문에서 'арктика(북극)'과 연관된 바이그램 분석

[그림 6]은 'арктика(북극)'과 140회 이상 동시 출현한 바이그램을 표현한 것이다.

[그림 6] 'арктика(북극)'과 140회 이상 동시 출현한 바이그램
(러시아어는 기본형으로 표시)

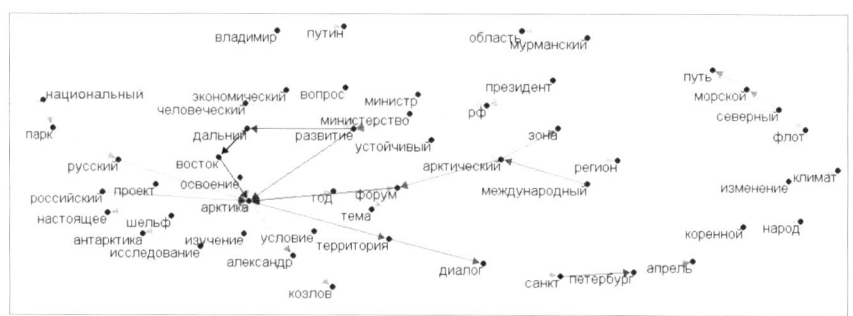

'арктика(북극)'과 140회 이상 출현한 바이그램 및 빈도수는 다음과 같다.

дальний восток 1221, восток арктика 902, развитие арктика 852, форум арктика 843, развитие дальний 813, санкт петербург 680, арктика территория 647, территория диалог 615, арктический форум 579, международный арктический 572, российский арктика 478, русский арктика 412, арктический зона 405, петербург апрель 349, арктика александр 342, северный морской 330, ...[14]

'арктика(북극)'과 관련도가 높은 단어들은 '북극 및 극동지역 개발' 및 '국제 북극 포럼', '러시아 북극 국립공원', '알렉산드르 코즐로프', '북극 대륙붕', '북극 영토', '북극 지대' 등으로 상호 간 긴밀히 연결되어 있다.

러시아는 북부 및 극동지역을 크게 북극 지대(арктический зона) 및 극동지역(Российский Дальний Восток)으로 나누어 관리한다. 러시아 북극 지대(арктический зона)는 지리적 위치에 따라 경제 구역으로 통합 된 러시아 연방 주체들로 구성되는데, 여기에는 무르만스크 주, 네네츠 자치관구, 추코트 자치관구, 야말로-네네츠 자치관구, 카렐리아 공화국, 코미 공화국, 사하 공화

---

14) освоение арктика 314, морской путь 313, рф развитие 309, тема арктика 267, шельф арктика 256, национальный парк 246, александр козлов 244, диалог санкт 240, проект арктика 237, парк русский 232, арктика настоящее 223, год форум 220, арктика антарктика 217, форум тема 214, арктика год 204, президент рф 203, изучение арктика 198, владимир путин 183, арктический регион 175, северный флот 169, министр развитие 168, мурманский область 168, экономический развитие 166, устойчивый развитие 155, вопрос развитие 152, министр рф 152, развитие арктический 148, условие арктика 148, исследование арктика 147, коренной народ 147, изменение климат 146, развитие человеческий 145, зона рф 142, министерство развитие 142.

국, 크라스노야르 지방, 아르한겔스크 주 등이 포함된다.

러시아 극동지역에는 캄차트 지방, 프리모르 지방, 하바로프 지방을 비롯하여 아무르 주, 마가단 주, 사할린 주, 유대인 자치주, 추코트 자치관구, 야쿠치야 공화국이 소속되어 있으며 러시아 국토의 36퍼센트를 차지한다.

한편 러시아는 러시아의 북극지역 홍보와 국제적인 협력 도모를 위해 격년으로 국제 북극 포럼(Международный арктический форум)을 개최하는데 이 포럼은 북극 지역의 사회-경제적 발전을 위한 다자간 메커니즘을 비롯하여 북극 지역의 자원-잠재력 개발 논의 및 지역 개발에 대한 긴급한 문제와 전망에 대해, 국가 간 공동 토론을 할 수 있는 플랫폼으로서 역할을 도모한다.

• 트라이그램 분석

다음은 200회 이상 출현한 트라이그램 및 빈도수를 나타낸 것이다.

северный морской путь 1125, развитие дальний восток 1119, дальний восток арктика 899, международный арктический форум 753, арктика территория диалог 608, форум арктика территория 598, арктический зона рф 543, земля франц иосиф 543, ненецкий автономный округ 527, арктический форум арктика 486,...[15]

---

15) дальневосточный федеральный округ 443, северный ледовитый океан 370, президент рф владимир 361, рф владимир путин 360, социально экономический развитие 337, санкт петербург апрель 314, рф развитие дальний 307, ямало ненецкий автономный 298, организатор фонд росконгресс 297, восток арктика александр 291, развитие арктический зона 290, коренной малочисленный народ 279, комитет российский федерации 275, россия владимир путин 275, государственный комитет российский 274, информация предназначать пользователь 274, мочь информация предназначать 274, отдельный публикация мочь 274, предназначать пользователь год 274,

트라이그램(trigram)은 한 문장속에 나타나는 3개의 연속된 단어들을 표현하므로 구체적인 의미를 파악하는데 바이그램 보다 높은 효용성을 가진다. 뉴스 기사 본문 전체를 표현한 트라이그램은 빈도수가 높은 키워드 그룹으로 나누어져 뉴스 기사를 구성하고 있다.

빈도수 높은 키워드 그룹에는 다음과 같은 것들이 있다.

1) 북방 해로 2) 극동 개발 3)북극 및 극동 4)국제 북극 포럼 5)북극 영토 대화 6) 북극 영토 포럼 7) 러시아 북극지대 8)프란쯔-이오시프 군도 9) 네네쯔 자치관구 10) 북극 포럼 11)극동 연방 관구 12) 북빙양 13) 러시아 대통령 블라디미르 14) 러시아 블라디미르 푸틴 15) 사회-경제적 발전 16)쌍트-페테르부르그 4월 17) 러시아 극동 발전 18)야말로-네네쯔 자치 관구 19) 로스콩그레스 펀드 조직자 20) 극동 북극 알렉산드르 21) 북극지대 발전 22) 원주민 소수 민족 23) 러시아 연방 위원회 24)러시아 블라디미르 푸틴 25) 러시아 국립 위원회 26) 사용자 정보 26) 정보 힘 27) 개별 발표 힘 28) 사용자의 해 지정 29)러시아 연방 부서 30) 발표 연방 부서 31) 대중매체 등록 접촉 32) 선도적인 발전 영토 33) 대통령 전권 대표 34) 동방 경제 포럼 35) 쌍트-페테르부르그 대화 36) 러시아 국립 북극 공원

публикация мочь информация 274, регистрация сми апрель 274, президент россия владимир 273, российский федерация отдельный 263, федерация отдельный публикация 263, контактный регистрация сми 263, территория опережающий развитие 261, полномочный представитель президент 255, восточный экономический форум 250, диалог санкт петербург 240, территория диалог санкт 240, парк русский арктика 232, национальный парк русский 229, форум арктика настоящее 222, архипелаг земля франц 220, арктика александр козлов 219, рф дальневосточный федеральный 217.

2. 뉴스 기사 제목 분석

뉴스 기사 제목이란 기사 내용을 요약 대표하되, 독립적인 의미와 기능을 갖춘 독특한 표현 양식으로 전체 기사의 요약 및 정확하고 구체적인 단어로 이해하기 쉽게 쓴 완전한 문장으로 볼 수 있다. 제목의 기능으로 기사의 광고 및 색인 기능, 기사의 가치 판단 기능, 내용의 압축·전달 기능 및 지면의 미적 균형 기능 등이 있다.[16) 본 연구에서는 뉴스 기사 제목이 기사의 내용을 완전하게 반영하지 못하고 기사 내용 중 일부를 왜곡할 수 있다는 것을 감안하면서 기사 제목이 기사 내용을 요약 대표하는 기본적인 기능에 충실하다는 전제로 분석대상으로 정하였다.

뉴스 기사 4,435건 가운데 주요 키워드가 출현한 제목들을 키워드 별로 분류하여, 15개 키워드 그룹에서 각각 3건의 사례들을 추출하면 다음과 같다(괄호 안은 문장 건수) (<표 1> 참조).

['развитие арктика(북극 발전)(183)', 'мурманский архангельский(무르만스크 아르한겔스크)(137)', 'дальний восток(극동 지방)(126)', 'северный флот(북방 함대)(75)', 'арктический форум(북극 포럼)(68)', 'Социально-экономическое развитие(사회-경제적 발전)' (63)', 'Ямало-Ненецкий, Ненецкий автономный округ(야말로-네네츠, 네네츠 자치관구)(54)', 'арктический зона(북극 지대)(46)', 'атомный ледокол(원자력 쇄빙선)(42)', 'изменение климата(기후변화)(39)', 'Белый медведь(백색 곰)(34)', 'морской путь(바닷길)(34)', 'путин Арктик(푸틴 북극)(28)', 'франц иосиф(프란츠

---

16) Baskette, F. K., Sissors, J. Z., and Brooks, B.S., *The Art of Editing* (New York: Macmillan, 1986).

이오시프)(20)', 'коренной малочисленный народ(원주민 소수민족)(17)', 'Фонд Росконгресс(로스콩그레스 기금)(9)']

뉴스 기사 제목 분석에서 '무르만스크' 및 '아르한겔스크'가 북극 개발의 중심지역으로 사회-경제적 발전에 많은 투자가 이루어지는 것을 보여 주고 있다. 이밖에 '극동지역', '북방함대', '북극포럼', '원자력 쇄빙선'이 뉴스 기사 본문의 핵심적인 키워드임을 보여주고 있다.

〈표 1〉 키워드가 들어간 기사

순위	키워드	키워드가 들어간 기사 제목	제목건수
1	развитие арктика	Более 16 млрд рублей планируют направить на госпрограмму развития Арктики за три года	183
		Минэнерго России прогнозирует развитие Арктики из-за продвижения проекта Севморпути	
		Комитет Госдумы начал разработку системообразующего закона о развитии Арктики	
2	мурманский архангельский	Архангельская область получит допфинансирование на подготовку Арктического форума	137
		Архангельская область предложит "Белкомур" для проекта логистического потенциала Арктики	
		Бюджет Мурманской области получит 30 млрд рублей благодаря проекту "Новатэка"	
3	дальний восток	Регионы Дальнего Востока к концу апреля представят планы ускорения развития экономики	126
		Фонд развития Дальнего Востока выступит организатором финансирования проектов в Арктике	
		Республика Корея участвует в реализации проектов на $50 млн на Дальнем Востоке	
4	северный флот	Гидрографическое судно Северного флота "Визир" завершило работы в Баренцевом море	75
		Северный флот за несколько лет совершил в Арктике 34 географических открытия	
		Арктическая группировка Северного флота вышла в поход по Северному Ледовитому океану	

순위	키워드	키워드가 들어간 기사 제목	제목건수
5	арктический форум	Развитие мирового судостроения обсудят на Международном арктическом форуме в Петербурге	68
		Разработку строительных нормативов для Арктики обсудят на международном арктическом форуме	
		На Арктическом форуме представят ретро-технику и новый транспорт для Севера	
6	Социально-экономическое развитие	НАО примет стратегию социально-экономического развития до конца года	63
		Социально-экономическое развитие Севера обсудят на форуме "Арктика - территория диалога"	
		Экономические и социальные показатели роста Дальнего Востока обсудят на ВЭФ	
7	Ямало-Ненецкий, Ненецкий автономный округ	Губернатор НАО оценил горизонт экономического планирования в Арктике в 50-100 лет	54
		Росатом планирует использовать порт Индига в Ненецком АО для транзита грузов по Севморпути	
		Власти ЯНАО выделят 5 млн рублей на создание полигона для арктических исследований	
8	арктический зона	В Арктической зоне России реконструируют 12 аэродромов до 2024 года	46
		Эксперт: России стоит сотрудничать с КНР для ускоренного развития Арктической зоны	
		Запасы нефти российской арктической зоны оцениваются в 7,3 млрд тонн	
9	атомный ледокол	Росатом завершил контрольную сборку корпуса реактора атомного ледокола "Урал"	42
		Финансирование строительства 4-го и 5-го атомных ледоколов нового типа будет смешанным	
		Мантуров заявил, что в России будет крупнейшая в мире группа серийных атомных ледоколов	
10	изменение климата	План адаптации Арктики к климатическим изменениям подготовят в 2020 году	39
		Ученые сообщили, что выходы метана в море Лаптевых не влияют на изменение климата	
		Рабочая группа по изменению климата создана в рамках Северного форума	

순위	키워드	키워드가 들어간 기사 제목	제목건수
11	Белый медведь	Ученые организуют экспедицию для исследования популяции белых медведей на севере Якутии	34
		Участники экспедиции "Хозяин Арктики" зафиксировали места обитания около 40 белых медведей	
		Эксперты вылетели на Новую Землю для решения проблемы с нашествием белых медведей	
12	морской путь	Грузовое судно Cosco завершает первый рейс вдоль Северного морского пути	34
		Минтранс подтвердил разработку проекта по развитию Северного морского пути	
		Лавров: РФ готова обеспечить поддержку всем судам, проходящим по Северному морскому пути	
13	путин Арктик	Путин поручил до 1 июля внести в Госдуму законопроект о господдержке инвестиций в Арктике	28
		Путин подтвердил, что Россия создаст льготные условия для работы компаний в Арктике	
		Путин поручил проработать возможность привлечения студентов на стройки в Арктике	
14	франц иосиф	Экспедиция Севфлота на Земле Франца-Иосифа нашла артефакты первопроходцев архипелага	20
		Ученые выявили таяние ледников Земли Франца-Иосифа по фото разных лет	
		Эксперт: Земля Франца-Иосифа идеальна для создания опорной туристической зоны в Арктике	
15	коренной малочисленный народ	Сенатор: новые законы об Арктике закрепят ее границы и поддержат коренные народы	17
		Правительство РФ возобновит проект "Дети Арктики", чтобы поддержать коренные народы Севера	
		Совет Арктической зоны РФ займется сохранением природы и культуры коренных народов	
16	Фонд Росконгресс	Фонд Росконгресс подписал ряд соглашений с институтами развития северных регионов России	9
		Росконгресс провел первое заседание международного экспертного сообщества "Друзья Арктики	
		Фонд Росконгресс и Проектный офис развития Арктики запускают совместный проект в соцсетях	

Ⅵ. 결언

'타스 통신사' 뉴스 기사 텍스트 분석을 위해 뉴스 기사 본문 분석 및 제목 분석으로 나누어 고찰하였다. 뉴스 기사 본문 분석에서 단어 빈도수(워드클라우드 제시) 분석, 단어 간의 네트워크 분석을 실시하였다. 엔그램(n-gram) 분석에서는 바이그램 분석, 및 트라이그램 분석을 통하여 보다 세밀한 연구를 시도하였다. 이러한 연구에서 도출된 키워드를 가지고 뉴스 본문을 요약·함축하는 기사 제목 분석을 실시하여 기사 내용의 본질적인 의도를 추론하였다.

본 연구의 결과 '북극' 키워드로 검색된 4,435건의 '타스 통신사'의 전체 기사의 핵심 키워드는 '러시아', '지역', '발전(개발)', '프로젝트' 라고 볼 수 있으며 이것은 [북극을 러시아 지역 발전(개발) 프로젝트의 대상이다]라는 것을 표현한다고 할 수 있다. 이와 더불어 특히 '극동지역'이 매우 자주 거론 되는 데, 이는 러시아 '북극' 개발에 있어 러시아 동부 영토의 대부분을 차지하는 '극동지역'을 '북극' 개발에 필수적인 요소로 보고 있기 때문이다.

러시아의 '북극' 개발은 '극동지역' 개발과 더불어 '북극지대', '무르만스크 및 아르한겔스크 주', '야말-네네츠 및 네네츠 자치관구', '북극항로 및 북방함대', '국제 북극 포럼'등의 핵심 구성요소가 상호작용 하면서 점진적으로 개발하는 모습을 보도 하고 있다. 「러시아 연방 북극정책 원칙 2020」의 '사회·경제적 개발 분야'에 대해 뉴스 기사 많은 부분에서 원론적인 부분 및 정책보도에 비율이 많지만 구체적인 정책 프로세스 및 성과에 대한 보도 내용은 적은 편이다. [군사 안보 분야]에서는 '북극'의 평화적 이용을 슬로건으로 내걸고 러시아의 적극적인 군사행동 및 외국과의 북극을 둘러싼 군사적 갈등 상황에 대한 보도는 자제하고 있다.

[환경 분야]에서 '기후 변화' 및 '북극 환경 보호'에 적극적으로 대처하는 러

시아 정부의 움직임을 자주 보도하고 있다. 특히 '북극 곰'의 생태환경 변화와 생존의 어려움 등을 보도 함으로써 자국 국민에게 '기후변화'의 중요성을 상기시키고 있다. 그러나 환경 및 바다 오염 등의 자원개발과 해상운송에서 발생할 수 있는 자연재해에 대해 보도는 매우 적은 편이다.

[정보 통신 및 과학 기술]분야에서 북부 북극 연방대학교[17], 쌍트-페테르부르그 국립대학교[18], 쌍트-페테르부르그 국립 해양기술 대학교[19], 쌍트-페테르부르그 러시아 국립 대기 수상학 대학교[20], 쌍트-페테르부르그 북극 및 남극 연구소[21], 국립 해양 하천 선단 대학교[22] 등의 연구기관 및 북극에 연관된 학술-연구 및 극지 탐사 활동에 대해 보도를 하고 있다.

[국제협력 분야]에서는 주로 '국제 북극 포럼'을 중심으로 북극권 국가들과의 호혜적 협력 활동 상황을 보도하고 있다. 북극 포럼은 2년에 한 번 개최되는데, 제4회 북극 포럼은 '북극에서의 사람' 이라는 주제로 2017년 3월 29~30일에 아르한겔스크에서, 제5회 북극 포럼은 '북극-기회의 바다'라는 주제로 2019년 4월 9~10일에 쌍트-페테르부르크에서 개최되었다. 이와 더불어 동방경제포럼[23] 및 페테르부르그 국제경제포럼[24]을 통한 '러시아의 북극' 홍보 기사도 적지 않은 횟수로 보도되고 있다.

한편 북극해 일대에서의 영토 개척이라는 러시아 정부의 의중을 잘 반영한

---

17) Северный Арктический федеральный университет имени М.В.Ломоносова.
18) Санкт-Петербургский государственный университет.
19) Санкт-Петербургский Государственный Морской Технический Университет.
20) Российский государственный гидрометеорологический университет.
21) Арктический и антарктический научно-исследовательский институт.
22) Государственный университет морского и речного флота.
23) Восточный экономический форум.
24) Петербургский международный экономический форум.

다고 볼 수 있는, '제믈랴 프란츠-이오시프'[25] 제도 및 '러시아 북극 국립공원' 에서의 태양 전지판 설치작업을 비롯하여 과학자들의 해양동물에 관한 연구 수행 활동을 꾸준히 보도되고 있다. 러시아의 북극 개발에서 '쌍트-페테르부르그'는 '국제 북극 포럼' 및 '페테르부르그 국제경제포럼'등을 개최하여 국제적인 도시로 부각되었는데, 특히 북극개발을 위한 연구개발 활동에 다수의 쌍트-페테르부르그 소재 대학 및 연구소가 참여하여 '북극 연구의 중심지'로 떠오르고 있다.

북극 포럼의 주요 개최조직인 '로스콩그레스 기금'[26] 또한 뉴스의 관심사로 보도되고 있다. 이 기금은 경제 잠재력 개발, 국익 증진, 러시아 이미지 강화를 목적으로 2007년에 설립되고 러시아 및 세계 경제 문제를 종합적으로 연구 분석한다. 또한 컨벤션, 전시회, 비즈니스, 스포츠 등의 문화 행사의 최대 주최자로 사업 프로젝트 및 투자 유치를 촉진하고 있다.

---

25) Земля Франца-Иосифа.
26) Фонд Росконгресс.

〈참고문헌〉

계용택, "북극에 관한 러시아 언론분석 및 한국의 대응전략", 『한국 시베리아연구』, 배재대학교 한국-시베리아센터, 19(2), 2015.

김태종·박상옥, "뉴스 빅데이터를 활용한 평생교육 토픽 분석", 『평생교육학연구』, 한국평생교육학회, 25(3), 2019.

문혜정·김성경, "한국 사행산업 관련 뉴스의 빅데이터 분석을 통한 인식 연구", 『방송공학회논문지』, 방송공학회, 22(4), 2017.

박대민, "뉴스 기사의 빅데이터 분석 방법으로서 뉴스정보원 연결망 분석", 『한국언론학보』, 한국언론학회, 57(6), 2013.

박대민, "장기 시계열 내용 분석을 위한 뉴스 빅데이터 분석의 활용 가능성-100만 건 기사의 정보원과 주제로 본 신문 26년", 『한국언론학보』, 한국언론학회, 60(5), 2016.

박진택, "R 텍스트 마이닝을 활용한 러시아 진보계열 미디어의 '크림반도 합병' 관련 기사 분석 -'RadioFreeEurope/RadioLiberty', 'Новая газета'의 2014·2015년, 2019년 기사 비교를 중심으로", 2019, 서울대학교 유럽지역학 연계전공 우수논문.

에너지경제연구원, 『세계 에너지시장 인사이트』, 제16-7호, 2016.

유예림, "빅데이터 분석 기법을 활용한 2015 개정 교육과정 정책에 대한 언론보도 분석", 2017, 서울대학교 대학원 박사학위논문.

유홍식, "기사제목과 예시가 수용자의 뉴스가치 평가와 이슈지각에 미치는 영향", 『한국언론학보』, 한국언론학회, 53(5), 2009.

이은별·전진오·백지선, "서울의 다문화 공간 연구: 뉴스 빅데이터 분석 시스템 '빅카인즈'를 이용한 국내 언론의 외국인 마을 보도 (1990~ 2016) 분석", 『미디어 경제와 문화』, SBS 미디어 경제와 문화, 15(2), 2017.

한국언론학회·연합뉴스, "뉴스통신사의 역할과 미래", 『한국언론학회·연합뉴스 공동세미나 자료집』, 2020.

한승희, "도서관에 대한 언론 보도 경향: 1990~2018 뉴스 빅데이터 분석", 『정보관리학회지』, 한국정보관리학회, 36(3), 2019.

Baskette, F. K., Sissors, J. Z., and Brooks, B.S., 『The Art of Editing』, New York: Macmillan, 1986.

RADJABOVA, DILOROM, "러시아 신문에 보도된 한반도 뉴스 특성에 대한 연구-2002~2010년의 이즈베스티야에 보도된 한반도 관련 기사내용 분석", 2011, 이화여자대학교 대학원 석사학위 논문.

〈인터넷 자료〉
러시아 통신사 타스(https://tass.ru/)

러시아 야말로네네츠자치구의 기후변화 대응 거버넌스 연구

이양경* · 최우익**

Ⅰ. 서론

최근 몇 년 동안, 러시아는 기후변화의 영향으로 인해 명백한 변화를 경험하고 있다. 2020년 5월 19일, 소브콤플로트(Совкомфлот)의 LNG선은 사베타항을 출발하여 북극항로 운송을 완료했다. 북극해 노선은 일반적으로 7월부터 운행되는데, 5월에 대규모 LNG선의 북해 노선 운송이 시행된 것은 이번이 처음이다.[1] 북극해 연안의 해빙이 선박이 통과할 수 있을 만큼 감소하면서 5월 25일에 출발한 또 다른 LNG선 "블라디미르 보로닌"은 5월 말에 북해항로를 쇄빙선 없이 통과했다.[2] 그러나, 기후변화의 리스크는 NSR과 같은 경

※ 이 글은 『한국 시베리아연구』 24권 3호에 게재된 것임
 * 제1저자, 한국외국어대학교 국제지역대학원 정치학 석사
** 교신저자, 한국외국어대학교 러시아연구소 HK교수
1) "Icebreaking LNG Carrier Completes Earliest Northern Sea Route Transit," The Maritime Executive, Jul. 1, 2020.
   https://www.maritime-executive.com/article/russian-icebreaking-lng-completes-earliest-northern-sea- route- transit (검색일: 2020.7.7)
2) Atle Staalesen, "Tanker crosses Russian Arctic route without icebreaker assistance," Barents Observer, May. 27, 2020.
   https://thebarentsobserver.com/en/industry-and-energy/2020/05/tankers-cross-russian-arctic-rou te-without -icebreaker-assistance (검색일: 2020.7.7)

제적 이익만큼이나 명확하다. 러시아 기상환경감시청의 러시아연방 기후상황 보고서에 따르면 러시아의 기온은 1976년에서 2018년까지 10년에 평균 0.47도씩, 전 세계 변화폭의 2.5배만큼 상승했고[3] 러시아 북극은 이보다 상황이 심각해 10년에 약 1도씩 기온이 상승했다.[4] 이로 인한 영향은 산불, 토양 침식, 영구동토층 해빙, 홍수 위험 등으로 나타나며 자연환경의 변화는 경제적으로도 영향을 미친다. 러시아 기상환경감시청에 따르면, 이미 러시아 영구동토층 지대에서 매년 최대 550억 루블이 파이프라인 유지보수에 소비되고 있다.[5] 특히 북극 지역의 기후변화 취약성이 높은 특성상 이로 인한 리스크는 앞으로도 더욱 증가할 것으로 예상된다.

기후변화의 인위적 요인에 대해 부정적이었던 러시아도 기후변화 대응의 필요성이 높아짐에 따라 2019년 10월에는 파리 기후변화협정에 뒤늦게나마 가입했다. 그러나 러시아의 기후변화 대응 목표 설정, 시행 등에 있어서는 한계점이 지적된다. 일례로, 러시아는 파리협정에서 1990년에 비해 GHG(Greenhouse Gas) 배출량의 25%에서 30%를 줄이겠다고 발표했는데 이는 수치상으로는 비교적 높은 목표이나[6] 1990년대 이후 러시아 경제의 구조 변화로 인해 온실가스 배출량이 이전의 30% 이상 감소했기 때문에 실효성이 없다는 지적이 제기된다.[7]

---

3) Росгидромет. "Доклад об особенностях климата на территории Российской Федерации за 2018 год." (Москва: Росгидромет, 2019), p. 6.
4) Ibid.
5) Росгидромет, "Доклад о Климатических Рисках на Территории Российской Федерации." (Москва: Росгидромет, 2019), p. 46.
6) Gordeeva, Yelena M., "The Russian Federation and the International Climate Change Regime." *Carbon & Climate Law Review*, (vol. 8, no. 3, 2014), p. 169.
7) И.А. Башмаков и А.Д. Мышак, "*Затраты и выгоды низкоуглеродной экономики и трансформации общества в России. Перспективы до и после 2050 г.*" (Москва:

이처럼, 러시아는 지금까지 비교적 기후변화 대응에 적극적이지 않았으며, 따라서 언론과 연구들은 일반적으로 러시아의 정부 중심의 일방적이며 소극적인 측면을 강조한다. 그렇다면, 러시아에는 정부가 주도하는 하향식 모델만 있으며 민간이 참여하는 기후변화 대응 거버넌스란 존재하지 않는지에 대한 의문이 생긴다. 특히 북극은 석유, 가스, 에너지 회사, 광산 회사가 사업을 운영하는 광대한 자원 산업의 본거지다. 동시에 토착 민족의 전통적 경제활동이 이루어지는 지역이며, 북극의 환경과 기후변화에 대한 관심이 집중된 곳이기도 하다. 이 연구는 복잡한 배경하에서 러시아 북극 지역에서 비국가 행위자들이 참여하는 거버넌스 구조가 형성되어 있는지, 또한 그러한 거버넌스 구조가 존재한다면 어떤 특성이 있는지에 대해 밝히는 것을 목적으로 한다. 이를 위해 러시아 북극의 야말로네네츠자치구를 구체적인 연구 지역으로 지정했다. 야말로네네츠자치구는 기후변화의 영향으로 다양한 행위자들이 얽혀 있는 지역으로, 러시아의 국가적 목표, 북극 개발, 기업의 이익, 토착민 단체와 NGO, 북극 지역의 생태적 문제를 복합적으로 찾아볼 수 있는 지역이다. 또한, 러시아는 교토의정서 1차 시행 시기를 거쳐 2009년 무렵 러시아 기후 독트린을 발표하며 전반적인 기후 정책의 기반을 닦았고 이를 바탕으로 각 연방주체에서도 관련 프로젝트가 시행되기 시작했다. 따라서 교토의정서 가입 이후 러시아 기후 독트린 발표 후 세부 시행사항이 작성되기 시작한 2009년 이후를 중점적 시간적 범위로 잡는다. 이 연구에서 다루는 기후변화 대응은 GHG 배출, 탄소 격리, 모니터링 등의 완화 정책과 온난화로 인한 인프라 재설계의 필요, 기타 산업 분야에서의 적응을 모두 포함한 기후 행동 전반을

Центр по эффективному использованию энергии (ЦЭНЭФ)), quoted in Gordeeva, Yelena M. The Russian Federation and the International Climate Change Regime, *Carbon & Climate Law Review*, (vol. 8, no. 3, 2014.), pp. 168-169.

대상으로 한다. 문헌 연구를 중심으로, 연구 지역인 야말로네네츠자치구의 국가, 시장, 시민사회와 같은 다양한 이해관계자들의 기후변화 대응 정책에의 거버넌스적 접근과 의사결정 과정을 살펴볼 것이다.

    러시아의 기후변화 관련 연구는 사회과학 분야에서는 기후변화 대응 정책과 경제적, 정치적 맥락 연구와 기후변화가 북극항로 및 북극 지역 자원개발에 미치는 영향에 관한 연구가 다수 존재한다. 국내에서는 김상원(2011)은 온실가스감축과 공동이행제도, 신재생에너지, 배출권 거래 관련이라는 완화(mitigation)의 경제적 측면을 연구했다.[8] 또한, 글로벌 거버넌스의 맥락에서 윤영미(2009)의 연구는 글로벌 기후변화 협약에 대한 러시아의 기후변화 대응과 행위자 간 상호작용을 살펴보았다.[9] 최근의 연구로는 라미경(2020)의 북극 지역에서의 글로벌 거버넌스 구축과 이를 통한 기후문제 해결에 관한 연구가 존재한다.[10] 그리고 러시아를 대상으로는 온난화로 인한 기후조건의 변화가 가져오는 경제적 기회와 관련한 연구가 활발한데, 대표적인 예시로 남청도(2013)의 연구에서는 북극항로 항행 가능 기간 연장의 원인 또는 개발에 영향을 미치는 요인으로서 기후변화를 다루었다.[11] 북극의 기후변화를 산업의 분야에서 발전의 요소로서 인식하고 바람직한 방향을 제시하려는 연구는 한국 외에서도 다수가 진행되었다. 렉신과 포르피례프(Лексин

---

8) 김상원, "기후변화협약에 대한 러시아의 대응전략", 『동유럽발칸학』, 제13권 1호, (용인: 한국외국어대학교 동유럽발칸연구소, 2011), pp. 229-258.
9) 윤영미, "러시아연방의 기후변화협약에 대한 정책과 대응방안에 대한 고찰", 『한국 시베리아연구』, 제13권 2호, (대전: 배재대학교 한국-시베리아센터, 2009), pp. 1-34.
10) 라미경, "기후변화 거버넌스와 북극권의 국제협력", 『한국 시베리아연구』, 제24권 1호, (대전: 배재대학교 한국-시베리아센터, 2020), pp. 35-64.
11) 남청도. "기후변화에 따른 NSR 현황과 전망" 한국항해항만학회 학술대회논문집 VOL. 2013 NO. 추계, (부산: 한국항해항만학회, 2013), pp. 8-10.

& Порфирьев)(2017)는 기후변화 하에서의 북극에서의 교통 및 물류 시스템의 부설과 사용 전략을 연구했다.[12] 포트라브니 등(Потравный et. al.)(2020)은 실질적으로 러시아 북극 지역에서의 신재생에너지로의 에너지전환에 민관협력(PPP)을 적극적으로 도입함으로써 효율성을 높일 수 있다고 주장했다.[13]

한국에서는 글로벌 거버넌스 맥락에서의 러시아 기후변화 대응 정책과 관련된 연구는 대체로 교토의정서와 관련한 것이었고, 2010년대 초 이후로는 활발하지 않다. 이는 러시아 정부가 국제 협약에는 참여하고 있으나 실질적 이행에서는 소극적이기 때문이었던 것으로 추측할 수 있다. 따라서 이 연구는 기후변화 대응이라는 맥락 속에서 러시아에 관한 선행연구들의 2010년대 이후를 조망하는 후속 연구로서 의미를 가진다. 한편으로는 기존의 러시아 지역 정책연구와 기업 중심의 환경 거버넌스 관련 연구에서 구체적으로 살펴보지 않았던 지역인 러시아 북극에 초점을 맞춘다는 차별성이 있다. 북극은 기후변화 취약성이 높으며 동시에 러시아가 개발을 주력하고 있는 지역이라는 점에서 더욱 이 연구의 중요성과 기존 연구와의 차별성을 강조할 수 있다.

---

[12] Лексин В. Н., Порфирьев Б. Н., "Специфика трансформации пространственной системы и стратегии переосвоения российской Арктики в условиях изменений климата," *Экономика региона*. (Т. 13, вып. 3. 2017)— С. pp. 641-657.

[13] Потравный Иван Михайлович, Яшалова Наталья Николаевна, Бороухин Дмитрий Сергеевич, & Толстоухова Мариясена Петровна, "Использование возобновляемых источников энергии в Арктике: Роль Государственно-Частного Партнерства." *Экономические и социальные перемены: факты, тенденции, прогноз*, (13 (1), 2020.), pp. 144-159.

Ⅱ. 이론적 배경

1. 환경 거버넌스의 정의

 20세기 말에 접어들며 사회문제는 이제 정부의 하향식 지시구조로 해결되지 않으며, 사회문제의 해결에 다양한 이해관계자들이 관여하게 된다는 인식이 널리 퍼졌다. 이러한 배경하에서 다양한 사회과학 분야에서 기존의 의사결정과 관리론의 대안으로 '거버넌스'가 등장하게 된다. 거버넌스라는 단어의 사용은 1980년대, 거버넌스 이론이 대두되기 이전부터 사용되고 있었다. 이는 현재의 의미와는 달리 국가에 의한 통치 행위(governing)를 의미했다.[14] 그러나 1970년대 말부터 국가 중심 관리체계의 한계에 대한 논의가 활발해지며, 거버넌스라는 개념은 국가실패를 극복할 수 있는 대체적이자 개혁적 측면의 의미로 분리되었으며 공동체 운영의 새로운 운영양식을 다루는, 기존의 통치 또는 정부(government)의 대체 개념으로 확대되기 시작했다.[15] 이후 1980년대, 서구 국가를 중심으로 분권화와 민영화 등 정부 개혁이 진행되면서 정치체제에 다수의 행위자와 집단이 개입되기 시작했고 공공과 민간이 확실하게 구별되지 않는 집단 간의 네트워크 조정이 핵심적인 문제로 떠올랐다.[16] 이때 신자유주의의 영향과 더불어 정부 기능의 축소와 정부 외의 새로운 주체를 중심으로 한 제도화가 시도되었다.[17] 이후 1988년 피터스와 캠벨(Peters &

---

14) 안네 메테 키에르,『거버넌스』, 이유진 옮김. (서울: 오름, 2004). p. 13.
15) Ibid., p. 27.
16) Ibid., p. 15.
17) 김석준, 이선우, 문병기, 곽진영.『뉴 거버넌스 연구』, (서울: 대영문화사, 2000). p. 53.

Campbell)이 거버넌스(Governance)라는 학술지를 발간하면서 세계적으로 거버넌스라는 용어가 널리 사용되기 시작했다.[18] 이후 20세기 말을 거치며 기존 정부의 관리 구조의 대체이자 바람직한 대안으로서 거버넌스 연구가 활발히 논의되어왔다. 1990년대 들어 거버넌스 연구는 본격적으로 확산하여, 거버넌스 개념은 시민사회의 영역으로 범위가 확대되었고 의사결정 과정에 대한 시민사회와 다양한 행위자의 참여와 합의 형성의 특성이 강조되었다.[19]

정치학의 다양한 하위분야들에서 거버넌스의 개념이 도입되었고 이 개념은 정치학의 분파뿐 아니라, 경제 영역까지 확대되었다. 그런 만큼 거버넌스의 개념은 다양한 학자들에 의해 정의되었으나 한편으로는 용어가 통일적으로 명확하게 정의되지는 않았다. 그러나 공통적으로 초점을 맞추는 지점은 권력 행사에서의 '규칙'의 제정이라는 부분이다.[20] 즉, 거버넌스란 일반적으로 국가 중심의 하향식 체제를 벗어나 다양한 참여자들의 상호작용으로 이루어지는 네트워크상의 의사결정 체계를 말한다고 볼 수 있을 것이다.

환경, 특히 기후변화는 국가만이 아닌 다양한 이해관계자가 문제의 발생과 해결에 참여하거나 협조가 필요한 문제로 거버넌스 시각에서의 접근이 필요한 분야이다. 환경문제는 기본적으로는 지역 내부에서의 문제인 경우가 많으나, 동시에 초국경적인 영향을 주고받으며 이슈의 해결을 위해서는 정부 주도가 아닌 다양한 행위자들 간의 협력이 필요하기에, 거버넌스 시각에서의 접근이 효과적이다.

거버넌스적 시각에서는 환경문제를 기존의 정부 주도의 환경 관리체계가

---

[18] 김순은. "우리나라 로컬 거버넌스에 관한 논의의 실제와 함의", 『지방정부연구』, 8(4), (양산: 한국지방정부학회, 2005), p. 74.
[19] 김석준, 이선우, 문병기, 곽진영. op. cit., p. 53.
[20] 안네 메테 키에르, op. cit., p. 21.

아니라, 정부와 기업 및 시민 등 별개의 목적이나 이념에 따라 움직이는 주체들이 참여하는 분야로 바라보고 있다. 파볼라(J. Paavola)의 연구에서는 환경 거버넌스를 '환경자원을 둘러싼 갈등을 해결하기 위한 제도의 설립, 재확인 또는 변경'이라는 넓은 범위에서 정의했다.[21] 레모스와 아그라왈(Lemos & Agrawal)은 해당 용어를 '정치 행위자들이 환경 조치와 결과에 영향을 미치는 규제 프로세스, 메커니즘 및 조직의 집합'이라는 의미에서 사용했다.[22] 여러 행위자가 개입하는 환경 거버넌스는 정부, 기업, 시민사회 등 어떤 행위자를 중심으로 움직이느냐에 따라 내용은 어느 정도 달라질 수 있겠으나 공통적인 사안은 환경문제에서의 협력관계를 위한 바람직한 네트워크의 구성이다.[23] 이러한 여러 정의를 통해 환경 거버넌스는 자원관리, 기후변화 대응 등의 환경과 관련된 제도 또는 프로세스의 확립이라는 공통적인 개념으로 정리할 수 있을 것이다.

2. 하이브리드 환경 거버넌스 프레임워크

하이브리드 거버넌스란 일반적으로 분류할 때 국가에 귀속되는 기능의 전부 또는 일부를 비국가 행위자가 맡게 되고, 그 과정에서 국가와 비국가 간의 명확한 구분이 어려울 정도로 비국가 행위자가 공식적인 기관과 깊게 연관되

---

21) Paavola, Jouni. "Institutions and Environmental Governance: A Reconceptualization. Ecological Economics." Elsevier, (vol. 63. 93-103. 2007) 10.1016/j.ecolecon.2006.09.026. p. 94.
22) Lemos, Maria & Agrawal, Arun. "Environmental Governance." *Annual Review of Environment and Resources*. (vol. 31. 2008), p. 298.
23) 이태종, 김영종, 이재호 "일본의 환경거버넌스 분석". 『한국정책과학학회보』, 5(2), (서울:한국정책과학학회, 2001), pp. 162-163.

는 협약(agreement)의 형태로 나타나는 거버넌스 구조를 말한다.[24] 또한, 하이브리드 거버넌스를 '공적'과 '사적' 통치 사이에 존재하는 영역의 의미로 정의할 수 있다.[25] 일반적인 의미에서의 거버넌스와 마찬가지로 하이브리드 거버넌스에서도 다양한 비국가 행위자가 중요한 역할을 맡으나, 공적 영역의 역할의 일부를 사적 영역으로 분류되는 비국가행위자가 담당하거나 공유하는 것이다. 이러한 특성으로 하이브리드 거버넌스는 문제 해결 측면에서 전통적인 형태의 거버넌스보다 복잡하고 다층적인 사회 문제에 대한 해결책을 찾는 데 더 능숙하며, 복합적인 사회적 과제를 관리하는 데 필요한 행정 역량을 제공할 수 있다고 평가된다.[26]

한편 환경문제에서는 기존의 하향식 규제방식에 맞지 않는 새로운 행위자와의 관계가 존재하며, 비국가 행위자와 광범위한 시민사회와의 관계, 생태계 기반 관리 전략, 지속 가능한 관행 구현의 필요성이 점점 더 강조되고 있다.[27] 따라서, 환경 거버넌스에서 비국가 행위자의 역할이 점점 더 중요해지며, 복합적이고 다층적인 성격을 가지는 환경문제를 해결하는 데 있어 환경 거버넌스의 하이브리드성은 자원 관리, 기후변화, 전 세계 환경 변화의 맥락에서 전

---

24) Colona, F. & R. Jaffe. "Hybrid Governance Arrangements". *European Journal of Development Research* (28(2), 2016,), p. 2.
25) Lund, E., "Hybrid Governance in Practice : Public and Private Actors in the Kyoto Protocol's Clean Development Mechanism." *Lund Political Studies*. (Lund University, 2013), p. 27.
26) Koppenjan, Joop & Karré, Philip & Termeer, Katrien. *Smart Hybridity - Potentials and Challenges of New Governance Arrangements*. (Den Haag: Eleven International Publishing, 2019), p. 72.
27) Vince, Joanna. "Third Party Certification: implementation challenges in private-social partnerships," *Policy Design and Practice*, (1:4, 2018).
DOI: 10.1080/25741292.2018.1541957, pp. 324-325.

통적인 국가 기반 정책 결정의 관리 시스템의 한계와 불확실성에 대한 효율적인 대응으로 사용될 수 있다.

레모스와 아그라왈은 하이브리드 거버넌스 모델을 기후변화, 자원관리 등의 환경 부분에 적용하여, 국가, 시장 및 지역 사회 행위자들이 다양한 영역에서 서로 다른 사회적 메커니즘과 영역에 걸쳐 공동 행동에 참여하는 환경 거버넌스 프레임워크를 제시했다.

레모스와 아그라왈은 연구에서 환경문제에서의 대표적 행위자를 세 가지 유형으로 단순화하여 분류하고 이들 간의 관계를 통해 환경 거버넌스에서의 하이브리드성을 설명했다. 정부(state), 시장(private), 시민사회(community)의 세 가지 행위자 유형 사이의 네트워크가 거버넌스의 중요 요소로 등장하는데, 국가와 시장 사이는 민관협력(PPP, public-private partnerships), 시장과 시민사회는 민간-사회협력(PSP, private-social partnership) 국가와 시민사회는 공동관리(Comanagement)로 연결되어 있다. 각각의 행위자들은 다른 행위자들의 약점을 찾는 동시에 그들의 강점을 빌리기 위해 압력을 가하거나 협력의 형태로 환경 거버넌스에 참여하게 된다.[28]

이 중 국가와 기업 사이에서 나타나는 민관협력은 일반적으로 민간 부문, 즉 기업과의 협력을 통해 공공 서비스를 수행하는 방법을 말한다. 일반적으로 PPP는 좁은 의미에서 민간 자본 유치를 의미하나, 더 넓은 의미로 확장하면 PPP는 민간위탁, 민영화, 민간 자본 유치, 행정 조직에의 민간 참여, 아웃소싱과 같은 다양한 형태를 포함하여 정부와 민간 부문의 모든 종류의 계약 활동을 포함한다.[29] 이 글에서는 PPP를 위와 같은 광범위하고 포괄적인 의미로 해

---

28) Lemos, Maria & Agrawal, Arun, op. cit., p. 311.
29) 강문수, "민관협력(PPP, Public Private Partnership) 활성화를 위한 법제개선연구", (세종: 한국법제연구원, 2011), pp. 32-33.

〈그림 1〉 하이브리드 거버넌스 프레임워크

석할 것이다.

민간-사회협력은 하이브리드 거버넌스에서 또 다른 중요한 네트워크를 차지하는 시장과 시민사회 간의 협력을 말한다. 민간-사회 파트너십에는 CSR(Corporate Social Responsibility), SLO(Social License to Operate) 등이 포함되며, 이 과정에서 일반적으로 시민사회는 강력한 행위자로서 역할을 수행한다.[30] 그 일부로서 시장과 시민사회는 협력을 위해 공청회와 같은 다양한 형태의 협상을 거치기도 한다. 민간-사회협력, 즉 PSP는 정부가 주도하는 인센티브나 처벌에 의존하지 않고 업계가 자신을 규제할 기회를 제공하는 것이다.

국가와 시민사회 사이에 존재하는 공동관리는 정부가 정보 및 의사 결정과 관련하여 특정한 권한과 책임을 부여받은 자원 이용자와 권력을 공유하는 관리 프로세스이다.[31] 공동관리의 대표적인 형태는 이익공유협정으로, 일반적

---

30) Vince. Joanna. op. cit., p. 325.
31) OECD. "Review of Fisheries in OECD Countries: Glossary, OECD, cited as Glossary of statistical terms." https://stats.oecd.org/glossary/detail.asp?ID=382 (검

으로 지역 자원 사용 이익 일부를 원주민 그룹을 포함한 지역 사회에 반환하는 것을 의미하며 러시아에서도 이 방식이 사용되고 있다.

이 연구에서는 환경 거버넌스에서의 하이브리드 프레임워크를 바탕으로, 야말로네네츠자치구의 주요 행위자를 국가, 기업, 사회의 세 가지 측면으로 나눈다. 정부와 비국가 행위자들이 어떠한 관계를 맺고 있으며, 이들 간 협력과 견제의 형태를 조사함으로써 야말로네네츠자치구의 거버넌스 구조를 파악하고 그 특성을 분석하려 한다.

Ⅲ. 야말로네네츠자치구의 특성과 기후변화 취약성

1. 지역적 특성

야말로네네츠자치구(Yamalo-Nenets Autonomous Okrug, YaNAO)는 러시아 우랄 지역의 북단에 위치한 연방주체이다. 야말로네네츠자치구는 그 지리적, 환경적 위치뿐만 아니라 경제적, 사회적으로도 독특한 위치를 차지하고 있다. 75만㎢를 넘는 광대한 자치구 영토의 절반 이상이 북위 66도 33분의 물리적 북극권 경계 너머에 존재하며 북극 카라해의 5,100㎞의 해안선을 끼고 있다. 대부분의 주요 도시가 영구동토층 위에 지어졌고, 자치구 수도인 살레하르트는 북극권 경계(arctic circle)인 북위 66도 33분에 걸친 대표적인 북극 도시이다.

북극에 대한 고정관념을 뒷받침해 주는 듯한 자연환경 속에 건설된 야말로

색일: 10 July 2020)

네네츠자치구이지만 경제적으로는 '얼음 사막'의 이미지와는 거리가 멀다. 야말로네네츠자치구는 2018년 기준 1인당 GRP가 5,710,130루블로 네네츠자치구에 이어 러시아에서 두 번째로 1인당 GRP가 큰 지역이다.[32] 무엇보다 야말로네네츠자치구는 러시아의 중요 과제인 북극 개발의 프런티어다. 러시아는 2013년 '북극 개발 전략 2020'으로 대표되는 북극 지역의 개발 전략을 수립하였고 자원개발, 북극권 항만개발, 인프라 구축 및 사회경제적 개선을 계획 및 관련 사업을 진행하고 있다. 야말로네네츠자치구는 푸틴 정부의 북극 개발 및 연구의 중요 지역으로, 대규모 LNG 프로젝트와 사베타항, 조선소 건설 및 쇄빙선 개발 등이 바로 이곳에서 이루어지고 있다. 야말로네네츠자치구의 중요성은 이러한 러시아 북극 관련 산업 프로젝트 투자액의 70%가 이 지역에 유치된 것을 통해 쉽게 알 수 있다.[33]

특히 석유 및 가스 생산에 있어서 야말로네네츠자치구의 위치는 독보적이다. 러시아 가스 총생산량의 80% 이상과 세계 가스 생산의 20%가 자치구에서 생산되고 있으며, 향후 3년간 생산량은 30% 이상 증가할 것으로 예상된다. 야말로네네츠자치구에서는 현재 67개의 석유 및 가스 기업이 운영되고 있으며,[34] 러시아 최대의 LNG 프로젝트로 2017년 첫 시추를 시작한 Yamal LNG와 뒤이어 개발 진행 중인 Arctic-2 또한 이 지역에 위치한다. 또한 가즈프롬(Gazprom), 노바텍(Novetek), 루코일(Lukoil), 로스네프트(Rosneft)와 같은 에너지 개발 기업의 세금이 전체 자치구 예산 수입의 72%의 비중을 차

---

32) Росстат, "валовый региональный продукт на душу населения по субъектам Российской Федерации в 1998-2018гг." https://mrd.gks.ru/folder/27963 (검색일: 2020. 5. 13)
33) "Invest. Yamal," https://invest.yanao.ru/about/?tab=tabpanel1 (검색일: 2020. 6. 3.)
34) Росприроднадзор, "Федеральная экологическая информация Ямало-Ненецкого автономного округа,": http://72.rpn.gov.ru/node/5872 (검색일: 2020. 5. 13)

지한다.[35]

거대한 개발 프로젝트로 북극을 새로운 경제 성장 동력으로 만들겠다는 야심의 배경에는 기후변화가 불러온 환경의 변화와 기회가 있다. 야말로네네츠자치구가 기후변화로 인해 피해를 보고 있다는 사실은 명백한 사실이다. 기후변화로 인한 기온 상승과 영구동토층 해빙은 그 위에 위치한 도시의 건물, 도로를 비롯한 인프라와 생활환경을 파괴한다. 그러나 동시에, 북극 지역의 특성 덕분에 이 지역은 기후변화 취약성과 그 영향으로 인한 이점을 동시에 누릴 수 있는 지역이다. 러시아가 기대하고 있는 것처럼, 온난화로 인한 토양 침식과 영구동토층 해빙으로 인해 새로운 농업, 임업 가능 지역이 확대될 수도 있다. 동시에 북극해 빙하가 녹으면 북극항로 운송의 기회는 더욱 확대된다. 사베타항을 거점으로 한 에너지 수송 루트는 새로운 경제적 성공가도로서 기대를 받고 있다. 막심 소콜로프 러시아 수송부 장관은 사베타항 프로젝트가 중요한 에너지 개발 거점일 뿐만 아니라, 러시아의 지정학적 의미를 재정의하고 러시아를 북극 개발의 리더로 만들어줄 수 있다고 주장했다.[36]

이 지역에서 중요한 비국가 행위자는 크게 기업과 토착 민족 집단을 포함한 시민사회로 나눌 수 있다. 먼저, 기업은 경제적으로 중요한 위치를 차지하고 있을 뿐만 아니라, 야말로네네츠자치구에서의 기후변화대응, 특히 완화 정책에서의 가장 중요한 요소 중 하나이다. 야말로네네츠자치구에서 기업이 원자재의 추출, 가공 및 운송과 전기 에너지 생산, 가스 생산을 위해 사용한 전력

---

35) Правительство ЯНАО, "История Ямала", https://www.yanao.ru/region/about/ (검색일: 2020. 5. 31)
36) "Рождение Сабетты", Транспорт России., Jun. 26. 2012. http://transportrussia.ru/item/1361-rozhdenie-sabetty.html (검색일: 2020. 5. 5)

은 2014년에서 2017년까지 총 소비 전력의 77.5%에서 79.2%를 차지했다.[37] 기업별로 이 소비량을 분석하여 순위를 매겼을 때 가장 전력을 많이 사용하는 회사는 가즈프롬으로, 2014-2018년 기간 동안 산업 시설에서 연간 50-60억 kWh의 전기 에너지를 소비했다.[38] 자치구 정부에서 계측하는 온실가스 배출량에서도 기업이 가장 중요하고 가장 큰 부분을 차지하고 있다. "야말로네네츠자치구 오염물질 및 온실가스 배출량(Выбросы загрязняющих веществ и парниковых газов ЯНАО)" 데이터베이스를 통한 기업 온실가스 자동 배출량 계산 프로그램에 따르면, 2018년에 기업은 5,395만 톤에 달하는 CO_2를 배출했는데, 이는 CO_2 총배출량의 약 75%에 해당한다.[39]

한편으로 자치구에는 네네츠인, 한티인, 코미인 등 토착 민족이 거주하나, 전체 인구에서 이들이 차지하는 비중은 2018년 기준 53만 명 중 약 4만 명으로 비교적 낮다.[40] 야말 지역의 산업 베이스는 석유, 가스 등 에너지산업이 지역 총생산량의 88% 이상을 차지하며, 광활한 목초지가 존재함에도 주로 토착 민족이 종사하는 농축산업, 임업, 사냥 등은 전체의 0.1-2%에 불과하다.[41] 그러나 한편으로는 기존 전통적 산업의 영역이 개발지역과 같은 지역에 존재하

---

37) "Об утверждении схемы и программы перспективного развития электроэнергетики Ямало-Ненецкого автономного округа на период 2020 - 2024 годов", http://docs2.kodeks.ru/document/553274964 (검색일: 2020.5.13.)

38) Ibid.

39) "Правительство ЯНАО. Доклад Об экологической ситуации в Ямало-Ненецком автономном округе в 2018 году, [Report]". p. 33. https://www.yanao.ru/activity/2810/ (검색일: 2020.02.21)

40) "Росприроднадзор," http://72.rpn.gov.ru/node/5872 (검색일: 2020.05.13.)

41) Nalimov, Pavel & Rudenko, Dmitry. "Socio-economic Problems of the Yamal-Nenets Autonomous Okrug Development." *Procedia Economics and Finance*. (24. 2015). 10.1016/S2212-5671(15)00629-2, p. 546.

기 때문에 환경영향평가 참여를 비롯한 각종 협상에서 전통적 경제활동의 권리를 갖는 토착 민족 단체가 어느 정도의 발언권을 갖게 된다. 오늘날 야말에는 몇 개의 대규모 원주민 NGO가 운영되고 있는데, 가장 규모가 큰 것은 '후손을 위한 야말(Ямал - потомкам!)', 과 '야말(Ямал)'로, 두 집단 모두 주 정부에서 보조금을 받으며 관련 정책에 협력하는 대표적 단체이다.[42]

2. 기후변화 취약성과 대응

야말로네네츠자치구의 지리적 위치만으로도 이 지역의 기후변화 취약성을 쉽게 추측할 수 있다. 기후변화의 영향은 자연환경을 변화시키며 그 결과로서 경제, 사회적 영향을 끼친다. 건축 및 인프라, 농업, 축산업, 어업, 자원개발, 보건 등 이미 여러 부문에서 그 결과가 나타나고 있다. 러시아과학아카데미의 연구에 따르면 노비우렌고이, 나딤, 살레하르트와 같은 도시들은 특히 그 영향이 두드러지게 나타나는 지역이다. 해당 지역에서는 토양의 온도가 기존의 -3도에서 -1도까지 상승하는 모습을 보였으며 이러한 지역에서는 토양 강도 변화로 인한 건물 손상, 파괴를 대비하여 구축 및 운영해야 한다고 지적했다.[43]

지역 개발과 직접 연결되는 교통인프라는 이 과정에서 가장 영향에 취약한

---

[42] Tulaeva, Svetlana & Tysiachniouk, Maria & Henry, Laura & Horowitz, Leah. "Globalizing Extraction and Indigenous Rights in the Russian Arctic: The Enduring Role of the State in Natural Resource Governance." *Resources*. (8. 179. 2019). 10.3390/resources8040179. p. 9.

[43] "Глобальное потепление грозит разрушением домов на Ямале" Вести Ямал, Nov. 4, 2018.
https://vesti-yamal.ru/ru/vjesti_jamal/globalnoe_poteplenie_grozit_razrusheniem_domov_na_yamale_chto_nujno_delat_chtobyi_zavtra_ne_byilo_bedyi173297 (검색일: 2020. 5. 19.)

부분 중 하나이다. 러시아 최북단 철도이며 야말반도까지 연결되는 주요 철도인 옵스카야-보바넨코보 철도 또한 위험지역에 있으며, 기후변화로 인한 영구동토층 해빙 시 인명피해가 발생할 수 있으며 경제적으로도 악영향을 끼칠 수 있다.[44] 도로도 마찬가지로, 드미트리 코빌킨 야말로네네츠자치구 전 주지사 또한 2017년 북극법학국제포럼에서 영구동토층의 해빙이 심각한 상태이며, 이는 공도 및 건축에 영향을 끼칠 수 있으므로 관련 연구가 필요하다고 강조했으며, 이미 야말로네네츠 교통국은 러시아 연방정부에 변화하는 기후 하에서의 교통인프라 건설 규정과 관련된 제안서를 보낸 바 있다.[45] 또한, 카라해 연안에서 영구동토층이 녹으며 지반 침식이 크게 증가할 가능성이 있으며 이로 인해 해안이 매년 2-4m씩 멀어지게 되어 해안 거주지에서는 '기후 난민'이 나타날 수 있고, 북극 지역의 해안 침식은 항구, 유조선 터미널 및 기타 산업 시설에 위협이 된다.[46]

2016년 야말반도에서 일어난 탄저병 유행 또한 기후변화가 원인으로 발생한 대표적인 사건이다. 2016년 여름, 29-34도의 기온을 기록하며 영구동토층 해빙으로 인해 지표로 탄저균 포자가 이동하고 모기 등 흡혈 곤충의 개체 수가 증가하여 대규모로 탄저병이 유행했다.[47] 이 사건으로 총 2,650마리의 순

---

44) "녹아내리는 영구동토층…2050년까지 360만 명 위기 처한다", 「중앙일보」, 2018년 12월 12일. https://news.joins.com/article/23201210 (검색일: 2020. 5. 11.)

45) "Власти ЯНАО обеспокоены таянием вечной мерзлоты, что негативно влияет на стройки", Znak, 1 Dec. 2017.
https://www.znak.com/2017-12-01/vlasti_yanao_obespokoeny_tayaniem_vechnoy_merzloty_koto raya_negativno_vliyaet_na_stroyki (검색일: 2020. 5. 19.)

46) Ревич Борис Александрович. "Климатические изменения как новый фактор риска для здоровья населения российского Севера." *Экология человека*, (no. 6, 2009), p. 12.

47) Попова А.Ю., Демина Ю.В., Ежлова Е.Б., Куличенко А.Н., Рязанова А.Г., Малеев В.В., Плоскирева А.А., Дятлов И.А., Тимофеев В.С., Нечепуренко Л.А., & Харьков

록이 감염되어 300여 마리가 폐사했으며, 36건의 주민 감염이 확인되었고 한 명의 사망자가 나왔다.[48] 당시 야말에서는 탄저병의 마지막 유행이 1941년이었으므로 당국은 탄저병 유행이 발생할 가능성이 적다고 판단해 2007년에는 이미 필수 예방 접종 대상에서 제외되었던 상황이었다.[49]

동시에 기후변화로 인한 자연환경의 변화는 또다시 기후변화를 가속할 수 있다. 지저에 매장된 메탄의 유출 가능성이 커지며, 북극해 유빙이 녹음에 따라 북극해 해양 온도가 올라갈 수 있다. 영구 동토층은 현재 대기에 있는 것보다 거의 2배 많은 탄소를 보유하고 있어서, 영구 동토층이 녹음에 따라 매장된 이산화탄소 및 메탄이 대기에 노출되면, 온난화를 가속화 할 가능성이 있다.[50]

이처럼 자치구에서 보이는 두드러진 기후변화의 취약성에도 불구하고, 자치구에서는 기후변화와 환경변화 자체에 대한 부정적인 의견은 찾아보기 힘들다. 북극해 해빙을 기회로 한 북극항로의 개발은 지역 발전 및 경제적 이익으로 연결되기 때문이다. 특히 Yamal LNG 개발을 전후한 2013년부터는 각종 지역 신문과 자치구 정부 보도자료 등에서 이것을 긍정적인 측면, 즉 기회로서 인식하고 있음을 볼 수 있다. 동시에 지역민들의 실질적 피해 상황과 이에 대한 대처가 필요하다는 인식은 전반적으로 퍼져 있는 한편 온난화로 인

В.В. "Вспышка сибирской язвы в Ямало-Ненецком автономном округе в 2016 году, эпидемиологические особенности." *Проблемы особо опасных инфекций*, (4, 2016), p. 43.
48) Ibid.
49) "Сибирская язва на Ямале: чем грозит первая за 75 лет вспышка болезни" РИА Новости, Aug. 3, 2016. https://ria.ru/20160803/1473450350.html (검색일: 2020.4.7.)
50) Arctic Program, "Arctic Report Card: Update for 2019", https://arctic.noaa.gov/Report-Card/Report-Card-2019/ArtMID/7916/ArticleID/844/Permafrost-and-the-Global-Carbon-Cycle (검색일: 2020.5.31.)

한 자연환경의 변화를 지적할 때에는 가치중립적인 입장을 취한다. 환경 변화를 뉴스 등 미디어를 통해 보도하고 있고 연구 또한 이루어지고 있으나 부정적이거나 긍정적이라는 평가를 하지 않음으로써 역으로 이로부터 발생하는 문제를 실질적으로 지적하지 못하고 회피하는 것이다. 예를 들어, 온난화로 인한 메탄 분출이 원인인 가스 깔때기(Воронки газового выброса)생성 문제를 일반적인 과학적 사실만으로 설명하거나,[51] 영구동토층 해빙과 지반침하로 새로운 호수가 나타나고 기존에 서식하지 않았던 식물종이 번성하는 것을 보고 경작 가능 토지가 늘어날 것을 기대하는 뉘앙스로 쓰는 사례가 대표적인 예시이다.[52]

IV. 야말로네네츠자치구의 기후변화 대응 거버넌스 구조

1. 행위자 분석

환경 거버넌스에서의 하이브리드 구조에 참여하는 행위자는 국가, 기업,

---

51) 2013년 가을 최초로 의문의 크레이터가 야말반도에서 발견되어 운석 설, 가스 분출설 등 많은 추측을 불러일으켰으나 기온 상승으로 인한 드라이아이스 해동과 지저 메탄의 분출이 원인으로 만들어진 것으로 밝혀졌다. 최초의 발견 이후에도 비슷한 지형이 발견되었는데, 이 구덩이들은 이후 물이 채워져 호수가 될 것으로 예측된다. Борис Олейник, "Воронки в ямальской тундре – будущие озера, считают ученые" Новости Сибирской Науки, Jan. 5, 2020.
http://www.sib-cience.info/ru/institutes/voronki-gazovogo-vybrosa-na-yamale-04012019 (검색일: 2020. 6. 4.)

52) "Сектор газа: как тундра реагирует на потепление." РИА Новости. Dec. 7, 2017. https://ria.ru/20171207/1510311618.html (검색일: 2020. 6. 2.)

시민사회로 나뉜다. 이 분류에서 국가는 모든 단계의 정부를 말하는데 연방정부의 중앙집권적 하향식 의사결정뿐만 아니라, 지방정부와 낮은 단위의 행정주체 역시 중요한 역할을 차지한다. 또한 정부 부분에는 정부가 주도하는 연구 기관까지 포함할 수 있다. 기업은 비국가 행위자로서 또 다른 중요한 요소이다. 야말로네네츠자치구의 경우에는 연방주체 세수의 70-80%를 차지하는 에너지 기업이 그 역할을 맡고 있다. 마지막으로 시민사회는 토착 민족 집단, 국제 NGO, 지역사회 등을 말한다. 기타 국제 차원의 연구 협력, 지역 및 도시 단위의 국내외 협력도 시민사회 분야에서 하이브리드 배열의 일부로 포함된다.

야말로네네츠자치구는 1992년 러시아의 정식 연방주체가 된 이후 2000년대에 이르기까지는 지역단위의 환경관리 법률을 따로 제정하지 않았고 러시아 연방 환경법과 튜멘주의 프로그램을 따랐다. 2000년대 후반 들어서야 자치구 차원에서의 환경 안전 보장 프로그램을 시작했다. 이 시기에 기후변화 대응이나 GHG 배출은 아직 독립적 프로젝트로 발전하지 않았으며, 대기 오염의 한 파트로 다뤄졌다. 환경보호 프로그램 안에 기후변화 관련 파트가 포함되는 것은 2016년 이후에도 마찬가지이나, 이때는 GHG 배출량 감소 프로그램이 기후변화 대응으로 따로 분류되었다는 차이가 있다.

야말로네네츠자치구의 기후변화 대응은 2009년 러시아연방 기후 독트린의 발표에 이어 제작된 연방정부 차원에서의 온실가스 배출, 에너지 전략 등을 바탕으로 진행되었다. 자치구 정부 또한 관련 프로그램과 기후변화 완화를 목적으로 하는 온실가스 배출량 계측 및 감소 계획을 작성하여 제도적 근거를 마련했다. 이러한 프로그램은 대개는 2012년 이후 작성되기 시작했는데, 기후 독트린의 메인 전략을 따라갈 필요가 있었고 동시에 연방 단위에서의 세부 시행전략이 뒤늦게 마련되었기 때문이다. 이후, 자치구 정부는 세부 계획을 바탕으로 에너지 산업에서의 온실가스 배출량 규제를 포함한 환경 모니터링 프로그램을 진행하고 그 결과를 2013년부터는 '야말로네네츠자치구 환경 상황 보고서'로 발간하고 있다. 2012년부터는 GHG 배출량을 비롯해 오염 물질 배출량 관리 시스템을 구축하고, 데이터의 축적, 저장 및 처리를 위한 데이터베이스를 개발하는 활동이 시작되었다.

하이브리드 거버넌스의 또 다른 행위자인 기업은 환경경영(EMS, Environmental Management System), 기업의 사회적 책임(CSR, Corporate Social Responsibility) 등의 형태, 또는 리스크 관리의 측면에서 기후변화에 접근하고 있다. 기업은 'UN 지속가능발전목표(UN Sustainable Development Goals)'를 기초로 하여 자사의 에너지 효율성 제고, 환경 관련 R&D, 지역사회 또는 토착 민족의 기후변화 적응 지원, 환경 모니터링 및 연구 등을 CSR의 일부로 진행한다. 일례로, 노바텍은 Yamal LNG 프로젝트 구현 시 환경 안전에 특히 주의를 기울여 Yamal LNG의 플랜트 및 인프라 건설 시 영구동토층에 피해를 주지 않는 방식으로 시공했다고 밝혔다.[53] 동시에 Arctic-2를 개발하며 영구동토층 해빙으로 인한 플랜트 파괴가 일어나지 않도록 향후 30-40년간의 온난화를 고려하여 한계하중을 계산하고 지열안정시설(thermostabilizator)을 설치할 예정이다.[54] 또한, 가즈프롬은 2005년부터 환경영향보고서를 출간하고 있으며, 대기 및 기후변화 대응에 2018년 한 해 48억 8천만 루블을 지출

---

53) "Полуостров Ямал: накопленные экопроблемы и новые нефтегазовые проекты". Bellona. Dec. 17, 2018.
https://bellona.ru/2018/12/17/poluostrov-yamal-nakoplennye-ekoproblemy-i-novye-neftegazovye-proekty/ (검색일: 23 Feb. 2020)

54) Павел Маркуш, "Изменение климата на Ямале повлияло на работу компании богатейшего бизнесмена России." URA.ru., Oct. 2, 2019.
https://ura.news/news/1052401556 (검색일: 25 Feb. 2020)

했다.[55] 로스네프트는 지난 5년간 온실가스 배출량 감소를 위해 240억 루블을 지출했으며[56] 2018년 말 2017년 동기대비 메탄 배출량을 46% 감소시켰고, 플랜트 내 사용 연료를 친환경 연료로 교체하여 생산 단위당 온실가스 배출량을 8% 감소시켰다.[57] 한편 야말로네네츠자치구 내부의 사업에는 해당하지 않으나 탄소공개프로젝트(Carbon disclosure project)와 같은 초국경적 차원에서의 이니셔티브에 야말로네네츠자치구에서 프로젝트를 진행 중인 기업들이 다수 참여하고 있다. 그 외 북극이사회의 태스크포스에 가즈프롬이 참가하는 등, 북극 환경 거버넌스에서의 기업의 역할의 중요성이 점점 증가하고 있다. 또한, 글로벌 환경 규제는 과거보다 더욱 강화되고 있다. 2019년 유럽연합 집행위원회(European Commission)는 2030년 온실가스 감축 목표를 이전 1990년 대비 40% 감축에서 50-55% 감축으로 상향하고 탄소국경조정제도(BCA, Border Carbon Adjustment)를 도입하는 '유럽그린딜(European Green Deal)'을 발표했다. 야말로네네츠자치구는 경제 구조와 대외 무역으로 인해 BCA 도입에 매우 민감한 지역이므로, 이 지역에서 기업의 역할이 더욱 중요해질 것으로 예상된다.

마지막으로, 시민사회는 중요한 비국가 행위자로 INGO와 토착 민족 그룹을 포함하며, 야말로네네츠자치구에서 기업과 정부의 정책에 관여하고 있다. 토착 민족은 개인단위에서의 권리 보호 운동, NGO와의 연계 등의 활동을 하는 경우도 있으나, 이 연구에서는 토착 민족을 대표하는 공식적인 단체를 중심으로 살펴보기로 한다. 대표적 단체로는 '후손을 위한 야말(Ямал –

---

55) Gazprom. "PJSC Gazprom Environmental Report 2018". (Moscow: Gazprom, 2019). p. 17.
56) Rosneft. "Sustainability Report 2018". (Moscow: Rosneft, 2019). p. 3.
57) Ibid. p. 73.

потомкам!)'등이 있으며, 네네츠인은 사하공화국 등과 달리 정치적인 움직임은 적으나 전통적 산업 분야의 유력자를 중심으로 기업, 국가와 협상하여 경제적 이익을 확보해 왔다.[58] 또한, 자치구에서는 WWF(World Wildlife Fund) 그린피스(Greenpeace) 등의 NGO가 활동하고 있다. 그중에서도 이 지역에서 활동이 활발한 것은 WWF로, 주요 활동은 생물다양성 보존에 초점을 맞추고 있으며 러시아 기후 독트린 및 세부 시행계획 작성, 탄소규제 시스템의 개발, 기후변화 관련 교육 등을 진행해 왔다. 그린피스는 석유가스 기업의 환경 및 사회적 기준 준수, 산림보존, 에너지전환을 중심으로 활동한다. WWF와 그린피스는 석유산업이 야말로네네츠자치구의 환경에 미치는 영향에 대한 전문가 평가 발표, 문제에 대한 대중의 인식 제고, 상황 개선을 위한 권고안 제시, 야말로네네츠자치구에서 계획된 자원 추출 프로젝트의 공청회 참가, 석유 회사와의 협력 등을 진행한다.[59]

2. 국가-시장 관계

환경 거버넌스에서의 하이브리드 모델은 국가와 기업, 기업과 시민사회, 시민사회와 국가의 네트워크로 정리된다. 국가, 시장, 사회에 걸쳐 환경보호에 대한 파트너십과 공동 책임을 확립하는 거버넌스 접근법인 레모스와 아그라왈의 하이브리드 구조는 국가 주도(하향적), 시장 기반(시장 중심), 커뮤니티

---

58) Иванова Айталина Афанасьевна, & Штаммлер Флориан Маркус, Многообразие управляемости природными ресурсами в Российской Арктике. Сибирские исторические исследования, (vol.4, 2017), pp. 220-221.
59) Stephen, K., & Valeeva, V., "Arctic Stakeholder Map: Stakeholder groups involved in Yamal oil and gas development" *Blue; Action Case Study Nr. 5.* (Potsdam: Institute for Advanced Sustainability Studies (IASS)., 2018). pp. 11-12.

기반(상향적) 환경 거버넌스 사이의 중간적 전략을 말한다.[60] 이 배열은 환경 거버넌스에서 중앙정부로 대표되는 단독 행위자 중심이 아니라 다양한 이해관계자 간 네트워크가 이슈 해결에서 필수적임을 보여준다. 야말로네네츠자치구에서도 양자 및 다자간 네트워크가 다양한 이해관계자 사이의 상호작용을 통해 기후행동을 진행하는 형태로 구성되어 있음을 볼 수 있다.

환경 거버넌스에서의 하이브리드 구조는 일반적으로 국가가 단독으로 성과를 내기 어려운 부분에 비국가 행위자가 개입하여 효율성을 증가시키며 결과를 내는 것이다. 하이브리드 환경 거버넌스는 국가가 해결하지 못하는 많은 환경문제를 시장을 포함한 비국가 행위자에 맡김으로써 효율성이 증가할 것이라는 기대를 전제로 제시된 이론이다. 그 대표적인 비국가 행위자는 기업으로, 기업과 정부 간의 협력은 전통적인 국가의 영역에 비국가 행위자가 개입하는 하이브리드 거버넌스의 전형적인 형태이다.

대표적인 국가와 시장과의 관계는 민관협력(Public-Private Partnership)으로, 정부와의 협약을 비롯하여 CSR의 영역에서 기업이 정부와 협력하는 유형까지 넓은 의미에서 정부와 관련된 민간 계약행위 일체를 의미한다. 자치구 정부와 기업은 기후 및 환경 모니터링, 에너지 효율화 프로그램, 신재생 에너지, 기타 환경 관련 사업 또는 온난화와 지역사회 지원 등 완화 또는 적응행동과 관련된 활동에서 협력하고 있다. 특히, 지역 소재 대기업의 역할이 중요한 위치를 점하고 있는데, 이는 예를 들어 대표적으로 야말로네네츠 자치구 정부의 핵심 추진 사업인 가스화 프로젝트를 비롯하여 에너지 전환, 주거 인프라 개선 등에서 찾아볼 수 있다. 난방시설의 에너지 전환은 거주지의 대기질 개선 조치 목적으로 실시하며 야말반도에서만 난방시설 244개 중

---

60) Ibid.

170개가 LNG로의 전환을 완료했다.[61] 야말로네네츠자치구의 2018-2022년 지역 가스화 프로그램에는 32억 루블이 투자되었는데, 그중 24억 루블이 예산 외 출처(внебюджетные источники), 즉 시행 기업으로부터의 투자로 이루어졌다.[62]

기업이 직접 자금을 투입하지 않는 경우에도 기업은 정부의 프로젝트에 자발적 참여 계약 또는 금전적 지원을 하거나 사회 및 환경 지원 사업을 하도록 자치구 정부와 협력 계약을 맺는다. 에너지 집약적 산업 분야의 기업들과의 에너지 사용 및 환경보호 협력에는 가즈프롬, 노바텍, 로스네프트, 로스판(Rospan)이 참여한 바가 있다.[63] 루코일은 2007년 이래 환경 프로젝트 지원을 비롯한 사회발전 협력 계약 체결을 주기적으로 하고 있다. 이는 가즈프롬, 노바텍 등도 마찬가지이다.[64] Yamal LNG 또한 자치구의 에너지 효율화 프로

---

[61] "Дмитрий Артюхов рассказал о ямальском опыте реализации масштабных экологических программ" Официальный сайт муниципального образования город Новый Уренгой,
http://www.newurengoy.ru/news/15716-dmitriy-artyuhov-rasskazal-o-yamalskom-opyte-realizacii-masshtabnyh-ekologicheskih-programm.html (검색일: 28 May 2020)

[62] "На Ямале принята комплексная региональная программа газификации", Официальный сайт МО г. Муравленко, Dec. 7, 2017.
http://muravlenko.yanao.ru/novosti/novosti_yanao/47369-na-yamale-prinyata-kompleksnaya-regionalnaya-programma-gazifikacii.html (검색일: 28 May 2020)

[63] Правительство ЯНАО. "Энергосбережение и повышение энергетической эффективности в Ямало-Ненецком автономном округе на период 2010 - 2015 годов и на перспективу до 2020 года"
http://docs.cntd.ru/document/473413318 (검색일: 15 Apr. 2020)

[64] "«Лукойл» поможет правительству Ямала в охране природы, организации научных исследований, развитии спорта и туризма." The Arctic. Января 31, 2017. https://ru.arctic.ru/economics/20170131/537426.html (검색일: 1 May 2020)

젝트에 참여했으며[65] 기후변화로 인한 토착 민족 생활 변화를 세부 주제로 두고 있는 환경보호 프로그램 '소수 토착 민족 관련 환경모니터링' 프로젝트의 재원을 조달했다.[66] 2019년에는 연방 환경부, 자치주, Yamal LNG가 오브만 모니터링 프로젝트 합동조사를 진행했다.[67]

재생에너지 분야에서 대형 태양광 패널 또는 풍력 플랜트 등의 사업은 대체로 기업 단독으로 하는 편이고, 그렇지 않은 경우에도 규모는 작다.[68] 야말로네네츠자치구의 지역사회 에너지 전환은 소규모 풍력발전으로 대규모 PPP를 실시할 규모가 아니며, 각 에너지 기업은 가스화 사업과 환경 관련 사업에 대한 연간 사회개발 협력 계약을 이미 체결했다는 점도 이 지역에서 에너지전환의 대규모 PPP사업이 많이 보이지 않는 이유라고 할 수 있다. 기업이 국가사업의 실행예산 일부를 부담하거나 협력하고 있으며 여기에는 또한 자치구의 에너지 효율화, 환경 모니터링 프로젝트를 비롯하여 지역사회에 대한 기여가

---

[65] Правительство ЯНАО. "Энергосбережение и повышение энергетической эффективности в Ямало-Ненецком автономном округе на период 2010 - 2015 годов и на перспективу до 2020 года."
http://docs.cntd.ru/document/473413318 (검색일: 15 Apr. 2020)

[66] Правительство ЯНАО. "Комплексный экологический мониторинг территории исконной среды проживания коренного малочисленного населения Ямало-Ненецкого автономного округа [Programme]."
http://docs.cntd.ru/document/543542399 (검색일: 1 May 2020)

[67] "В Минприроды представили программу по экологическому мониторингу Обской губы", *Znak*. Jun. 28, 2019.
https://www.znak.com/2019-06-28/v_minprirody_predstavili_programmu_po_ekologicheskom u_monitoringu_obskoy_guby (검색일: 25 May 2020)

[68] 기업의 자사 사업용 발전소를 신재생에너지 또는 가스, 풍력이 결합한 하이브리드 플랜트로 건설하는 경우(Gazpromneft의 태양광 및 풍력발전소 'Yurta' 등)가 있으며, 기업이 운영하는 소규모 주거지역용 발전소(Labytnangi시, 북극 최초의 풍력발전소)도 존재한다.

포함되어 있다.

한편 기회를 이용한다는 측면에서의 적응 부분을 살펴보았을 때는 북극해 해빙을 이용한 사베타항과 주변 인프라 건설의 대규모 PPP 사업이야말로 기후변화 시기의 러시아의 기념비적이자 경제적 전환점의 상징이라고 할 수 있다. 한편, Yamal LNG 프로젝트에의 외국자본의 투입으로 인해 사베타항과 관련 인프라 건설 시에도 ISO의 신 기준을 따르며 GHG 배출 및 기후변화 대응을 포함한 환경 전반을 러시아 국내법 이상의 기준에 맞추었다는 점은 기존보다 진보된 부분이라고도 볼 수 있다.

정부와 기업과의 관계는 정부 주도의 환경 프로그램에 기업이 금전적 지원을 하는 경우, 협약 또는 CSR로 지역 환경목표에 동참하거나 지원을 하는 형태, 모니터링 프로그램의 자금 투입의 형태, 그리고 북극 지역 개발에서의 적극적인 PPP로 나뉜다고 정리할 수 있다. 이 지역의 대규모 신재생에너지 개발은 기업 자체 시설 운영 개선에 집중된 상황이다. 그러나 북극해 얼음이 감소하며 가능해지는 개발 부분에서는 적극적인 PPP를 진행 중인 불균형적이고 양면적인 모습을 보인다. 하지만, 러시아가 앞으로의 북극 지역 대규모 개발 프로젝트에 외국 자본의 투자를 유치할 계획인 것에 미루어 볼 때, 적어도 앞으로의 개발은 국제 수준의 환경 기준에 맞출 것으로 기대할 수 있다.

3. 시장-시민사회 관계

앞에서 살펴본 PPP가 정부와 기업이 중심이 되는 것과는 달리, PSP에서는 시민사회와 시장이 중심이 되며 시민사회는 이들 사이의 네트워크에 새로운 행위자들이 강한 역할로 참여하여 의사결정을 주도할 수 있도록

한다.[69]

　가즈프롬, 로스네프트 등 러시아 국내의 주요 기업은 독립적으로 운영되지만 국가의 자본이 들어간다. 일반적인 에너지 회사들과 같이 외국 펀드에 자본을 의지하지 않기 때문에 국제 펀드에서 요구하는 환경기준에 비교적 덜 민감한 입장이다. 그러나 다소 다른 상황을 보이는 것은 노바텍과 Yamal LNG이다. 국내 기업과는 달리, 노바텍은 국제 금융 그룹으로부터 자금을 조달받기 때문에 러시아 국내법 이상으로 요구하는 스탠더드에 맞출 필요가 있기 때문이다.[70] Yamal LNG도 비슷한 사례로, 노바텍이 50%의 지분을 가지고 있으나 토탈(Total), CNPC 등이 참여한 JV이며 사베타항을 비롯한 주변 시설 건설에도 유럽을 포함한 외국으로부터의 투자 및 참여가 동반되었다.

　한편 국제 NGO와 지역 토착 민족을 비롯한 커뮤니티 그룹은 주로 기업과의 협상 또는 자치구 정부와의 계약에 의견을 내는 방식으로 의사결정에 참여하고 있다. 이 중 잘 조직된 사례가 야말반도의 가스전 개발인데, WWF는 Yamal LNG의 환경 및 사회적 영향 평가 보고서 작성 기준에 개입하여 협상을 통해 러시아 국내법 이상의 접근법을 요구하는 국제표준에 따른 환경 및 사회적 영향 평가 보고서를 발간하도록 했다.[71] 환경 기준에서는 온실가스 배출과 에너지 효율화, 영구동토층 접촉 및 해동 문제 등을 다루고 있다. 또한 개발 관련한 의사결정 과정에서 토착 민족 및 지역주민과의 공청회를 지속적이고

---

69) Vince, Joanna, op. cit., p. 325.
70) Tulaeva, Svetlana & Tysiachniouk, Maria & Henry, Laura & Horowitz, Leah. op. cit., p. 12
71) WWF, "YAMAL LNG FINALLY REVEALS THE ENVIRONMENTAL IMPACT OF THE PROJECT [News]." Jan. 29, 2015.
https://wwf.ru/en/resources/news/arkhiv/yamal-spg-nakonets-raskryla-vozdeystvi e-svoego-proekta-na-prirodu/ (검색일: 23 Feb. 2020)

필수적으로 개최하였는데, 이 부분에 기후변화에 관한 내용, 영구동토층 훼손 등에 관한 내용이 포함되었다.[72] 이는 개발 결정이 떨어지고 실제로 사업을 시작한 이후에도 계속되었다. 대표적인 활동 중 WWF의 협력으로 Yamal LNG는 2014년에 기후변화와 지역 개발로 인한 서식지 파괴로 개체수가 감소 중인 바다코끼리 보호 전략을 도입한 사례가 있다.[73]

야말로네네츠자치구에서 시장과 시민사회 간의 관계는 이익공유협정에서의 주주 모델을 채택하고 있는 알래스카, 누나부트, 파트너십 형태를 채택한 사할린-II와 같이 시민사회가 자원개발에 있어 일정 권한을 가지고 참가하는 것과는 달리, CSR을 통한 기업의 사회 기여의 형태가 대부분이다.[74] 모범적이고 예외적인 사례로서 Yamal LNG는 시작 단계부터 공청회 등을 통해 지역사회 의견 수렴의 형식을 갖추며, NGO와 협력하였다. 그러나 대체로 토착 민족 단체는 기업과의 관계에서 경제적 보상의 정도를 결정하는 데에 집중하고 있다. 그 외에는 국제 NGO의 대기 및 생물다양성 프로그램의 협력, 또는 그린피스, 바렌츠 옵서버 등 환경단체와 관련 독립 언론에서의 견제, 비판을 통한 여론 형성이 꾸준히 있었으나 지역 또는 러시아 전반의 인식에 영향을 어느 정도로 미치는지는 또 다른 문제이다.

시민사회 기반의 참여가 소극적으로 보이는 것은 러시아에서는 구조적으로

---

72) Yamal LNG. "Yamal LNG Environmental and Social Scoping Reports" 2012, pp. 9-13,45, 52, 73.
73) Stephen, K., & Valeeva, V. op. cit., p. 12.
74) 파트너십을 통해 로열티를 받거나, 지역에서 토착 민족 개발법인을 소유하고 석유 회사와의 계약으로부터 이익을 얻는 구조로, 라이선스를 받기 위한 조건으로 캐나다 누나부트 지역에서는 기업이 이누이트 협회와 이익공유협정을 체결할 의무가 있다. Wilson, E. What is Benefit Sharing? Respecting Indigenous Rights and Addressing Inequities in Arctic Resource Projects. Resources (8, 74. 2019), p. 17.

지역사회 레벨에서의 기후변화를 비롯한 환경문제 개입이 힘들기 때문이라고도 볼 수 있을 것이다. 기업의 행위는 탄소연료 사업을 진행하는 데 있어 '그린워싱'의 일부일 뿐이며, 경제적 세계화를 촉진하고 NGO와 국가를 규제하기 위한 기업이익을 위한 아젠다가 넓어진 것에 불과하다는 지적은 야말로네네츠자치구의 케이스에서도 동일하게 가능하다. 러시아의 경우는 기업과 정부가 아주 밀접한 관계를 맺고 있으며 국가가 토착 민족 집단 및 NGO를 통제하려 한다는 점에서도 시민사회의 참여는 제한적일 수밖에 없다.

4. 국가-시민사회 관계

정부와 시민사회의 관계는 다양한 방향으로 접근할 수 있는데, 대표적 형태는 자원의 공동관리이다. 북극 지역의 개발 프로젝트는 기후변화, 환경문제, 그리고 전통적인 생활 방식의 파괴를 가져온다. 따라서 많은 북극 국가에서 이 부분에 대해 물질적 손상의 보상, 환경의 보장과 더불어 정부 당국과 함께 전통적인 거주지, 또는 경제 활동 지역의 사용 및 보호에 대한 관리 결정을 위한 파트너십을 체결하는 국가와 토착민 간의 상호작용으로서 공동관리가 발전해 왔다.[75] 여기에는 커뮤니티 기반의 자원 관리, 이익공유협정 등의 방식이 포함된다. 공동관리는 정부-커뮤니티의 양자만이 아니라 기업을 포함한 3자 간의 계약이 포함되며 때때로 국제 NGO 또는 관련 단체가 개입한다. 기업과 커뮤니티 간의 사례에서 살펴본 이익공유 프로그램과 Yamal LNG의

---

75) Чеботарев Геннадий Николаевич, and Гладун Елена Федоровна. Соуправление коренных малочисленных народов Севера арктическими территориями в период их промышленного освоения. *Журнал российского права*, (no. 5 (221), 2015), pp. 49-50.

사례도 크게 봤을 때 공동관리 안에 들어가는 부분인데, 직접적으로 지역사회 구성원과 계약하는 방식이 아닌 국가를 낀 3자 계약이 야말로네네츠자치구를 비롯해 러시아에서는 지배적이다.[76] 일반적인 이익 분배 방식은 온정주의적(paternalistic)으로, 기업과 정부가 먼저 계약을 체결하고 이에 따라 지역에 인프라 건설 등을 실시하거나, 토착 민족을 포함한 지역사회 대표자 또는 NGO와 협력하여 관련 산업에 투자하거나 문제에 보상하는 식으로 이루어진다.[77] 러시아의 국가 중심의 온정주의적 이익공유 시스템은 협상 당사자의 의견이 제대로 반영되지 않아 효율성을 저해하는 측면도 존재한다. 많은 미디어와 토착 민족 단체의 구성원들은 사회 기반 시설 및 프로그램에 대한 기업의 자금 투입이 지역사회 주민의 삶을 개선하는 데 기여하기는 하나, 전통적인 유목 생활 방식을 추구하는 원주민 주민들은 프로젝트의 혜택을 적게 받는다고 종종 지적한다.[78] 야말로네네츠자치구의 보상 기준이 천연자원에 끼친 실제 피해와 관계없이, 토착민족의 일인당 평균소득으로 접근하는 등 합리적이지 않은 것도 같은 맥락이다.[79]

한편, 생활에 밀접한 부분을 중점으로 살펴봤을 때는 국가가 효과적으로 시행하지 못하는 부분에 시민사회가 개입하고, 혼합된 형태의 프로젝트 운영을 하는 예를 좀 더 쉽게 볼 수 있다. 그 사례 중 하나가 WWF의 북극곰 파수대 프로젝트이다. 공공부문과의 협력으로 이 지역에서 활발히 활동하는 단체 중

---

76) Petrov, A.N.; Tysiachniouk, M.S. Benefit Sharing in the Arctic: A Systematic View. *Resources*, (8, 155. 2019) 10.3390/resources8030155. p. 5.
77) Ibid.
78) Tulaeva, Svetlana & Tysiachniouk, Maria & Henry, Laura & Horowitz, Leah. op. cit., p. 11.
79) 정성범, "전통 지식과 개발에 따른 이익 공유", 『한국 시베리아연구』 제24권 2호, (대전: 배재대학교 한국-시베리아센터, 2020), p. 186.

하나가 WWF로, 야말로네네츠자치구는 WWF와의 공동작업을 통해 북극곰과의 조우 시 대처 매뉴얼을 제작하여 정부 차원에서 보급했다.[80] WWF는 북극 지역 커뮤니티 및 정부와 협력하여 기후변화로 인해 남하하며 주민 거주지로 침입해 들어오는 북극곰으로 인한 사고를 예방하기 위해 모니터링과 순찰을 진행한다. 이 프로젝트는 야말에서는 2016년부터 시작되었는데, WWF의 아이디어를 바탕으로 '북극 탐사 센터(Экспедиционный центр Арктика)'와 '러시아 북극 개발 센터(Российский центр освоения Арктики)', 환경 단체, 야말로네네츠자치구의 환경부 역할을 하는 환경자원관리 및 산림석유가스개발부, 지역 여행사 등이 모니터링 프로그램 개발에 참여했다.[81]

시민사회는 정부와의 관계에서도, 기업과 사회와의 관계에서 살펴보았던 것과 같이 상대적으로 약한 영향력을 보인다. 이는 NGO와 토착 민족 집단에 의 정부의 제약이 강하고, 시스템적으로도 공동관리의 직접 참여보다는 온정주의적 이익분배가 러시아 북극 지역에서 일반적인 형태이기 때문에 시민사회가 의사결정에 참여할 방법은 제한적일 수밖에 없다.

개발 지향적 국가 및 시장에 의해 만들어진 야말로네네츠자치구의 토착 민족 그룹의 다소 고립된 특성은 커뮤니티와 다른 행위자 간의 상호 작용을 약하게 만든다. 야말로네네츠자치구에서는 1980년대 후반과 1990년대 초 분쟁의 영향으로 설립된 '후손을 위한 야말(Ямал – потомкам!)'과 같은 토

---

80) "Департамент природно-ресурсного регулирования, лесных отношений и развития нефтегазового комплекса Ямало-Ненецкого автономного округа. Использование животного мира" https://dprr.yanao.ru/activity/3033/ (검색일: 18 May 2020)

81) "На Ямале создадут «медвежий патруль».", Север Пресс. Mar. 28, 2016 https://sever-press.ru/2016/03/28/na-yamale-sozdadut-medvezhij-patrul/ (검색일: 18 May 2020)

착 민족 그룹이 토지 및 환경권 운동에 필수적인 역할을 해왔다. 그러나 최근 들어서는 국제 NGO 또는 외부 지역의 원주민 단체와의 협력을 통한 권익 운동은 개인 차원에서는 계속되고 있으나 공식적인 토착 민족 단체 차원에서의 정치적 협력 또는 투쟁은 그다지 활발하지 않다. 여기에, 토착 민족 권리 운동에 부정적인 러시아의 정치적 환경은 이러한 경향을 더욱 심화시켰다. 또한, 유럽 측과 활발한 국제 협력이 있는 바렌츠해 지역과 달리, 카라해와 오브만에 위치한 야말로네네츠자치구의 지리적 위치는 북유럽 국가들과의 국제 협력을 상대적으로 덜 활동적으로 만든다. 바렌츠해에 인접해 있기 때문에 바렌츠 옵서버 등 언론의 관심을 자치구가 받기는 하지만 '바렌츠 유로 북극 협력'의 회원이 아니기 때문에 지역 협력에 참여하는 것도 다소 한계가 있다.

대규모 개발 사업이 국가와 기업의 가장 중요한 우선순위로 존재하기 때문에 경제적 이익을 위한 개발 사업을 아무런 장애 없이 진행하기 위해 환경 부문에서 시민사회의 역할을 제한하는 경향이 생기는 것이다. 그러나 국가적 프로젝트나 개발이 연관되지 않는 부분에서는 환경단체와 지역사회, 국가와 기타 비국가 행위자 간의 혼합된 형태의 협력을 찾아볼 수 있다. 이러한 점에서, 이 지역의 시민사회와 정부 간 관계에서 NGO와 토착 민족 단체의 역할이 제한적인 동시에 정부의 토착 민족 단체를 비롯한 지역사회와 NGO에 대한 지원이 시혜적이고 일방적인 형태로 나타나는 것은, 야말로네네츠자치구의 지역 특성과 결부된 것임을 추론할 수 있다.

4장에서 분석한 야말로네네츠자치구의 기후변화 대응 하이브리드 거버넌스 구조의 국가-시장-시민사회 관계를 그림으로 표현하면 다음과 같다.

[그림 2] 야말로네네츠자치구의 기후변화 대응 하이브리드 거버넌스 구조

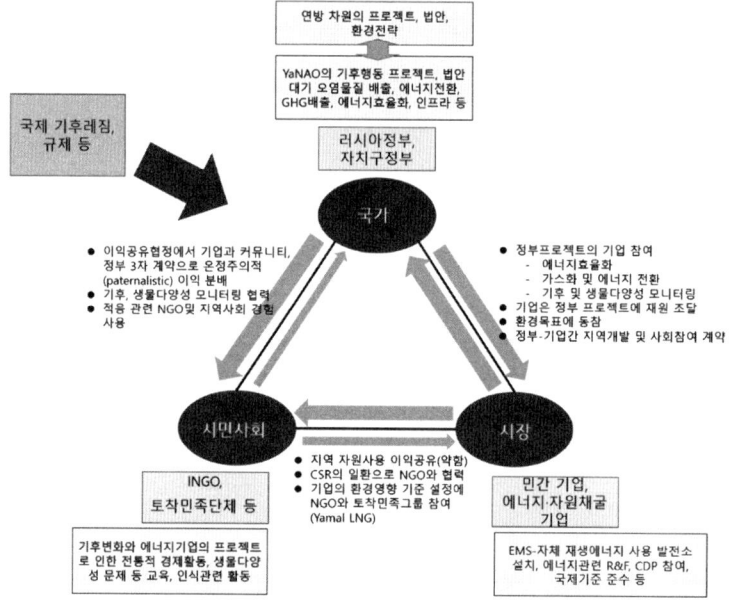

V. 결론

환경 거버넌스에서의 하이브리드 프레임워크는 레모스와 아그라왈의 연구에서 알 수 있듯이 행위자 간의 네트워크 구조가 지역의 환경문제를 해결하는 원동력임을 보여준다. 야말로네네츠자치구에서도 이러한 하이브리드 거버넌스 네트워크가 작동하고 있으나, 여기에는 지역의 특성이 반영되어 있다.

야말로네네츠자치구의 기업들은 국가, 시민사회와 관계를 맺고 있으며, 기업들은 자체적 리스크 관리를 목적으로 기후 문제에 관심을 기울인다. 동시에 기업과 정부 간 관계는 견고하지만 민간의 직접적인 자금 투입과 같은 협의의

PPP와는 다소 거리가 있으며 더 넓은 의미에서의 PPP, 자체적 협약 등이 대부분이다. 야말로네네츠자치구에서 기업은 CSR, 이익 공유 및 PPP에서 중요하며 북극 개발이라는 국가 목표에 적극적으로 협력한다. 일반적으로 시장과 시민사회 사이에는 CSR, 이익공유협정 및 NGO 및 지역 사회와의 협력이 존재한다. 시민사회는 국가와 기업에 비교해 영향력이 작으나, 다양한 방식을 통해 이들의 행동에 개입하려 한다. 시민사회 기업의 사업 진행 과정에서 환경 영향 평가에 대한 의견을 반영하고, 공청회 및 협상에 참여하고, 여론 형성과 교육을 진행하고, 토착 민족 이익을 반영하기 위해 기업과 정부에 개입하려고 노력하고 있다. 토착 민족 집단은 정치적으로 강한 권한을 가진 것은 아니며, 정치적 압력을 행사하기보다는 기업과의 협상을 통해 보상과 이익을 추구한다. 국가는 다른 두 행위자에게 가장 강한 영향을 미치는 주체로 러시아에서 이익공유협정은 대체로 기업과 지역사회만이 아닌, 또 다른 행위자인 국가가 개입하는 3자 협정의 형태를 취한다. 이러한 구조에서 국가의 영향력은 크고, 이익공유협정의 형태는 지역사회에 대해 더욱 시혜적이며 온정주의적인 형태로 나타난다.

그러나 야말로네네츠자치구에서도 하이브리드 거버넌스 모델에서 종종 지적되는 단점이 명확히 드러난다. 기업의 행동은 에너지 개발 사업 진행 과정에서 대외적인 명분을 쌓기 위한 것에 불과하다고 지적할 수 있다. 또한 러시아에서는 기업과 정부가 밀접한 관련이 있고 국가가 토착 민족과 NGO를 통제하기 때문에 시민 사회의 참여는 제한적일 수밖에 없다.

이러한 특성은 야말로네네츠자치구가 가진 경제적 중요성과 러시아의 정치적 환경에서 기인한다. 자치구에는 대규모 채굴 산업과 에너지 회사가 존재하는데, 이 에너지 대기업에 기후변화는 가시적인 위험이자 동시에 기회이기에 기후변화 대응에 나서야 할 필요성이 존재하며, 기업에 대한 외자 투자가 많을수록 탄소배출과 환경 기준은 높아진다.

그러나 한편으로 러시아는 북극 개발을 국가의 주요 목표로 삼고 있으며, 대기업이 주요 참여자이므로 경제적 개발과 이익이 상충할 경우에는 시민 사회의 목소리를 무시하는 경향이 강하다. 게다가 토착 민족 권리 운동에 부정적인 러시아의 정치적 환경과, 지역협력을 하기에는 다소 고립된 지리적 특성은 하이브리드 네트워크에서 시민사회의 역할을 제한한다. INGO 및 외부 독립 언론이 러시아의 기후 행동과 러시아 북극 지역 개발에 대해 지속해서 비판하는 이유가 바로 야말로네네츠자치구의 이러한 명확한 한계 때문이다. 그러나, 자원 개발과 관련 없는 분야에서는 정부와 기업, 시민사회 간 협력은 비교적 적극적이다. 개발과 무관한 분야에 대한 적응 또는 생물다양성과 기후 관련 모니터링과 연구 협력은 활발하다. 따라서 지역 개발의 경제적 목표와 이 지역의 특성이 기후변화 대응 거버넌스에 미치는 영향의 중요성을 추측할 수 있다.

야말로네네츠자치구의 기후변화 대응에 대한 환경 거버넌스의 하이브리드 배열은 북극이라는 특수 지역의 지리적 및 사회적 요인에 의해 만들어졌다. 개발의 중심 지역인 러시아 북극 지역의 기후변화 대응 체계에는 비국가 행위자, 특히 러시아의 경우 기업이 강하게 연관되어 있으며 시민사회 또한 참여를 통해 국가와 기업의 행동에 개입하거나 이익을 얻고 있다. 우랄-시베리아 북극 지역과 같이, 야말로네네츠자치구와 유사한 지리적, 그리고 사회경제적 조건에 있는 러시아 북극 지역에서도 하이브리드 거버넌스 구조가 유사하게 나타날 것이라고 가정할 수 있을 것이다.

기후변화 이슈의 특성상, 좁은 지역을 이해하기 위해서는 동시에 북극 전체의 지역적 레벨, 나아가 글로벌 단위에서의 협력구조를 함께 연구해야 할 필요가 있다. 본 연구에서는 러시아 북극의 야말로네네츠자치구라는 특정한 지역을 중심으로 지역 레벨에서의 거버넌스 구조를 살펴보는 데 초점을 맞추어 이 부분이 충분히 다루어지지 못했으나, 이를 바탕으로 좁은 범위의 지역 단위와 글로벌 거버넌스의 상호작용과 구조를 연구할 수 있을 것이다.

러시아 북극의 기후변화 문제는 언뜻 보기에 이 지역에 한정된 문제로 인식되고, 특히 한국과 같이 지리적으로 먼 지역에서는 그 중요성을 간과하기 쉽다. 그러나 북극의 이상 기후는 중위도에 영향을 미치며 LNG와 북극항로 등 한국 또한 러시아 북극 지역에 많은 관심이 있는 만큼, 결코 이 지역의 기후변화는 멀리 떨어진 문제가 아니다. 또한, 지역 공동체의 토착 지식은 기후변화 적응을 위한 지역전략개발에 사용되는 등 지속 가능한 개발의 핵심적 요소 중 하나이며, 점차 높아지는 탄소배출 및 환경 기준을 고려할 때에도 북극 지역 개발에는 국가와 기업 당사자뿐만 아니라 NGO, 토착민족을 포함한 지역공동체와의 협력이 필요하다. 따라서, 북극 지역의 지속 가능한 개발을 위해서도 기후변화에 적응하고 변화를 완화하는 문제는 계속해서 연구되어야 할 부분이다. 또한 러시아는 기후변화 대응에 있어 많은 잠재력을 지니고 있는 만큼 한국은 이 부분에서의 이해를 더욱 깊게 함으로써 더욱 심층적인 협력을 구축할 수 있을 것이다.

〈참고문헌〉

강문수, "민관협력(PPP, Public Private Partnership)활성화를 위한 법제개선연구", 한국법제연구원, 2011.
김상원, "기후변화협약에 대한 러시아의 대응전략", 『동유럽발칸학』, 한국외국어대학교 동유럽발칸연구소, 제13권 1호, 2011.
김석준, 이선우, 문병기, 곽진영. 『뉴 거버넌스 연구』, 서울: 대영문화사, 2000.
김순은, "우리나라 로컬 거버넌스에 관한 논의의 실제와 함의", 『지방정부연구』, 한국지방정부학회, 8(4), 2005.
남청도, "기후변화에 따른 NSR 현황과 전망" 『한국항해항만학회 학술대회논문집』, 한국항해항만학회, VOL.2013 NO.추계, 2013.
라미경, "기후변화 거버넌스와 북극권의 국제협력", 『한국 시베리아연구』, 배재대학교 한국-시베리아센터, 제24권 1호, 2020.
안네 메테 키에르, 『거버넌스』, 이유진. 서울: 오름, 2004.
윤영미, "러시아연방의 기후변화협약에 대한 정책과 대응방안에 대한 고찰", 『한국 시베리아연구』, 배재대학교 한국-시베리아센터, 제13권 2호, 2009.
이태종, 김영종, 이재호, "일본의 환경거버넌스 분석". 『한국정책과학학회보』, 한국정책과학학회, 5(2), 2001.
정성범, "전통 지식과 개발에 따른 이익 공유", 『한국 시베리아연구』, 배재대학교 한국-시베리아센터, 제24권 2호, 2020.
Colona, F. & R. Jaffe. "Hybrid Governance Arrangements". *European Journal of Development Research*, Palgrave Macmillan, 28(2), 2016.
Gazprom. "PJSC Gazprom Environmental Report 2018" 2019.
Gordeeva, Yelena M., "The Russian Federation and the International Climate Change Regime." *Carbon & Climate Law Review*, Lexxion, vol. 8, no. 3, 2014.
Stephen, K., & Valeeva, V., "Arctic Stakeholder Map: Stakeholder groups involved in Yamal oil and gas development" *Blue; Action Case Study* Nr. 5. Potsdam, Institute for Advanced Sustainability Studies (IASS). 2018.
Vince, Joanna, "Third Party Certification: implementation challenges in private-social partnerships," *Policy Design and Practice*, 1:4, 2018, DOI: 10.1080/25741292.2018.1541957

Koppenjan, Joop & Karré, Philip & Termeer, Katrien. *Smart Hybridity - Potentials and Challenges of New Governance Arrangements*. Den Haag, Eleven International Publishing, 2019.

Lemos, Maria & Agrawal, Arun. "Environmental Governance." *Annual Review of Environment and Resources*. 31. 2008.

Lund, E., "Hybrid Governance in Practice: Public and Private Actors in the Kyoto Protocol's Clean Development Mechanism," *Lund Political Studies*. Lund University, 2013.

Nalimov, Pavel & Rudenko, Dmitry. "Socio-economic Problems of the Yamal-Nenets Autonomous Okrug Development," *Procedia Economics and Finance*. 24. 2015. 10.1016/S2212-5671(15)00629-2.

OECD, "Investing in Climate, Investing in Growth", *OECD Publishing*, 2017, https://doi.org/10.1787/9789264273528-en.

Paavola, Jouni. "Institutions and Environmental Governance: A Reconceptualization. Ecological Economics." *Elsevier*, (vol. 63. 93-103. 2007) 10.1016/j.ecolecon.2006.09.026.

Petrov, A.N. & Tysiachniouk, M.S. "Benefit Sharing in the Arctic: A Systematic View." *Resources* 8, 155. 2019. 10.3390/resources8030155.

Rosneft. "Sustainability Report 2018," *Rosneft*, 2018.

Tulaeva, Svetlana & Tysiachniouk, Maria & Henry, Laura & Horowitz, Leah. "Globalizing Extraction and Indigenous Rights in the Russian Arctic: The Enduring Role of the State in Natural Resource Governance." *Resources*. 8. 179. 2019., 10.3390/resources8040179.

Wilson, E. What is Benefit Sharing? Respecting Indigenous Rights and Addressing Inequities in Arctic Resource Projects. *Resources* 8, 74., 2019.

Yamal LNG. "Yamal LNG Environmental and Social Scoping Reports", 2012.

И.А. Башмаков и А.Д. Мышак, "Затраты и выгоды низкоуглеродной экономики и трансформации общества в России. Перспективы до и после 2050 г.," Москва: Центр по эффективному использованию энергии (ЦЭНЭФ). 2014.

Иванова Айталина Афанасьевна, & Штаммлер Флориан Маркус, "Многообразие управляемости природными ресурсами в Российской Арктике.," *Сибирские* исторические исследования, (4), 2017.

Лексин В. Н., Порфирьев Б. Н., "Специфика трансформации пространственной системы и стратегии переосвоения российской Арктики в условиях изменений климата," *Экономика региона*. Т. 13, вып. 3. 2017.

Попова А.Ю., Демина Ю.В., Ежлова Е.Б., Куличенко А.Н., Рязанова А.Г., Малеев В.В., Плоскирева А.А., Дятлов И.А., Тимофеев В.С., Нечепуренко Л.А., & Харьков В.В., "Вспышка сибирской язвы в Ямало-Ненецком автономном округе в 2016 году, эпидемиологические особенности," *Проблемы особо опасных инфекций*, (4), 2016.

Потравный Иван Михайлович, Яшалова Наталья Николаевна, Бороухин Дмитрий Сергеевич, & Толстоухова Мариясена Петровна, "Использование возобновляемых источников энергии в Арктике: Роль Государственно-Частного Партнерства." *Экономические и социальные перемены: факты, тенденции, прогноз*, 13 (1), 2020.

Ревич Борис Александрович, "Климатические изменения как новый фактор риска для здоровья населения российского Севера." *Экология человека*, no. 6. 2009.

Росгидромет, "Доклад о Климатических Рисках на Территории Российской Федерации." Москва: Росгидромет, 2018.

Чеботарев Геннадий Николаевич, Гладун Елена Федоровна., "Соуправление коренных малочисленных народов Севера арктическими территориями в период их промышленного освоения". *Журнал российского права*, no. 5 (221), 2015.

"На Ямале принята комплексная региональная программа газификации", Официальный сайт МО г. Муравленко, Dec. 7, 2017.

http://muravlenko.yanao.ru/nov osti/novosti_yanao/47369-na-yamale-prinyata-kompleksnaya-regionalnaya-programma-gazifikacii.html (검색일: 28 May 2020)

"Рождение Сабетты", Транспорт России., Jun. 26, 2012. http://transportrussia.ru/item/1361-rozhdenie-sabetty.html (검색일: 2020. 5. 5.)

"Власти ЯНАО обеспокоены таянием вечной мерзлоты, что негативно влияет на стройки", Znak, Dec. 1, 2017.

https://www.znak.com/2017-12-01/vlasti_yanao_ obespokoeny_tayaniem_vechnoy_merzloty_kotoraya_negativno_vliyaet_na_stroyki (검색일: 2020. 5. 19)

"Глобальное потепление грозит разрушением домов на Ямале" Вести Ямал, Nov. 4, 2018. https://vesti-yamal.ru/ru/vjesti_jamal/globalnoe_poteplenie_grozit_razrushe niem_domov_na_yamale_chto_nujno_delat_chtobyi_zavtra_ne_byilo_bedyi173297 (검색일: 2020. 5. 19)

"Дмитрий Артюхов рассказал о ямальском опыте реализации масштабных экологических программ" Официальный сайт муниципального образования город Новый Уренгой, http://www.newurengoy.ru/news/15716-dmitriy-artyuhov-rasskazal-o-yamalskom-opyte-realizacii-masshtabnyh-ekologicheskih-programm.html (검색일: 2020. 5. 28.)

"Сибирская язва на Ямале: чем грозит первая за 75 лет вспышка болезни" РИА Новости, Aug. 3, 2016. https://ria.ru/20160803/1473450350.html (검색일: 2020. 4. 7.)

"녹아내리는 영구동토층…2050년까지 360만 명 위기 처한다, 「중앙일보」 2018년 12월 12일. https://news.joins.com/article/23201210 (검색일: 2020. 5. 11.)

Arctic Program, Arctic Report Card: Update for 2019, https://arctic.noaa.gov/Report-Card/Report-Card-2019/ArtMID/7916/ArticleID/844/Permafrost-and-the-Global-Carbon-Cycle (검색일: 2020. 5. 31.)

Atle Staalesen, "Tanker crosses Russian Arctic route without icebreaker assistance." May. 27, 2020. Barents Observer, https://thebarentsobserver.com/en/industry-and-energy/2020/05/tankers-cross-russian-arctic-route-without-icebreaker-assistance (검색일: 2020. 7. 7.)

"Icebreaking LNG Carrier Completes Earliest Northern Sea Route Transit," 1 July 2020, The Maritime Executive, https://www.maritime-executive.com/article/russian-icebreaking-lng-completes-earliest-northern-sea-route-transit (검색일: 2020. 7. 7.)

"«Лукойл» поможет правительству Ямала в охране природы, организации научных исследований, развитии спорта и туризма." The Arctic, Января. 31, 2017, https://ru.arctic.ru/economics/20170131/537426.html (검색일: 2020. 5. 1.)

OECD. "Review of Fisheries in OECD Countries: Glossary, OECD, cited as Glossary of statistical terms".

https://stats.oecd.org/glossary/detail.asp?ID=382 (검색일: 2020. 7. 10)

WWF "YAMAL LNG FINALLY REVEALS THE ENVIRONMENTAL IMPACT OF THE PROJECT" Jan. 29, 2015.

https://wwf.ru/en/resources/news/arkhiv/yamal-s pg-nakonets-rasryla -vozdestvie-svoego-proekta-na-prirodu/ (검색일: 2020. 2. 23.)

Борис Олейник, "Воронки в ямальской тундре – будущие озера, считают ученые" Новости Сибирской Науки, Jan. 5, 2020.

http://www.sib-cience.info/ru/institutes/oronki-gazovogo-vybrosa-na-yamale-04012019 (검색일: 2020. 6. 4.)

"В Минприроды представили программу по экологическому мониторингу Обской губы", 28 Jun. 2019. Znak.

https://www.znak.com/2019-06-28/v_minprirody_pre dstavili_rogrammu_po_ ekologicheskomu_monitoringu_obskoy_guby(검색일: 2020. 5. 25.)

Департамент природно-ресурсного регулирования, лесных отношений и развития нефтегазового комплекса Ямало-Ненецкого автономного округа. "Использование животного мира." https://dprr.yanao.ru/activity/3033/ (검색일: 2020. 5. 18.)

"На Ямале создадут «медвежий патруль»." Север Пресс. Mar. 28, 2016.

https://sever-press.ru/2016/03/28/na-yamale-sozdadut-medvezhij-patrul/ (검색일: 2020. 5. 18.)

Об утверждении схемы и программы перспективного развития электроэнергетики Ямало-Ненецкого автономного округа на период 2020 - 2024 годов[Webpage],

http://docs2.kodeks.ru/document/553274964 (검색일: 2020. 5. 13.)

Павел Маркуш, "Изменение климата на Ямале повлияло на работу компании богатейшего бизнесмена России." URA.ru., Oct. 2, 2019., https://ura.news/ news/ 1052401556 (검색일: 2020. 2. 25.)

"Полуостров Ямал: накопленные экопроблемы и новые нефтегазовые проекты." Bellona. Dec. 17, 2018.

https://bellona.ru/2018/12/17/poluostrov-yamal-nakoplennye-eko problemy-i-novye-neftegazovye-proekty/ (검색일: 2020. 2. 23.)

Правительство ЯНАО, "История Ямала."

https://www.yanao.ru/region/about/ (검색일: 2020. 5. 31.)

Правительство ЯНАО. "Доклад Об экологической ситуации в Ямало-Ненецком автономном округе в 2018 году," [Report].
https://www.yanao.ru/activity/2810/ (검색일: 2020. 2. 21.)

Правительство ЯНАО. "Комплексный экологический мониторинг территории исконной среды проживания коренного малочисленного населения Ямало-Ненецкого автономного округа" [Programme]. http://docs.cntd.ru/document/543542399 (검색일: 2020. 5. 1.)

Правительство ЯНАО. "Энергосбережение и повышение энергетической эффективности в Ямало-Ненецком автономном округе на период 2010 – 2015 годов и на перспективу до 2020 года." http://docs.cntd.ru/document/473413318 (검색일: 2020. 4. 15.)

Росстат, "Валовый региональный продукт на душу населения по субъектам Российской Федерации в 1998-2018гг." https://mrd.gks.ru/folder/27963 (검색일: 2020. 5. 13.)

"Сектор газа: как тундра реагирует на потепление." РИА Новости. Dec. 7, 2017. https://ria.ru/20171207/1510311618.html (검색일: 2020. 6. 2.)

"Invest. Yamal." https://invest.yanao.ru/about/?tab=tabpanel1 (검색일: 2020. 6. 3.)

Росприроднадзор, "Федеральная экологическая информация Ямало-Ненецкого автономного округа,"
http://72.rpn.gov.ru/node/5872 (검색일: 13 May 2020)

러시아 야말로네네츠 자치구 교육기관에서 사용되는 소수민족어의 현황과 보존

서승현[*]

I. 서론

야말로네네츠 자치구(Ямало-Ненецкий автономный округ, Yamalo-Nenets Autonomous Okrug)는 러시아 연방의 우랄 산맥 동쪽에 있는 서부 시베리아에 위치해 있으며 1930년 12월 10일 소련 정부 최고 집행위원회의 결정에 의해 설립되었다. 1977년에 이 지역의 법적 지위가 자치제로 변경되었고 소련 붕괴 이후 야말로네네츠 자치구는 러시아 연방에 속하게 되었다. 이 자치구는 네네츠, 한티, 셀쿠프 토착 원주민들이 그들의 모국어를 사용하는 지역이다. 네네츠족은 공식적으로 야말로네네츠 자치구의 주요 민족으로 인정된다. 네네츠족와 이웃한 한티족과 셀쿠프족도 1998년 야말로네네츠 자치구의 기본법에 따라 이 지역의 원주민으로 공식적으로 인정되었다.

야말로네네츠 자치구의 영토는 750,300 평방 킬로미터의 면적을 차지하고 있으며 행정적으로 7개의 지구로 나뉘어져 있다. 러시아 연방은 유라시아 북부에 있는 크고 다국적인 국가이며 160개가 넘는 다른 민족과 원주민

※ 이 글은 『한국 시베리아연구』 25권 1호에 게재된 것임
    이 논문은 2019년 대한민국 교육부와 한국연구재단의 지원을 받아 수행된 연구임 (NRF-2019S1A5C2A01081461)
  * 동덕여자대학교 IPP사업단 교수

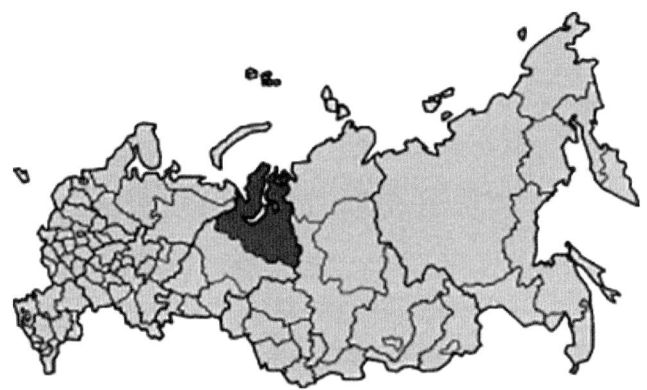

<그림 1> 야말로네네츠 자치구

(위키피디아; https://ko.wikipedia.org/wiki/%EC%95%BC%EB%A7%90%EB%A1%9C%EB%84%A4%E
B%84%A4%EC%B8%A0_%EC%9E%90%EC%B9%98%EA%B5%AC)

이 살고 있다. 러시아어에서는 러시아 민족(Ethnic Russians)과 러시아 시민(Russian Citizens)의 정의 사이에는 차이가 있다. 유네스코 정보 국제회의(International Council of the UNESCO Information for all Programme) 부의장인 에브게니 쿠즈민(Evgeny Kuzmin)이 러시아 야쿠츠크에서 열린 제3차 사이버스페이스 언어문화 다양성 국제회의(The Third International Conference on Linguistic and Cultural Diversity in Cyberspace, 2015년)에서 연설했듯이 러시아 민족은 루스키(русский)라고 불리고, 러시야네(россияне)라는 용어는 모든 러시아 국민(러시아 전체 인구)을 가리킨다(Kuzmin, 2015).

러시아 연방 인구의 상당수는 러시아어를 사용하지만, 많은 다른 사람들은 각각의 모국어를 사용한다. 모국어인 그들의 민족어를 적극적으로 사용할 권리는 러시아 연방헌법 제26조에 따라 보호된다. 또한, 헌법은 모든 러시아인이 의사소통, 양육, 교육의 언어를 자유롭게 선택할 수 있다는 것을 보장

한다. 러시아 연방 국가 언어로서의 러시아어의 지위는 러시아 연방의 국가 언어에 관한 러시아 연방법(федеральный закон о гражданственном языке российской федерации, 2005)에 의해서 승인된다. 그리고 각 민족어의 공식 지위는 러시아 연방 국민의 언어에 관한 러시아 연방법(закон о языках российской федерации, 1991)에 의해 시행된다. 본 논문에서는 러시아 연방법에 의해 보장되는 야말로네네츠 자치구의 소수민족어인 네네츠어, 한티어, 셀쿠프어가 자치구내에서 어떤 언어학적 지위를 차지하고 있으며 그 지역의 아이들 교육에는 어떻게 사용되고 있는지 알아보고 아이들에게 있어 민족어 교육의 중요성을 살펴보기로 하겠다.

II. 야말로네네츠 자치구의 소수민족어 개관

1. 네네츠어(Nenets Language)

러시아 연방에는 약 4만 1,300명의 네네츠어 사용자가 살고 있다. 이들은 스스로를 '진정한 인간'이라고 번역할 수 있는 네네차(nenéca), 네네이(n'enei) 혹은 네네츠(nenéc')라고 부른다(Kuzmin, 2015). 네네츠인들은 주로 러시아 연방의 유럽 지역과 서부 시베리아 지역의 툰드라와 북부 타이가 지역에 살고 있고, 서쪽의 카닌(Kanin) 반도에서 백해(White Sea) 연안을 따라 예니세이(Yenisey) 삼각주의 기단(Gydan) 반도에 걸쳐 살고 있다. 그들은 러시아 북부의 가장 큰 토착 그룹을 형성하고 있다.[1] 네네츠어는 우랄어

---

1) International Centre for Reindeer Husbandry. Reindeer herding: A visual guide to

족의 사모예드어파에 속하며 툰드라 네네츠어(Tundra Nenets)와 삼림 네네츠어(Forest Nenets)라는 두 가지 주요 방언을 가지고 있고, 그 둘 사이에는 제한적으로 상호 이해가능하다. 야말로네네츠 자치구에 거주하는 네네츠어 사용자의 약 95%는 툰드라 네네츠를 사용하고 나머지 5%는 삼림 네네츠를 말한다. 네네츠인들은 대부분 유목민 생활 방식을 유지한다. 그들은 툰드라 지역을 따라 이주하고 순록을 기르는 문화를 유지하며 물고기와 동물 사냥도 한다.

네네츠인들 19세기 이전에는 문자를 쓰지 않았다. 19세기에는 몇 권의 텍스트만 출판되었고 이 텍스트들은 네네츠인들에게 세례 주는 일을 중심으로 전파되었다. 네네츠어는 주로 소련 시대에 표준화되었다. 1931년 최초의 표준 라틴어를 기반으로 한 네네츠어 맞춤법이 레닌그라드(상트 페테르부르크)에서 제정되었다. 동시에 네네츠어를 위한 최초의 알파벳 책인 자다이 와다(Jadəj wada, 새로운 단어 또는 언어)가 출판되었다. 이후 1937년 공산당의 강력한 정치적 압력 때문에 네네츠어의 라틴 알파벳은 오늘날까지 일반 서적과 학교 교재를 출판하는 데 사용되는 키릴 문자로 바뀌었다(Lublinskia and Laptander, 2015).

2. 한티어(Khanty Language)

Kuzmin(2015)에 따르면, 2015년에 28,678명의 한티어 사용자가 러시아 연방에 거주하고 있다. 한티어의 원어는 hanty jasaŋ이다. 한티어는 한티족이

---

reindeer and people who herd them, "Nenets." www.reindeerherding.org/herders/nenets/ (검색일: 2020. 11. 15.)

첫 알파벳을 개발한 것과 거의 같은 시기인 1930년대 초에 공식적으로 인정되었다. 이 알파벳은 라틴 문자를 기반으로 했지만 1937년에 키릴 문자로 전환되었다. 한티어는 우랄어족의 오브-우그릭(Ob-Ugric)어파에 속한다. 칸티 문헌은 카짐스키(Kazymskii), 슈리슈카르스키(Shuryshkarskii), 스레드네-옵스코이(Sredne-obskoi) 등 세 가지 한티 방언을 바탕으로 하고 있다. 신문, TV, 라디오에서 사용되는 주요 방언은 카짐스키 방언이다. 한티 사람들의 전통적인 직업은 낚시와 사냥에 기반을 두고 있지만 일부 북부 한티족은 순록 기르는 일을 한다.

3. 셀쿠프어(Selkup language)

현재 러시아 연방에 살고 있는 셀쿠프어 사용자는 약 4,250명이다. 셀쿠프족들은 스스로를 söl'kup라고 부른다. 셀쿠프어는 사모예드어파로서 우랄어족에 속한다. 셀쿠프어에는 뚜렷한 방언이 있는데, 주요 방언은 북부 방언인 타조프스코 예니세이스키(tazovsko eniseiskii)과 남부 방언인 팀스코-나딤스코-케츠코-오브스키이(tymsko-nadymsko-ketsko-obskii)이다 (Казакевич, et al., 2008). 공식 명칭인 sel'kupy(Selkups, 셀쿠프인들)는 1930년대부터 사용되어 왔다. 1930년대 이전에 셀쿠프인들은 오스티악 사모이예드스(ostiak-samoieds)라고 불렸다. 한티족과 비슷하게 셀쿠프족들은 대부분 타이가 지역에 산다. 셀쿠프족의 전통적인 생활 방식은 주로 낚시와 사냥에 기반을 두고 있는 반면, 타이가의 일부 지역에서는 순록 기르기를 하기도 한다. 19세기에 한 권의 책이 셀쿠프어 남부 방언으로 씌여졌고 오직 소수의 셀쿠프인들만이 이 책을 읽을 수 있었다. 1930년대에 라틴 알파벳으로 표준화된 셀쿠프어가 개발되었다. 이 알파벳은 북부 방언을 기반으로 했다. 이 표준화된 셀쿠프어는 몇 권의 교과서와 다른 교재에 사용되었다. 셀쿠프어는 또한 몇몇 초등학교에서 학습의 매개어(媒介語)로 사용되었다. 1937년에 셀쿠프어에 키릴문자를 기반으로 한 알파벳이 고안되었다. 라틴 알파벳을 버리고 많은 교과서가 새로운 키릴어 맞춤법에 따라 출판되었다. 셀쿠프어에 키릴 문자를 기반으로 한 또 다른 버전이 1980년대에 소개되었다. 이 버전도 또한 북부 방언을 기반으로 했다. 셀쿠프어는 1950년대 중반에 학습 매개어(媒介語)로서 러시아어로 대체되었지만, 오늘날 문어체 셀쿠프어는 주로 학교에서 사용되며 상트 페테르부르크의 북부 민족 연구소에서 연구된다(Kuzmin, 2015).

살렉하르트(Salekhard)의 야말로네네츠 자치구 국영 TV 라디오 방송사 "Yamal Region"은 네네츠, 한티, 셀쿠프어로 진행하는 TV와 라디오 프로그램을 가지고 있다. 네네츠어로 방송하는 TV 프로그램인 "아침 별(Ialemdad numgi, The Morning Star)"과 한티어 TV 프로그램 "불꽃(Tut sul tam, The Sparks of Fire)"은 일주일에 두 번 방송된다. 또한, 해당 방송국은 한티어를 사용하는 "카라반(Onas, Caravan)", 네네츠어를 사용하는 "야말 뉴스(Iamal 'jun, Yamal News)" 및 셀쿠프어를 사용하는 "우리의 날(Me chelomyn, Our days)"과 같은 라디오 뉴스 프로그램을 방송한다. 또한 일주일에 한번 진행하는 한 시간짜리 라디오 프로그램이 있는데, 이 프로그램은 주로 야말로네네츠 자치구 원주민들의 민속과 전통에 초점을 맞추고 있다. 또한 네네츠어로 발행되는 "붉은 북쪽(N'ar'ana ngerm, The Red North)"과 한티어로 발행되는 "앙갈스키 곶(Lukh avt, The Angalskii Cape)"과 같은 지역 신문이 있다.[2]

---

2) https://yamal-region.tv (검색일: 2020. 11. 15.)

Ⅲ. 야말로네네츠 자치구 소수민족 인구 동향과 소수민족어 사용 실태

1. 소수민족 인구 동향

2010년 러시아 국가 인구 조사(Всероссийская перепись населения 2010 года)에 따르면 503,036명이 야말로네네츠 자치구에 살았고 네네츠, 한티, 셀쿠프족은 이 인구의 약 8.2%를 차지했다. 이들 중에 29,772명의 네네츠인들이 야말로네네츠 자치구에 살았고 이는 야말로네네츠 자치구 전체 인구의 5.9%에 해당한다. 한편, 9,489명의 한티인들은 야말로네네츠 자치구 인구의 1.9%를 차지하고 1,988명의 셀쿠프인들은 인구의 0.4%였다. 야말로네네츠 자치구에서 러시아어 사용 인구의 대다수는 여러 세대 동안 그곳에 살던 사람들이거나 소련 붕괴 후 대량 인구 이동 기간 동안 야말로네네츠 자치구로 이주한 시민들이다.

네네츠어는 야말로네네츠 자치구의 공식 언어이지만 러시아어는 대부분의 인구가 사용하는 언어이다. 러시아는 또한 러시아어를 의사소통, 출판, 교육을 위한 언어로 사용한다. 도시에 사는 사람들은 대부분 러시아어를 사용하지만, 지방에 살고 있는 대부분의 원주민들은 종종 그 지역의 민족어와 러시아어를 함께 사용한다. 2002년 국가 인구조사에 따르면 야말 원주민의 80%가 그들의 민족어를 말할 수 있다.[3] 이 인구 조사에 따르면 러시아 다른 지역의

---

3) Перепись населения 2002. Владение языками (кроме русского) населением отдельных национальностейпо республикам, автономнойобласти и автономным округам российской федерации.
www.perepis2002.ru/ct/html/TOM_04_06_32.htm (검색일: 2020. 11. 15.)

소수 민족어 사용자의 평균이 70% 미만이었다는 사실은 감안한다면, 이 숫자는 야말지역이 러시아 연방에서 가장 많은 수의 소수 민족어 사용자를 보유하고 있는 지역 중에 하나임을 보여준다.

툰드라 네네츠인들의 대부분은 야말로네네츠 자치구 북부와 기단 반도에 있는 야말스키, 프리우랄스키, 타조프스키 지구에 살고 있다. 작은 무리의 삼림 네네츠인들(Forest Nenets)은 푸로프스키 지구에 살고 있다. 대부분의 한티인들은 야말로네네츠 자치구의 많은 다른 지역에도 살고 있지만 슈리슈카르스키(Shuryshkarsky)와 프리우랄스키 지구에 살고 있다. 셀쿠프인들은 타이가 지역에 살고 있는데, 대부분 크라스노셀쿠프스키와 푸로프스키 지구에 거주하고 있다. 셀쿠프어 사용자는 1,020명에 불과하며, 주로 러시아 북부 시베리아의 타즈(Taz)강을 따라서 그리고 오브강과 예니세이강 사이에 살고 있다.[4]

많은 원주민들은 전통적인 정착지 대신 러시아어를 사용하는 지역과 도시에 살고 있다. 러시아어가 도시 지역에서 사용되는 지배적인 언어이기 때문에 소수 민족어의 지위가 도시에서 상대적으로 약한 것으로 보인다. 60세 이상의 네네츠, 한티, 셀쿠프 기성세대는 단지 민족어를 말할 뿐이다. 30세에서 60세 사이의 사람들은 종종 2개 국어를 구사하는데, 대부분 1970년대와 1980년대에 소련 기숙학교에서 공부했기 때문이다. 30세 미만의 원주민들은 일상생활에서 주로 러시아어를 사용한다.

---

4) Всероссийская перепись населения 2002 года,
   http://www.perepis2002.ru/index.html?id=11 (검색일: 2020. 11. 15.)

2. 소수민족어 사용 실태

야말로네네츠 자치구의 민족어로서의 네네츠, 한티, 셀쿠프어의 공식 지위는 야말로네네츠 자치구 민족어에 관한 2010년 지역법(Закон о родных языках коренных малочисленных народов севера на территории Ямало-Ненецкого автономного округа, 2010)과 '야말로네네츠 자치구의 원주민들이 전통적으로 거주했던 지역에 대한 지리적 대상물, 도로 이름, 기타 표지판 및 비문을 표기하기 위한 제안서 제출 및 검토 절차에 관하여'라는 조례를 야말로네네츠 자치구 정부가 결정함으로써 2012년 8월 1일부터 인정되고 있다. 네네츠, 한티, 셀쿠프어는 야말로네네츠 자치구의 민족어이기 때문에 러시아어가 사용되는 것과 비슷한 방식으로 공식적인 영역에서 사용될 수 있다.

1) 언어 교육 상황

과거 소비에트 학교에서 민족 언어의 지위는 두 개의 법령에 의해 부정적인 영향을 받았다. 즉 1938년 '민족 공화국 영토 안에 있는 학교에서의 러시아어 의무 교육에 관한' 법령과 1959년 '러시아 소비에트 공화국 안에 있는 교육제도의 더 나은 발전 및 학교와 삶 사이의 관계 재강화에 관한' 법령이 그것이다. 이 두 개의 법령에 의거하여 부모들은 자기 자식이 사용할 교육 언어 선택권을 갖게 되었다. 이런 조치로 말미암아 학교, 시베리아 소수민족들의 학교에서는 러시아어 사용이 증가했다. 1948년 취학 전 예비학급에서 원주민 언어를 사용하는 교육제도가 도입된 것은 소수민족 어린이들이 원주민 언어가 아닌 러시아어를 능숙하게 구사하도록 만드는 것이 목적이었다(제임스 포사이스, 2009: 401).

그러나 최근 들어 야말로네네츠 자치구의 교육 언어에 관한 지역법은 일반적으로 러시아 연방의 법을 따른다. 즉, 야말로네네츠 자치구의 교육 언어는 "야말로네네츠 자치구의 교육에 관한 제1장 4항 '교육 언어'" 법에 의해 규제된다. 이 법에 따르면, 이 지역의 학생들은 러시아 연방의 공식 언어인 러시아어로 교육받아야 한다. 초등 일반, 중등 기본 또는 중등 일반 교육을 받는 러시아어를 말하지 못하는 학생들을 위하여 러시아어 수업이 제공기도 한다. 민족어 수업뿐만 아니라 개별 러시아어 수업을 조직하는 데 도움을 주는 행정 절차는 지역 교육 기관에 의해 독립적으로 규제된다. 러시아 연방 학교에서의 교육 언어에 관한 대부분의 법률은 "러시아 연방의 국가 교육 정책 개념에 관한" 명령으로서 2006년 8월 3일 교육 과학부에 문서화되었다. 주요 교육 언어는 러시아아어이지만, 두 번째 교육 언어는 소수 민족 언어 중 하나가 될 수 있다. 2012년 12월 29일 발효 된 "러시아 연방 교육 언어"에 관한 러시아 연방법 제14조[5]는 다음과 같이 명시하고 있다: 모든 러시아 시민은 러시아 연방의 모든 공식 언어로 유치원, 초등 및 중등 학교 교육을 받을 권리가 있지만 지방 교육 시스템 및 교육에 관한 지방법에서 규정한 방식으로 제공 될 수 있을 때만 가능하다. 이러한 권리의 이행은 교육 기관 및 수업에서 뿐만 아니라 교육 기관을 위해 설정된 규약에 의해서도 보장된다. 소수 언어를 사용하는 아이들은 때때로 자신들의 민족어, 러시아어 또는 이중언어로 교육을 받을 수 있으며, 이는 각 공화국이나 지역의 헌법에서 내려진 법적 결정에 달려 있다.[6]

---

[5] Закон Ямало-Ненецкого автономного округа <Об образовании в Ямало-Ненецком автономном округе> Статья 14 Обеспечение обучающихся учебниками и учебными пособиями, 2013.
www.rg.ru/2013/07/19/yamal-zakon55-reg-dok.html (검색일: 2020.11.15.)

[6] Закон Ямало-Ненецкого автономного округа от 27 июня 2013 года №55-ЗАО "Об образовании в Ямало-Ненецком автономном округе", 2013.
www.rg.ru/2013/07/19/yamal-zakon55-reg-dok.html (검색일: 2020.11.15.)

야말로네네츠 자치구 교육부에 따르면, 야말로네네츠 자치구의 교육 시스템은 다민족 인구분포에 적합해야만 한다. 또한 이 지역의 교육 기관은 원주민 학생 중 일부가 유목민임을 고려해야 한다. 극한 기후와 기타 다른 자연 조건은 이 지역의 교육 연도의 연속성과 지속 기간에 영향을 미칠 수 있다. 예를 들어, 겨울의 가장 추운 동안, 학교는 휴교 할 수 있다. 때때로 이러한 수업 취소는 몇 주 동안 지속될 수 있다. 야말로네네츠 자치구에서는 초등학교 학생들이 기온이 영하 25-28°C 미만일 때 학교에 가지 않는다. 중등학생은 영하 28-30°C일 때는 학교에 가지 않고, 고등학생은 영하 30-35°C일 때는 학교에 가지 않는다(Laptander, 2013).

2) 교육제도

1930년대 중반 소비예트 정권이 집권했을 때, 모든 어린이들에게 교육이 의무화되었다. 소련 정권은 또한 학교에서 멀리 떨어진 툰드라나 타이가 지역에 사는 부모들을 위해 야말에 기숙학교를 설립했다(Liarskaia, 2005). 부모가 종종 아이들을 기숙학교에 보내는 것을 꺼려했기 때문에, 1950년대에 기숙학교의 교사들에게 가장 어려운 일은 부모들에게 자식 교육에 대한 중요성을 납득시키는 것이었다. 학생들은 11월 말에 학기를 시작했으며, 4월에 이미 부모님이 아이들을 데려가곤 하였다. 이러한 짧은 학기 때문에 소수의 원주민 학생들만이 학교 교육을 마쳤으며 대부분의 학생들은 부모님과 함께 살기 위해 툰드라 지역으로 돌아갔다. 1950년대 원주민 아이들은 대부분 학교를 가기 전에 한 가지 언어만 구사 하였다. 즉, 그들은 민족어만 말할 수 있었다. 그들 중 몇 명은 가까스로 학교 교육을 마치고 학업을 계속했다. 최초의 원주민 교사들은 1960년대 이후 민족어로 원주민 아이들을 가르치기 시작했다. 1967년 야말로네네츠 자치구의 58개 학교의 13,719명 학생 중 47.4%가 원주민 있었다.

이 58개 학교 중 7개 학교는 국가의 전액 재정 지원을 받은 기숙학교였으며, 그곳에서 5,369명의 아이들이 공부하고 생활하였다(Алексеев, 2010: 195). 이 기숙학교가 설립된 직후, 학생들이 러시아어를 더 빨리 배우기 위해 민족어로 말하는 것이 엄격히 금지된 짧은 기간이 있었다. 모든 원주민 학생들은 원주민들을 위한 특별한 예비 과정에 배치되었는데, 그 기간 동안에 가능한 빨리 러시아어를 가르치는 데 중점을 두었다. 이러한 의무적인 러시아어 교육 때문에 야말로네네츠 자치구의 소련 기숙학교 시스템은 1970년대 원주민 어린이들 사이에서 민족어 사용 능력을 상실하는 데 기여한 중요한 원인 중 하나가 되었다. 이 기간 동안 네네츠 아이들을 위한 네네츠어가 교육 언어로 사용된 약간의 초등학교 수업이 있었다. 한티어는 학교 과목으로만 가르쳐졌고, 셀쿠프어 수업은 몇 개밖에 제공되지 않았다(Алексеев, 2010: 202).

일부 농촌 지역은 도시 중심지에서 멀리 떨어져 있지만 교육 접근성은 좋은 편이다. 2015년 현재 네네츠, 한티, 셀쿠프인들은 대부분 야말로네네츠 자치구의 시립 학교에 다니고 있다. 총 133개의 일반 학교와 33만 명 이상의 학생이 있으며, 그 중 약 1만 명이 원주민 아이들이다. 그 지역의 23개 기숙학교가 네네츠어, 한티어 또는 셀쿠프어로 민족어 수업을 제공한다. 이 기숙학교들은 소규모 정착지에 위치해 있으며 9,000명의 원주민 아이들을 교육하고 있다. 2011년에는 유목학교(Кочевая школа, Nomadic school)라는 새로운 교육 프로젝트가 야말로네네츠 자치구에서 시행되었다. 이 프로젝트는 툰드라에 사는 아이들을 위한 유치원 교육과 초등 교육에 초점을 맞추고 있다. 2016년에는 22개의 유목민 교육기관이 툰드라에서 활동하고 있다. 이들은 유목민 가정 출신의 약 200명의 원주민 자녀를 대상으로 하는 17개의 유치원과 5개의 초등학교이다. 민족어 교육은 일반적으로 야말로네네츠 자치구의 외딴 지역에서 제공된다. 이 지역의 원주민 지역 중 하나인 살렉하르트에는 원주민 학생 수가 너무 적어 민족어를 가르칠 수 없다. 적은 수의 민족어 교사들도 또한 문제이다. 그러나 살렉하르드에 결핵을 앓고 있는 원주민 어린이를 위한 특별 요양원이 있으며, 이 학교에서는 몇 가지 특별 수업이 민족어로 진행 중이다.

민족어는 다음과 같은 지역에서 가르쳐지고 있다. 즉, 야말로네네츠 자치구의 20개 학교에서 네네츠어는 수업 과목으로 가르쳐지고 교육 언어로도 사용된다. 야말스키 지구에 6개 학교, 나딤스키 지구에 6개 학교, 프리우랄스키 지구에 4개 학교, 타조프스키 지구에 4개 학교, 푸로프스키 지구에 7개 학교가 툰드라 네네츠어 혹은 삼림 네네츠어로 수업을 진행한다. 한티어는 야말로네네츠 자치구의 프리우랄스키 지구에 5개 학교, 슈리슈카르스키(Shuryshkarsky) 지구에 17개 학교 등, 총 22개 학교에서 사용된다. 야말로네네츠 자치구의 3개 학교가 셀쿠프어를 가르치는데, 크라스노셀쿠프스키(Krasnosel'kupskii) 지구에 2개 학교, 푸로프스키(Purovskii) 지구에 1개의 학교가 있다(Laptander, 2013).

위에서 언급한 것처럼, 기본적으로 모든 러시아 어린이들이 7세에서 16세까지 9년 동안 학교에 다니는 것은 의무적이다. 그리고 네네츠, 한티, 셀쿠프의 교육 시스템은 서로 비슷하지만 러시아연방의 교육 시스템과는 세부적인 특징이 다르다. 야말로네네츠 자치구 교육 시스템은 해당 자치구의 규정에 의해 지원되어 민족어로 교육을 받을 수 있는 기회를 보장한다. 야말 지역의 민족어 교육에 관한 주요 규정은 지역 교육법에 의해 명시되어 있다. 민족어 교육은 원주민 아이들에게 완전한 국가 지원을 보장하는 해당 지역의 법률에 의해 규제된다. 살렉하르트에 있는 야말로네네츠 자치구 원주민 부서는 원주민 전통적인 영토와 언어를 포함한 그 지역의 원주민들과 관련된 모든 일들을 공식적으로 다룬다. 이 부서는 그 지역의 목표 프로그램인 학교에서 소수민족 언어 사용을 중심으로 하는 "야말로네네츠 자치구 원주민의 문화, 언어, 전통

생활 방식"의 지원을 받고 있다. 야말로네네츠 자치구의 원주민 부서는 또한 네네츠, 한티, 셀쿠프어에 관한 교재 출판에 자금을 지원한다. 또한 이 부서는 해당 지역의 소수 언어와 민속학을 문서화하는 데 초점을 맞춘 연구 프로젝트에 대한 보조금을 제공한다. 야말로네네츠 자치구에는 북야말로네네츠 자치구의 원주민 공공 협회인 "다음 세대를 위한 야말!", 야말로네네츠 자치구 셀쿠프족의 공공 협의회 그리고 한티의 살렉하르트 국립 문화 공공 그룹인 풀노바트(Pulnovat) 등 여러 원주민 공공 협의회가 있다. 이 단체들은 이 지역의 원주민들을 대표하며, 그들 조상의 땅에 살 수 있는 사람들의 권리를 보호하고, 툰드라와 타이가에서 전통적인 삶의 방식을 유지하고, 그들의 민족어를 적극적으로 사용하려고 노력한다[7].

3) 이중언어 교육정책

러시아에서의 교육은 의무이고 무료이다. 야말 지역의 모든 학교는 공립학교로 주정부의 자금 지원을 받는다. 야말로네네츠 자치구의 학교에는 두 가지 유형의 러시아어 수업이 있다. 모국어가 러시아어인 학생들을 위한 러시아어 수업과 제2언어가 러시아어인 원주민 학생들을 위한 러시아어 수업이 있다.

1940년대 후반 이전에는 소수민족어가 학교 교과과정의 일부가 아니었다. 교사들은 종종 민족어에 대한 지식이 거의 없었고, 여러 언어를 동시에 가르치는 것이 학생들이 러시아어를 배우는 데 방해가 될 것으로 생각했을 수도 있다. 1970년대에는 러시아어를 모르는 아이들에게 3년간의 초등 교육을 받을 수 있는 기회가 주어졌다. 이 3년 안 동안 아이들은 첫 해에는 민족어로 교

---

[7] Департамент образования Ямало-Ненецкого автономного округа, https://do.yanao.ru/documents/active/ (검색일: 2020. 11. 15.)

육을 받았고, 그 후 2년 동안은 러시아어와 민족어로 교육을 받았다. 이 방법은 즉각적으로 긍정적인 효과를 보여주었고 원주민 아동의 학업 성취도를 크게 향상시켰다. 그리고 이전 보다 더 많은 부모들이 그들의 아이들을 학교에 보낼 의지가 있었고, 그들 자신과 같은 민족의 교사들이 수업을 가르치고 있기 때문에 이와 같은 교육제도는 보다 많은 원주민 교사들의 고용을 필요로 했다(Алексеев, 2010: 198).

러시아 북부의 소수민족에 대한 교육은 원주민 아동들에게 이중 언어 교육을 제공하기로 결정한 이후 많은 관심을 받아왔다. 이중 언어 교육에 대한 논의는 교육관련 학회, 회의 그리고 세미나에서 이루어졌다. 현재 네네츠, 한티, 셀쿠프어 수업은 야말로네츠 자치구의 나딤스키, 프리우랄스키, 타조프스키, 푸로프스키, 크라스노셀쿠프스키, 슈리슈카르스키 지구 초등학교와 일반 학교에서 제공된다(Laptander, 2013). 그러면 교육기관 별로 현황을 살펴보기로 하자.

IV. 야말로네네츠 자치구 교육기관별 소수민족어 교육 실태

1. 유치원 교육

모든 러시아 유치원들은 탁아소와 유치원 교육을 제공한다. 또한 6세 또는 7세 어린이는 초등학교 예비과정을 1년 동안 받을 수 있다. 4-5년간의 유치원 교육기간 중에 이 예비과정은 보통 유치원의 마지막 해에 진행된다. 야말로네네츠 자치구에서는 아이들이 정착지와 도시의 유치원에서 이 초등학교 예비과정을 받을 수 있다. 야말 지역에는 195개의 유치원이 있으며, 이중 182개 유치원이 시로부터 자금 지원을 받고 있으며, 13개는 사립유치원이다. 아이들은 또한 30개의 기숙학교 중 한 곳에서 유치원 교육을 받을 수 있다. 이 유치원들의 의사소통과 교육을 위한 주요 언어는 러시아어이다. 그러나 먼 곳에 있는 정착촌과 일부 기숙학교에서는 아이들이 자신들의 민족어로 말하고 공부할 수 있다. 유목민 가정의 대부분의 원주민 아이들에게 기숙학교의 예비 초등학교 프로그램은 의무적이다. 왜냐하면 아이들은 그 기간 동안 러시아어에 더 능숙해질 수 있기 때문이다. 아이들이 기숙학교를 시작할 때 6, 7살 정도 된다. 초등학교 예비과정 동안 아이들은 러시아어를 배우고, 학교 환경에 적응하며, 일년 내내 가족 없이 지내야 한다. 그들은 기숙학교에서 다른 학생들과 함께 살고, 그곳에서 그들은 식사, 숙박, 옷, 교재, 문구류를 제공 받는다. 2014년 기숙학교의 초등학교 예비과정은 공식적으로 '유치원'으로 개칭되었다. 툰드라지역 아이들의 대부분은 2개 국어를 구사하며 러시아어를 유창하게 구사한다. 따라서 교사들은 전반적인 초등학교 교육 준비에 초점을 맞추고 러시아어에 대한 집중을 줄일 수 있다. 아이들은 또한 '유목민 학교 프로젝트'의 일부인 소위 '유목민 유치원'에 다닐 수 있다. 이 사업이 시작된 이래 기숙학교에서 초등학교 예비과정 프로그램을 받기 위해서 아이들이 가족과 헤어질 필요가 없어졌다. 유목민 교사들은 툰드라지역에서 아이들과 그 가족들과 함께 이동하고 생활한다. 이 교사들은 아이들이 초등학교에 입학할 준비를 도와줄 뿐만 아니라 아이들이 러시아어를 배우는 것을 돕는다. 이 기간 동안 아이들은 선생님과 그들의 민족어로 대화할 수 있다. 그러나 이것은 교사가 학생들의 민족어에 능숙할 때만 가능하다. 현재 야말로네네츠 자치구의 몇 몇 지역에서 유목민 유치원이 존재하고 있다. 대부분의 유목민 유치원은 프리우랄스키와 야말스키 지역에 있으며, 원주민들이 살고 있는 야말의 다른 외딴 지역에도 있다. 이 유목민 유치원에는 일반적으로 3세에서 7세 사이의 소수의 아이들만 있다. 이러한 유목민 학교가 지켜야할 엄격한 수업 규정은 없으며, 교사들은 툰드라나 타이가 지역을 이주하는 동안에 시간이 있을 때 수업을 한다.

야말로네네츠 자치구 유치원에서의 주요 교육 언어는 러시아어이다. 이 수업에서 교사들은 네네츠, 한티 또는 셀쿠프어의 민족어 중 하나를 말하지만 동시에 이 교사들은 학생들에게 러시아어를 가르친다. 유목민 유치원에서 교사들은 종종 그들의 민족어 중 하나로 아이들과 대화하기도 한다.[8]

유치원 교재에 대하여 언급하자면, 러시아의 대부분 유치원들은 일반적인 교육 프로그램을 따르고 대부분의 교재는 러시아어를 사용하는 어린이들을 위해 제작된다. 야말로네네츠 자치구의 유치원도 예외는 아니다. 야말로네네츠 자치구의 유치원들은 러시아의 유치원 교육을 위한 국가 유치원 교육 프로그램에 따라 운영된다. 기숙학교의 예비학교 수업에는 네네츠, 한티, 셀쿠프어로 된 특별한 학교 기초교재가 있다. 유목민 유치원의 특수성은 유목민 교사를 위한 추가적인 특별 교육 프로그램을 시행해야 한다는 점이다. 이 교재 외에도 이러한 유목민 유치원 교사들은 원주민의 전통적인 생활방식과 연계된 교재를 사용하고 있다. 유목민 유치원을 위해 특별히 제작된 네네츠어로 된 책 모음집이 2012년 상트 페테르부르크에서 출판되었다(Вануйто, 2012).

한편, 야말로네네츠 자치구 교육부는 이 지역의 기숙학교와 유목민 학교에 대한 연구를 수행한 적이 있다. 그러나 그들은 유치원 수준의 원주민 아이들 수에 대한 구체적인 통계를 가지고 있지 않다. 그들은 단지 그 지역의 언어 상황에 대한 일반적인 통계만을 제공하고 있을 뿐이다. 이 통계에 따르면 2014년과 2015년에는 소수의 유치원과 초등 기숙학교가 있었는데, 그 곳에서 아이들은 네네츠어나 한티어를 배울 수 있었다. 또한 2014년과 2015년에 야말

---

8) https://edu.yanao.ru/pro/SitePages/kohev_school.aspx. (검색일: 2020. 11. 15.)

로네네츠 자치구에는 원주민 아동을 위한 유목민 및 반유목(Semi-nomadic) 학교가 14곳 있었다. 2015년과 2016년에 이 숫자는 22개 학교로 증가했고, 이 유목민 학교들 중 5개 학교는 야살린스카야(Yarsalinskaia) 툰드라지역에서 계속적으로 이주하며 운영된다.[9]

2. 초등 교육

1) 언어 사용

초등 일반 교육은 의무이며 일반적으로 러시아 연방의 모든 어린이들에게 제공된다. 초등교육은 4년 동안 지속되고 아이들은 6-7살 때 초등학교에 가기 시작한다. 보통 초등학교 4년 동안 한 명의 교사가 학생들을 가르친다. 그리고 러시아에서는 모든 초등학교가 공립학교이고 무료이다. 일부 학부모들은 심지어 교재 이외의 다른 수업 준비물 비용의 일부를 면제받는다. 모든 지방 교육부는 원주민 가정의 아이들뿐만 아니라 문제가 있는 가정의 아이들과 고아들을 위한 특별 예산을 가지고 있다.

야말로네네츠 자치구의 교육을 위한 공식어는 러시아어이다. 그러나 1968년 야말로네네츠 자치구의 학교에 대한 연구는 학교 교과과정에 민족어가 없는 것이 원주민 학생들의 학업 성취도가 좋지 않은 원인이 될 수 있다고 결론지었다. 따라서 모든 민족어는 야말로네네츠 자치구의 교육 시스템에서 별도의 학교 과목으로 인정되었으며, 그 해 이후 민족어는 원주민 아이들을 위한 초등학교 의무 예비과목에 포함되었다. 이 결정은 원주민 학생들의 학력 성과

---

9) Вести-ямал. www.vestiyamal.ru/ru/vjesti_jamal/v_tambeyskoy_tundre_poyavitsya_svoy_umka_on_budet_gotovit_detey_k_shkole154715?_utl_t=fb (검색일: 2020. 11. 15.)

를 향상시켰고, 이러한 발전을 유지하기 위해 민족어들 중 하나에 유창한 더 많은 교사들이 고용되었다(Алексеев, 2010: 198).

기숙학교에서 초등학교 교육을 받는 원주민 아이들은 첫 학기에 러시아어 기본 문법을 배운다. 그리고 원주민 아이들은 또한 자신들의 민족어로 읽고 쓰는 법을 배워야 한다. 학생들은 일주일에 두 세 개의 민족어 관련 수업을 듣다. 이 수업들은 학생들에게 반 친구들과 선생님과 함께 민족어로 말할 수 있는 기회를 제공한다. 그러나 이러한 수업에서 이루어지는 원주민 학생들의 민족어에 대한 초점은 학생들이 민족어를 적극적으로 사용하기에 충분하지 않은 것으로 보인다. 즉, 민족어 수업에도 불구하고 아이들은 종종 곧 서로 러시아어로 대화하기 시작한다.

2) 교재

학생용 교재의 제공은 교육법 제14조 '학생에게 교재와 학습도구를 제공하는 것에 관하여'에 의해 규제된다. 야말로네네츠 자치구의 교육부(Департамент образования Ямало-Ненецкого автономного округа)는 이 과정에서 행정 의사결정권자의 역할을 한다. 이 부서는 그 지방의 민족어에 관한 문헌을 발행하는 다양한 단체들을 선정하고 이러한 단체들은 러시아에서 초등 및 중등 교육을 위한 교육 프로그램을 연구할 수 있는 자격을 갖게 된다. 민족어에 관한 교재의 대부분은 상트 페테르부르크의 출판사인 프로스베쉐니예(Просвещение)에 의해 출판된다. 이 출판사는 러시아 연방의 소수민족어에 관한 학교 교재를 준비하고 출판한 오랜 역사를 가지고 있다.

2014-2015 학년도에 5,305명의 학생들이 야말로네네츠 자치구의 초등학교에서 네네츠, 한티, 셀쿠프어를 공부했다. 야말로네네츠 자치구 지역별 네네츠, 한티, 셀쿠프어를 배우는 학생 수는 아래와 같다.

〈표 1〉 야말로네네츠 자치구의 네네츠, 한티, 셀쿠프어를 배우는 학생 수

	총 학생 수	소수민족 별 학생수		
		네네츠	한티	셀쿠프
무라블렌코보	47	0	47	0
크라스노셀쿠프스키 지구	99	0	0	99
나딤스키 지구	741	318	0	0
프리우랄스키 지구	1699	283	385	0
푸로프스키 지구	1459	694	0	44
타조프스키 지구	2391	1371	0	0
슈리슈카르스키 지구	1463	0	687	0
야말스키 지구	3025	2139	0	0
소수민족어를 배우는 총 학생 수	5305	4198	964	143
총 학생 수	10924	4805	1119	143

(Департамент образования Ямало-Ненецкого автономного округа https://do.yanao.ru/ 검색일(2020.11.15.))

3. 중등 교육

1) 언어 사용

러시아 연방의 중등 교육은 10-11세에서 17-18세 사이의 아이들에게 제공된다. 중등교육의 1단계에 해당하는 의무 교육 기간은 5학년에서 9학년까지 5년 동안 지속된다. 9 학년을 마친 후, 학생들은 시험을 치르고 지난 5년 동안 공부한 모든 과목에 대한 최종 점수를 받는다. 그리고 러시아에서의 아동 교육의 마지막 2년 동안은 중등 완전 일반 교육이라고 불린다. 보통, 학생들은 17세에서 18세의 나이에 이 선택적인 2년 동안의 학제를 끝낸다.

그리고 모든 러시아 중등학교는 러시아어를 주된 교육 언어로 사용하고 있다. 민족어 수업에 대한 교육 매체에 대한 규정은 중등학교마다 다르며, 대부

분 민족어에 관한 지방 정책에 의존한다. 교육을 위한 공식 언어는 러시아어이지만 일부 지역의 학교에서는 네네츠, 한티 또는 셀쿠프어를 교육 언어로 사용할 수 있다. 이 일부 지역 학교에서는 원주민 학생들이 일주일에 두 시간의 민족어 수업을 받아야 한다. 이 두 시간 중 한 시간은 민족어에 초점을 맞추고 나머지 한 시간은 민족 문학에 맞추어져 있다. 2013년부터 민족어가 중등교육에서 학기말 시험 선택과목이 되었다. 민족어와 민족문학 시험은 120분짜리 시험이다. 그러나 이 시험의 최종 결과는 학생이 직업 또는 고등 교육기관에 지원할 때 중요하지 않다.

일부 민족어 교사들은 또한 야말의 역사, 원주민의 문화, 북부 문학에 대한 추가 수업을 한다. 이 수업은 러시아어로 가르쳐지며 러시아어를 말하는 어린이들뿐만 아니라 원주민에게도 제공된다. 이러한 수업을 제공함으로써, 각 학교들은 중등 교육이 야말로네네츠 자치구의 지역적 구성에 중요한 역할을 한다고 인식하고 있다(Алексеев, 2010).

2) 교재

네네츠어에 대한 중등 교육 교재는 1980년대 말부터 출판되었다. 야말로네네츠 자치구의 교사와 학생들은 네네츠, 한티, 셀쿠프어에 관한 서적뿐만 아니라 교재를 접할 수 있다. 이 책들의 대부분은 앞서 언급한 상트 페테르부르크의 출판사인 프로스베쉬니예(просвещение)에 의해 출판된다.

네네츠 교사들이 그들의 강좌에 사용할 수 있는 교재는 상당히 많다. 한티 교사들은 교과서뿐만 아니라 다양한 학습도구와 교재를 사용할 수 있다. 때때로 한티 교사들은 이웃한 한티-만티 자치구(Ханты-Мансийский автономный округ)에서 출판된 한티어 관련 교재를 사용한다. 셀쿠프어의 경우, 민족어와 관련된 소량의 교재만이 출판되기 때문에 셀쿠프 교사는 학교 교재에 대한 접근이 가장 제한적이다. 아래 <표-2>는 야말로네네츠 자치구 지역별로 중등학교의 수를 분석한 자료이다.

<표 2> 야말로네네츠 자치구의 중등학교의 수

지역	학교 수
구브킨스키	7
라비트난기	5
무라블렌코보	7
노브이 우렌고이	18
노야브리스크	14
크라스노셀쿠프스키	7
나딤스키	20
프리우랄스키	6
타조프스키	6
야말스키	8 (이중 6개교가 기숙학교이다)
푸로프스키	16
슈리슈카르스키	8
살렉하르트	5
총 합계	127

(Департамент образования Ямало-Ненецкого автономного округа https://do.yanao.ru/ (검색일: 2020.11.15.))

4. 고등 교육

1) 언어 사용

러시아 연방의 고등 교육은 연구소, 아카데미 또는 대학이라고 불리는 교육 기관에서 제공한다. 이 고등 교육 기관의 졸업생은 그들이 이수한 프로그램에 따라 졸업장을 받는다. 이것은 학사 학위(4년 과정), 전문가 과정 졸업장(5년 과정) 또는 석사 학위(학사 학위나 전문가 과정 졸업장을 취득한 후에 받을 수 있는 2년 과정)가 될 수 있다. 러시아 고등 교육 기관의 대다수에는 국가가 지원하는 제한된 수의 전액 장학금이 있다. 따라서 이러한 장학금을 받기위한 경쟁이 매우 치열하고 입학시험 성적이 아주 우수한 학생들만이 그 장학금을 받을 수 있다. 러시아에는 북부 소수 민족어를 연구하는 몇 몇의 연구소가 있다. 그중에 하나가 상트 페테르부르크에 있는 게르첸 국립 교육대학교(Российский государственный педагогический университет им. А. И. Герцена)의 북부 민족 연구소(Институт народов Севера)이다. 이 연구소에는 세 개의 전문 분야가 있는데, 민족/문화 연구, 언어학, 교육 이론/교수법이 그것 들이다.

일반적으로 야말로네네츠 자치구의 고등 교육 기관에서 교육을 위한 주요 언어는 러시아어이다. 야말로네네츠 자치구에는 민족어들 중 하나에만 초점을 맞춘 프로그램을 제공하는 고등 교육 기관은 없다. 그러나 학생들이 자치구 밖에서 그러한 프로그램을 제공 받을 수 있도록 하는 특별 지역법이 있다. 학생들이 자치구 밖에서 민족어 프로그램을 제공 받을 수 있도록 야말로네네츠 자치구는 원주민 가정 학생들을 위한 특별 장학금 제도를 시행하고 있다. 이러한 장학금의 재원(財源)은 상트 페테르부르크의 북부 민족 연구소에서 나온다. 야말로네네츠 자치구의 원주민 담당부서는 또한 저소득층 가정의 원주민 학생들이 연간 두 번 자신들의 교육기관으로 이동하는 경비를 보상해 준다. 이 자치구는 또한 상트 페테르부르크 북부 민족 연구소의 숙박 시설과 같은 곳에 대한 보상을 포함하여 전체 연구를 진행 할 수 있도록 장학금을 수여함으로써 원주민 학생들을 지원한다.[10]

---

10) https://ru.wikipedia.org/wiki/%D0%98%D0%BD%D1%81%D1%82%D0%B8%D1%82%D1%83%D1%82_%D0%BD%D0%B0%D1%80%D0%BE%D0%B4%D0%BE%D0%B2_%D0%A1%D0%B5%D0%B2%D0%B5%D1%80%D0%B0. (검색일: 2020.11.15.)

2) 고등 교육을 위한 교사양성

상트 페테르부르크에 있는 북부 민족 연구소는 네네츠, 한티 및 셀쿠프에 관한 언어 및 문학 강좌를 제공하는 러시아 연방의 유일한 고등 교육 기관이다. 이 연구소의 우랄어학과는 우랄어와 문학을 가르치는 오랜 역사를 가지고 있다. 학생들은 원어민과 비원어민이 섞여있다. 북부 민족 연구소에서는 초등학교나 중등학교에서 네네츠, 한티 또는 셀쿠프 언어와 문학을 가르칠 수 있는 자격을 주는 학사, 석사 또는 전문가 학위를 받을 수 있다. 2008년까지 살렉하르트 교육 대학(Салехард педагогический колледж)은 네네츠, 한티 및 셀쿠프 언어 및 문학을 가르칠 수 있도록 초등 및 중등 학교 교사를 교육하기 위해 특별히 마련한 과정을 제공했다. 이 과정은 원래 야말 지역의 한 지역 학교에서 교사가 되기 위해 공부하고 있던 원어민 교사후보생들을 교육하기 위해 고안되었다. 이 대학은 상트 페테르부르크에 있는 러시아 국립 교육대학과 협정을 맺어 학생들은 살렉하르트 교육 대학을 졸업한 후 러시아 국립 교육대학에서 계속 교육을 받을 수 있게 되었다. 2008년 살렉하르트 교육 대학은 야말 다학제 대학(Ямальский многопрофильный колледж)과 합병되었고, 합병 후에 민족어 교육에 관한 과정은 더 이상 제공되지 않았다.

앞서 언급했듯이 상트 페테르부르크 북부 민족 연구소를 제외하고는 네네츠, 한티, 셀쿠프어를 가르치는 전문화된 교육 기관이 러시아 연방에는 없다. 그러나 한티-만시 자치구의 유그라 국립대학(Югорский государственный университет)는 핀우그리아어파(Finno-Ugric) 연구 프로그램을 제공하며 한티 민속학, 문학, 역사, 민족학에 관한 수업뿐만 아니라 한티어 수업을 제공한다.

유치원 교육 훈련과정에 대하여 언급한다면, 2014-2015 학년도에는 추가 전문가 과정으로 유목민 유치원에서 가르치고 있는 교사 연수 학생이 25명이었다. 이 전문가 과정은 살렉하르트에 있는 야말 다학제 대학에서 제공된다.

2014-2015년에 연수 학생들은 일주일에 1시간 씩 한티어 과목을 선택할 수 있는 기회를 가졌다. 이 과목을 수강하는 학생들의 대다수는 원주민 가정 출신이다. 그러나 한편, 네네츠어 강좌에 등록하는 학생의 수는 매년 줄어드는 형편이다. 예를 들어, 2013-2014년에는 프리우랄스키에서 온 7명의 학생들이 네네츠어 유치원 교수 과정을 수강했다. 그러나 2014-2015 학년도에는 같은 지역에서 온 3명의 학생만이 네네츠어 교수 과정을 이수했다.

한편, 야말 다학제 대학의 교육학 교수진은 초등학교 교사 지망생을 위한 강좌를 제공한다. 그러나 이 대학은 민족어에 대한 특정한 초등학교 교육 훈련을 제공하지는 않는다. 그리고 중등학교 교육 훈련과 관련하여, 네네츠, 한티 또는 셀쿠프어 과정의 5년제 교사 연수 자격 프로그램을 받는 상트 페테르부르크 북부 민족 연구소 학생들은 야말로네네츠 자치구를 방문하여 그 지역의 초·중등학교에서 네네츠, 한티 또는 셀쿠프어를 가르치는 실질적인 훈련을 받을 기회를 갖는다. 또한, 야말로네네츠 자치구에는 교육연수제도가 있는데, 야말로네네츠 자치구의 지역 교사 훈련 기관은 네네츠, 한티, 셀쿠프 교사들을 위한 추가 강좌를 제공한다. 이 강좌는 교사들에게 소수 민족어 분야에 대한 새로운 교수법을 소개한다. 그리고 교사들은 네네츠, 한티, 셀쿠프어에 대한 새로운 교재 및 학습도구에 대한 정보를 추가로 얻을 수 있다.

2014-2015 학년도에는 북부 민족 연구소에서 16명의 학생이 네네츠어를, 10명의 학생이 한티어를, 5명의 학생이 셀쿠프어를 공부하고 있었다. 불행하게도, 모든 졸업생들이 야말로네네츠 자치구에 있는 학교에서 일자리를 잡을 수 있는 것은 아니었다. 그들 중 몇 명만이 학교, 시, 교육부에서 일하거나 또는 검사관으로 일하는 등 졸업장과 일치하는 직업을 가지고 있었다. 다른 사람들은 종종 지역 박물관이나 야말로네네츠 자치구의 문화 센터에서 일했다 (Laptander, 2013).

한편, 러시아에는 성인 교육이 주로 직업 교육과 직업 훈련과정이며 학교의 정규 과목은 아니다. 따라서 민족어를 교육시키는 성인 교육 과정을 제공하는 연방정부 기관도 없고 야말로네네츠 자치구에서 제공되는 네네트, 한티 또는 셀쿠프어 교육 과정도 없다.

V. 결론

유네스코의 위기에 처한 세계 언어 지도(UNESCO Atlas of the World's Languages in Danger)는 사라져가는 세계의 언어들을 가장 덜 위험한 '취약(vulnerable)'에서부터 가장 심각한 '절멸(extinct)'의 단계까지 위기의 정도에 따라 5단계로 분류하고 있다: 취약(vulnerable)―분명한 위기(definitely endangered)―심각한 위기(severely endangered)―절대적인 위기(critically endangered)―절멸(extinct).[11]

유네스코의 위기에 처한 세계 언어 지도에 따르면, 툰드라 네네츠어와 북부 한티어(Northern Khanty)는 2단계인 '분명한 위기(definitely endangered)'에 처한 것으로 분류된다. 한편, 삼림 네네츠어는 3단계인 '심각한 위기(severely endangered)'에 처한 언어로 정의되며 셀쿠프어는 4단계인 '절대적인 위기(critically endangered)' 단계의 멸종 위기에 처한 언어로 정의 된다. 그러나 유네스코 정보 국제회의(International Council of the UNESCO Information for all Programme) 부의장인 에브게니 쿠즈민(Evgeny Kuzmin)에 따르면 문

---

11) UNESCO Atlas of the World's Languages in Danger,
   http://www.unesco.org/languages-atlas/index.php (검색일: 2020. 11. 15.)

화적, 언어적 다양성을 보존하기 위한 노력이 러시아 전역에서 지속적으로 이루어지고 있다고 한다. 특히 "야말로네네츠 자치구와 같은 소수민족 지역은 다국어주의를 촉진하고 소수민족 언어의 지위를 향상시키는 데 매우 적극적이다"라고 그는 다소 낙관적인 언어의 미래를 주장했다(Kuzmin, 2015).

그러나 야말로네네츠 자치구의 현재 언어 상황은 비록 민족어가 자치구에서 공식적으로 인정되고 있기는 하지만, 젊은 네네츠, 한티 및 셀쿠프어 사용자들의 수가 놀라울 정도의 속도로 줄어들고 있음을 보여준다. 이러한 감소는 자치구 내 학교의 민족어 수업 시간이 절대적으로 부족하고 아이들이 학교에 다니기 시작하는 초기부터 러시아어를 배우도록 적극적으로 자극을 받는다는 사실로 설명할 수 있다. 더욱이 유치원과 초등 기숙학교 수업을 제외하고는, 야말로네네츠 자치구 대부분의 학교에서는 학생들이 자신들의 민족어 수업을 들을 기회가 거의 없는 것이 현실이다. 현재 툰드라와 타이가 지역에 사는 극소수의 원주민 아이들만이 러시아어가 아닌 자신들의 민족어인 네네츠, 한티 또는 셀쿠프어 만을 말한다. 이 민족어만 사용하는 아이들은 앞에서 언급한 원주민 아이들을 위한 초등학교 예비과정에 다닐 의무가 있다. 그러나 그 지역의 원주민 어린이들의 대부분은 학교에 가기 전에 이미 러시아어를 유창하게 구사한다.

한편, 살렉하르트에 있는 교사 연수 대학을 재정비한 이후 야말로네네츠 자치구의 민족어 교사들의 수가 감소하고 있다. 원주민 언어 교사로서의 직업을 찾을 수 있는 희박한 가능성이 이러한 감소에 기인하는 원인이 될 수 있다. 심지어 네네츠, 한티, 셀쿠프어 대학 졸업장이 있는 교사들도 그 지역 학교에서 일자리를 찾을 기회가 거의 없다. 따라서 민족어 교사들을 위한 더 많은 일자리를 창출하는 것이 야말로네네츠 자치구에서의 민족어의 위치를 높이는 좋은 해결책이 될 수 있다(Laptander, 2013).

어느 민족의 경우에나 민족 언어를 계속 사용하고 있는지 여부가 중요한 요소인데, 앞에서 살펴본 바와 같이 야말로네네츠 자치구에서는 대부분의 경우 민족어의 사용이 감소되는 경향이 일반적이며, 특히 교육제도에서는 더욱 그러하다. 여느 다민족 국가에서와 마찬 가지로 주도적인 민족의 언어가 공통어로 되는 것이 불가피했으므로, 학교과정에서 소수민족어는 교습어로서의 러시아어와 경쟁해야 했으며, 고등 교육 과정에서는 러시아어만 사용할 수밖에 없었다. 제임스 포사이스(2009: 401)에 따르면, 1959년에서 1989년 사이에 자신들의 원주민 언어를 민족 언어라고 주장하는 비러시아인들의 비율은 감소 추세에 있었다. 시베리아와 북부 지역의 모든 소수민족들을 합하여 조사한 결과 84%에서 72%로 감소했다. 동시에 원주민 언어와 러시아어 두 가지를 모두 사용하는 경우가 증가했다. 이렇듯, 공동체 사회에서 뿐 아니라 학교 교육에서도 쇠퇴해 가기만 하는 야말로네네츠 자치구의 소수민족어들은 매우 위태로운 위기의 상황에 처해있다. 그렇다면 우리는 무엇 때문에 이 소수민족들의 언어를 지켜야하는 걸까? 그것은 소수민족의 생존과 그들의 언어가 직접적으로 연결되어 있기 때문이다. 예를 들어, 한 스코틀랜드 남자는 자신이 스코틀랜드인이라는 사실을 아주 자랑스러워한다. 외출할 때면 그는 늘 킬트(kilt)[12]를 입고, 타탄(tartan hat)[13]을 쓰고, '나는 글래스고(Glasgow) 출신이다'라고 떳떳이 과시하는 배지(badge)를 달고 다녔다. 한마디로 그는 자신의 정체성에 대한 자부심이 대단한 사람이었다. 하지만 한 가지 문제가 있었다. 그가 모퉁이를 돌아서면 그의 킬트, 모자 혹은 배지를 볼 수 없다. 그것은 어두울 때나, 혹은 수영장이나 사우나에서 옷을 벗고 있을 때도 마찬가지이다. 그렇다

---

12) 스코틀랜드 남자들이 전통적으로 착용해온 스커트형의 하의
13) 여러 가지 격자무늬의 타탄으로 만든 스코틀랜드 전통 모자

면 그는 자신이 스코틀랜드인이라는 사실을 어떻게 알릴 수 있을까? 말을 통해서이다. 말은 모퉁이 다른 편에서나 어둠 속에서도 알아들을 수 있다. 수영장의 물이 너무 차가운 경우 그가 내지르는 비명소리의 강한 악센트로 단박에 그가 스코틀랜드인임을 알 수 있다(데이비드 크리스탈, 2020: 138-139). 이렇듯, 언어는 개인의 정체성을 나타내는 가장 중요한 요소 중에 하나이다. 다시 말해서 야말네네츠 자치구의 소수민족어인 네네츠, 한티, 셀쿠프어는 그 근간이 되는 민족 문화를 빼앗기면서 완전히 사라져버릴 위험에 처했으며, 결국 그 지역의 원주민 공동체들이 더 이상 존속될 수 없을 것이라는 예상은 신빙성이 있는 것이다.

유네스코가 규정하였듯이, 이제는 언어에 대한 개념 규정이 더욱더 확대되어야 한다는 사실에 대하여 논란의 여지가 없다. 이는 무엇 보다 언어가 단지 의사소통의 수단을 넘어, 해당 공동체의 문화적 자산으로 이해되고 있기 때문이다. 언어공동체에서 사용되고 있는 언어에는 공동체 구성원들의 정체성과 역사성이 내재되어 있기 때문에 특정 공동체 구성원들이 사용하는 언어와 문화 사이에는 강한 공동체의 정체성을 확인할 수 있다. 많은 문화적 자산들이 언어로 표현되어 있으며 따라서 해당 언어를 사용하는 언어공동체에서 해당 언어를 상실하게 되면 그 공동체 구성원들은 그들의 정체성을 잃어버리고 해당 민족 자체가 차츰 소멸하거나 다른 큰 민족에게 합병되어 역사 속으로 사라지게 된다. 물론, 언어와는 직접적인 관계가 없는 의상, 음식, 건축물 등이 문화 영역에서 자리를 잡고 있지만 문화가 후대에게 전승될 수 있는 기틀과 매체는 무엇보다도 언어인 것이다. 그러므로 민족의 생존 외에도, 문화영역에서 언어의 손실이란 해당 공동체의 다양한 유형 문화재의 손실을 초래하게 될 것이며 더 나아가 문화 손실 그 자체라 규정할 수 있겠다(전춘명, 2013: 292-295). 그러나 우리는 히브리어의 부활을 보면서 희망을 가지기도 한다. 아프리카아시아어족의 셈어파로 분류되는 언어이며 고대 가나안 지방에 살고 있었던 유대인(히브리인)의 모어로서 사용되었던 히브리어는 3세기부터 더 이상 구어로 사용되지 않았다. 이러한 관점에서 보면 히브리어는 죽었다고 말할 수도 있을 것이다(클로드 아제주, 2011:372). 그러나 20세기에 접어들어, 히브리어는 이스라엘의 건국과 함께 현대 히브리어로 다시 살아나게 되어, 현재 이스라엘로 이주하여 오는 유대인들의 언어로서 자리잡아 현재에 이르고 있다. 이러한 언어 보존을 위한 학교의 언어교육과 그에 따른 문화 다양성의 추구는 인류의 풍요와 생존에 중요한 가치라고 할 수 있다.

〈참고문헌〉

데이비드 크리스탈, 『언어의 역사, 말과 글에 관한 궁금증을 풀다』서순승 옮김, 서울: 소소의 책, 2020.
전춘명. "언어사멸 원인에 대한 분석." 『외국어로서의 독일어』, 33집, 2013.
제임스 포사이스. 『시베리아 원주민의 역사』, 정재겸 옮김, 서울: 솔출판사, 2009.
클로드 아제주. 『언어들의 죽음에 맞서라』, 김병욱 옮김, 서울: 나남, 2011.

Kuzmin, Evgeny. *Multilingualism in Russia*. In Proceedings of the 3rd International Conference on Linguistic and Cultural Diversity in Cyberspace, (Yakutsk, Russian Federation, 30 June-3 July 2014). Ed. Kuzmin E. et al.. Moscow: Interregional Library Cooperation Centre, 2015.

Laptander, Roza. *Model for the Tundra School in Yamal: a New Educational System for Children from Nomadic and Semi-Nomadic Nenets Families*. In Sustaining Indigenous Knowledge: Learning Tools and Community Initiatives for Preserving Endangered Languages and Local Cultural Heritage. Ed. by Erich Kasten and Tjeerd de Graaf, Fürstenberg/Havel: Kulturstiftung Sibirien. 2013.

Laptander, Roza. "Collective and Individual Memories: Narrations about the Transformations in the Nenets Society." *Arctic Anthropology*, Vol. 54(1), 2017.

Liarskaia, Elena. "Northern Residential Schools in Contemporary Yamal Nenets Culture." *Journal of Siberian Studies*, Vol. 4(1), 2005.

Lublinskaia, M. & R. I. Laptander. "A Short Introduction to the History of Nenets Literature." *Родной язык*, Vol. 1(3), 2015.

Алексеев, В. В. *История Ямала. том 2: Ямал совреный. Кн. 2. Индустриальное развитие.* Екатеринбург: Баско, 2010.

Вануйто, Г. И. *Вако-выныыерко: нгарка ненеця ныукхутолабада книгача.* Санкт-Петербург: Просвещение, 2012.

〈인터넷〉

International Centre for Reindeer Husbandry. Reindeer herding: A visual guide to reindeer and people who herd them. "Nenets." www.reindeerherding.org/herders/nenets/ (검색일: 2020. 11. 15.)

UNESCO Atlas of the World's Languages in Danger. www.unesco.org/languages-atlas/index.php (검색일: 2020. 11. 15.)

Вести-ямал. www.vestiyamal.ru/ru/vjesti_jamal/v_tambeyskoy_tundre_poyavitsya_svoy_umka_on_budet_gotovit_detey_k_shkole154715?_utl_t=fb (검색일: 2020. 11. 15.)

Всероссийская перепись населения 2002 года, http://www.perepis2002.ru/index.html?id=11 (검색일: 2020. 11. 15.)

Всероссийская перепись населения 2010 года, http://www.gks.ru/free_doc/new_site/perepis2010/croc/perepis_itogi1612.htm (검색일: 2020. 11. 15.)

Департамент образования Ямало-Ненецкого автономного округа https://do.yanao.ru/documents/active/ (검색일: 2020. 11. 15.)

Перепись населения 2002. Владение языками (кроме русского) населением отдельных национальностейпо республикам, автономнойобласти и автономным округам российской федерации. www.perepis2002.ru/ct/html/ TOM_ 04_06_32.htm (검색일: 2020. 11. 15.)

Новости. https://do.yanao.ru/ (검색일: 2020. 11. 15.)

Институт народов Севера.

https://ru.wikipedia.org/wiki/%D0%98%D0%BD%D1%81%D1%82%D0%B8%D1%82%D1%83%D1%82_%D0%BD%D0%B0%D1%80%D0%BE%D0%B4%D0%BE%D0%B2_%D0%A1%D0%B5%D0%B2%D0%B5%D1%80%D0%B0. (검색일: 2020. 11. 15.)

야말로네네츠 자치구.

https://ko.wikipedia.org/wiki/%EC%95%BC%EB%A7%90%EB%A1%9C%EB%84%A4%EB%84%A4%EC%B8%A0_%EC%9E%90%EC%B9%98%EA%B5%AC (검색일: 2020. 11. 15.)

Ямал-Регион. https://yamal-region.tv (검색일: 2020.11.15.)

https://edu.yanao.ru/pro/SitePages/kohev_school.aspx. (검색일: 2020. 11. 15.)

〈법률〉

Закон о языках российской федерации, (1991). Н 1807-1 от 25.10.1991.

www.consultant.ru/document/cons_doc_LAW_15524/ (검색일: 2020.11.15.)

Закон Ямало-Ненецкого автономного округа <Об образовании в Ямало-Ненецком автономном округе> Статья 14 Обеспечение обучающихся учебниками и учебными пособиями, 2013. www.rg.ru/2013/07/19/yamal-zakon55-reg-dok.html (검색일: 2020.11.15.)

Федеральный закон о гражданственном языке российской федерации (2005). H53-FZ от 01.06.2005. www.rg.ru/2005/06/07/yazyk-dok.html (검색일: 2020.11.15.)

북극 토착소수민족 아이들의 민족정체성 형성의 문제 : 사하공화국을 중심으로

김자영*

Ⅰ. 들어가는 말

21세기 글로벌화(세계화)는 세계적인 추세이다. 현대 사회에서 경제와 정보, 문화는 이른바 세계화의 대상이 되었다. 이러한 시대상황 속에서 많은 나라들이 국가 내 하나의 통일성 혹은 융합이야말로 미래의 평화를 위한 해결책이라고 생각한다 (А. Иванова, 2019).

전 세계 소수민족들은 개별적인 고유의 전통과 문화, 언어, 정서 등을 보존하고 어린 세대에게 전수하여 이것을 지켜나갈 수 있는 기회가 세계화라는 지구촌 트렌드에 의해 축소되고 있는 실정이다.

소수민족들 자신의 생각은 어떤 것일까. 소수민족들의 전통과 관습, 민족적 정체성, 언어를 보존하고 계승하는 일은 특히 어린 세대의 민족적 자긍심을 고취하고 자신의 뿌리에 대해 인식하게 함으로써 타인에 대한 관용, 살고 있는 지역에 자부심을 가지는 시민, 건강한 애국심을 가진 국민으로 성장할 수 있는 정서적 기반을 형성하는 가장 기본적인 작업이라고 할 수 있을 것이다.

※ 이 글은 『한국 시베리아연구』 25권 2호에 게재된 것임
  이 논문은 2019년 대한민국 교육부와 한국연구재단의 지원을 받아 수행된 연구임 (NRF-2019S1A5C2A01081461)
* 배재대학교 한국-시베리아센터 연구교수

이것은 또한 인류의 문화적 다양성을 지켜낼 수 있는 중요한 수단이다. 확고한 자기인식, 즉 정체성의 확립이 세계화를 방해하는 요소가 되는 것일까.

2017년 3월 아르한겔스크에서 열린 제4차 북극포럼에서 블라디미르 푸틴 러시아 대통령은 "우리의 목표는 북극의 지속 가능한 발전을 보장하는 것이다. 이것은 지역 인프라의 현대화, 자원 개발, 산업기반 개발, 북방 원주민의 삶의 질 향상, 그리고 이들 토착소수민족의 고유의 전통과 문화를 보존할 수 있도록 국가가 돕는 것을 의미한다."라고 밝힌 바 있다. 이러한 푸틴 대통령의 계획은 북극 토착소수민족[1]들의 환영을 받았지만, 일부에서는 소수민족 각각의 독립적인 문화의 보존과 발전이 러시아의 단일성과 국민통일을 방해하기 때문에 반대한다는 의견이 표명되기도 하였다 (М. Задорин, 2017).

러시아의 북극은 지구상 그 어떤 지역보다 다양한 토착민족들이 오랜 세월 삶의 영역을 이어나가고 있는 장소이다. 북극의 토착민족들은 자신들만의 경제활동, 관습, 독특한 문화, 혹독한 기후를 이겨내며 자연과 조화롭게 살아가는 삶의 방식을 통해 살아왔고 살아가고 있다. 그러나 현재 북극권 토착소수민족들은 북극의 기후변화로 인한 직접적인 타격 뿐 만 아니라 자원의 채굴·가공, 항로개발, 항만건설, 관광지개발 등의 사업과 이를 위한 새로운 이주민 및 그들의 새로운 문화와의 융화문제, 환경의 지속적인 훼손문제로 생활터전 및 전통적 경제활동 형태의 상실, 전통적인 생활양식의 급격한 변화, 자신의 땅을 활용하면서 이익의 분배에서는 소외되는데서 오는 상실감, 민족 언어 및 전통

---

1) '토착민', '소수민족', '토착소수민족', '원주민' 이라는 정의는 앞으로의 연구에서 보다 명확하게 규명해나가야 할 연구의 한 부분이 될 것이다. 러시아 정부와 소수민족, 러시아 정부와 국제규범 사이에 정의내리기 어려운 관점의 차이가 여전히 존재하고 있기 때문이다. 따라서 본고에서는 '토착소수민족'을 중심으로 그 외 '토착민족', '소수민족'의 용어가 혼용되어 사용되고 있다.

문화의 소멸·해체문제, 법률적 보호의 미비 등 다양한 문제를 겪고 있다. 연구 지역을 활용하고 정치적, 경제적 이익을 실현하고자 하는 러시아 정부의 정책들은 다수이나 실제로 동 지역의 의료, 교육, 식량 등의 부분에서는 여전히 낙후되고 열악한 상태를 면치 못하고 있다. 인간의 거주공간으로써 북극을 바라보는 시점은 생물적 다양성을 보존하고자 하는 것과 유사하게 문화적 다양성을 보존하는 것이 현 인류에게 보다 통합적이고 건강한 사고와 합의의 고정을 배우게 하는 길이라고 판단된다. 인류는 지난 세기보다 오히려 더 복잡하고 예측 불가능한 다양성 속에 살고 있기 때문이다. 그러나 세계화라는 작금의 시대적 현상, 그리고 다민족, 다문화 국가인 러시아 전역의 이른바 '러시아화'에 대한 기대를 버리지 못한 러시아 일각에서 나오는 목소리가 북극권에 사는 북부 토착민족이 민족 언어와 문화를 잃어버리게 만드는 원인이 되고 있다.

옛 소련 시절 강력하게 시행된 '러시아화' 정책은 소련이 해체되고 각 공화국들이 법적으로, 정서적으로 민족 정체성과 고유의 문화를 보호하려는 움직임을 보이고 있는 21세기에도 여전히 그 영향력을 발휘하여 소수민족들 스스로 자민족언어에 대한 실용성을 의심하고, 루스키(Русский народ) 이외의 출신성분을 약점으로 인식하며 민족 언어를 자유롭게 구사할 필요성을 느끼지 못하면서 점차 젊은 세대의 민족 언어 지식이 낮아지고 있는 추세이다. 이에 관해 안드레이 크리보샤프킨(Андрей Кривошапкин) 러시아연방 북부토착소수민족연합 부회장은 "소수민족의 언어를 보존하고 발전시키는 문제는 우리 자신에게 달려있다. 우리들은 민족 언어를 잘 구사하지 못하고 젊은 세대에게 전수하지도 못하고 있으며 공부하지 않는다. 언어만이 각각의 민족들이 자신의 정체성을 잃어버리지 않도록 하는 유일한 방법이다. 언어가 사라지면 민족도 사라진다. 자신의 민족 언어에 대한 자긍심을 일깨워야 한다."고 일갈한 바 있다 (А. Кривошапкин, 2012). 이는, "내 언어의 한계가 곧 내 세계의 한계를 의미한다."고 했던 비트겐

슈타인(Wittgenstein)의 주장과도 일치한다 (김자영, 2018, 재인용). 언어를 사용하는 것은 우선적으로 의미를 전달하기 위한 것이지만, 또한 그것은 사회적 관계와 문화를 확립하고 유지시켜 나가기 위한 것이기도 하기 때문이다.

또한 수많은 부존자원과 광활한 자연환경을 가지고 있는 러시아의 북부지역에서 부족한 것은 사회경제발전을 위한 정책이다. 지역의 발전이 토착소수민족의 문화와 전통생활방식의 보존과 부흥을 의미한다. 언어의 보존이 곧 문화의 보존을 의미하므로 현실적인 문화교육정책을 통해 다양한 토착민족들의 문화적, 언어적 다양성과 민족적 특성을 이해하고 보존할 수 있도록 해야 하지만 사회경제적 어려움과 현대화를 이루지 못하고 있는 현 상황에서는 공허한 메아리일 뿐이다.

이러한 복잡하고 쉽지 않은 상황 속에서 러시아의 토착소수민족들 사이에서는 퇴보되어가고 있는 어린 세대의 민족정체성을 확립하는 것만이 오랜 세월 가혹한 지리적, 기후적 환경 속에서도 민족고유의 전통을 잃어버리지 않고 살아온 자신들의 정체성을 유지·발전시킬 수 있는 길이라고 믿으며 아이들의 정체성을 고취하고 이를 안정적으로 지속시킬 수 있는 방안을 모색하고 있다.

본고에서는 북극권 토착소수민족의 아이들에게 민족정체성을 일깨우고 확립하도록 하는 방법에 무엇이 있는지 그리고 이러한 방식의 전망은 어떠한지 사하공화국을 중심으로 살펴보고자 한다.

II. 북극 토착소수민족 민족정체성의 제문제와 전망: 사하공화국

러시아에는 대략 190여 개의 다민족이 분포되어 있는 것으로 알려져 있다. 2000년 3월에 선포된 러시아 연방법 No. 255는 소수민족을 '하나의 영토에서 오랜 전통적 생활양식을 지키고 살아가며 그 수가 5만 명을 넘지 않는 독립적인 집단'으로 정의하였다. 소수민족이란 기본적으로 전통적 가치체계를 존중하고 주로 사냥, 어업, 사슴목축, 수렵 등의 경제활동을 하는 집단을 의미하는 것이다.[2]

상기 기준에 의하면 러시아 연방에는 45개의 토착소수민족이 공식적으로 인정되며, 이 중 40개의 민족이 시베리아, 북극권을 터전으로 분포하고 있다. 러시아의 '소수민족'은 2002년 인구통계 기준 각각 41,302명, 35,527명으로 집계되는 네네츠족(사모예드족)과 에벤키족에서부터 그 수가 8명으로 가장 적은 케레크족까지 규모가 다양하다.[3]

오랜 세월 북극권의 혹독한 환경 속에서 자연과 조화를 이루며 각 민족들마다 독특한 전통과 언어, 관습, 경제활동의 방식, 예술, 철학 등 자신만의 문화를 형성하고 전승하며 살아온 토착소수민족의 문화는, 과거의 그 어떤 시대보다 오히려 더 복잡하고 예측 불가능한 다양성 속에 살고 있는 현 인류에게 보다 통합적이고 건강한 사고와 합의의 고정을 배우게 하는 길이다. 생물다양성만큼이나 문화다양성을 보존하고 발전시키는 것은 인류의 삶을 보다 건강하게 만드는 일일 것이다. 그리고 이러한 생각은 토착소수민족 내부에서도 활발하게 논의되고 있는 주제이다. "토착소수민족들 각각의 문화를 보존하고 언어를 교육시켜 민족정체성을 보존하도록 하는 일은 다민족, 다문화로 이루어진 러시아와 시베리아·북극지역에서 '나'와 '또 다른 공동체 구성원' 사이에 상호이해를 증진시키고, 나아가 자신의 뿌리를 올바로 이해하는 자긍심을 바탕으

---

2) 배규성, "러시아 북방 토착소수민족의 법적 권리: 법적 규범과 현실", 『한국시베리아연구』 제24권1호, pp. 109-149, 2020.
3) *Коренные малочисленные народы севера, Сибири России часть I*, Министерство образования и науки Российской Федерации, Красноярск, 2012.

로 애국심을 고취하며 건전한 러시아 사회의 시민으로 성장할 수 있는 기회를 가지게 된다."(Т. Шергина, 2019; Н. Неустроев, 2020; Т. Павлова-Борисова, 2020)

그러나 21세기는 세계화가 급속도로 진행되고 있는 시대로 특히 그 절대수치가 상대적으로 적을 수밖에 없는 '소수민족'의 경우 다민족 국가에서 세대가 내려갈수록 민족 정체성을 잃어버리고 있을 뿐만 아니라 정체성 습득의 실용적 의미를 이해하지 못하고 있다는 점은 러시아 내 다수민족으로의 흡수 곧 민족의 소멸이라는 문제점을 야기한다.

토착소수민족이 분포하고 있는 북극권의 학자들과 지방정부들은 이를 개선하기 위하여 여러 노력을 기울이고 있다.

미국의 학자 조안 쉐발리에는 "무엇보다 청년세대가 민족 언어와 문화를 배우고 익히려는 마음과 실용적 이익 그리고 이것을 뒷받침 할 수 있는 교육체계를 구축하는 것이 현실적으로 필요하다."고 말하고 있다 (Д. Шевалье, 2015). 사하공화국 <민족학교연구소>의 교육학자인 알료나 이바노바(А. Иванова)는 공화국정부와 교육관련 전문가들이 토착소수민족 아이들의 교육에 있어 기본적으로 생각해야할 것은 '우리는 크게는 북방인이고 작게는 지역민' 이라는 생각을 심어줄 수 있어야 한다고 주장한다. 이것은 시민으로서의 정체성을 확립하기 위한 것으로, 단일문화권에 살고 있는 사람들에 비해 보다 복잡한 시민 혹은 국민정체성을 가질 수밖에 없는 '북방토착소수민족'의 아이들은 각각의 민족정체성의 학습부터 시작하여 '지역민', '북방인', '러시아인'의 과정을 밟게 되는 것이 자연스럽다고 강조했다. 이러한 주장은 2010년 발표된 <일반교육에 있어 연방차원의 표준안>[4]이 담고 있는 '러시아 시민의

---

4) Федеральный государственный образовательный стандарт основного общего

정체성, 러시아연방 내 다민족 출신 국민들의 문화적 다양성과 언어적 유산의 보존 및 발전, 모국어 학습, 다국적 러시아의 영적 가치 및 문화 습득을 러시아 일반교육의 기준으로 제시한다. 소수민족의 정신적, 도덕적, 문화적, 역사적 가치는 러시아 문화의 필수적인 부분이다.'라는 내용과 일치한다. 그러나 러시아의 현실은 대외적인 규정과 현실적인 실행에 있어 항상 괴리가 있다는 점일 것이다.

사하공화국의 문화학자 파블로바-보리소바(Павлова-Борисова)는 "민족 특유의 문화를 접하는 것은 일차적으로 가정에서 이루어지지만 보다 체계적이고 전문적인 문화교육은 교육기관을 통해 이루어져야 한다." 고 말했다 (T. Павлова-Борисова, 2020).

교육학자 알료나 이바노바는 토착소수민족 출신의 보다 어린 세대에게 민족정체성을 키우게 하려면 교육기관의 역할이 중요하다고 말하며 장 피아제의 '민족적 특성 발달의 3단계' 이론을 들었다 (А. Иванова, 2020).

스위스의 발달심리학자이자 아동교육학자인 장 피아제(Jean Piaget)가 제시한 민족적 특성 발달의 세 단계는 다음과 같다 (А. Иванова, 2020, 재인용).:

(1) 6-7 세에 아동은 자신의 민족성에 대한 단편적이고 비체계적인 지식을 습득
(2) 8-9 세에 아이는 이미 자신의 인종 그룹과 자신을 분명히 밝히고 식별 근거를 제시할 수 있음 - 부모의 국적, 거주지, 모국어
(3) 초기 청소년기(10-11 세)에는 민족의 특성에 따라 민족적 정체성이 완전히

образования (утвержден приказом Минобрнауки России от 17.12.2010 №1897; с изменениями, утвержденными приказом Минобрнауки России от 31 декабря 2015 г. № 1577) : минобрнауки. РФ // http://xn-80abucjiibhv9a.xn--p1ai/ (дата обращения: 2021. 5. 10).

형성되며, 아동은 역사의 독창성, 전통 일상 문화의 특성을 주목함

이렇게 민족적 특성에 대한 인지, 한 개인의 정신문화를 도덕적으로 교육하는 문제, 민족적 정체성을 바탕으로 러시아라는 다민족 국가에서 서로 다른 민족이자 한 국가의 국민으로서 조화롭게 살아갈 수 있는 건강한 시민을 만드는데 기본 바탕이 되는 민족정체성은 체계적인 학습계획에 의해 형성된다.

이와 관련된 사하공화국의 현 상황과 교육환경을 살펴보자.

사하공화국(야쿠티야)은 러시아 연방의 21개 공화국들 중 하나로 극동연방관구에 속하지만 지리적으로는 시베리아·북극에 속하는 러시아연방 내에서 가장 넓은 영토를 가진 자치공화국이다. 2010년 기준 약 95만 명의 인구가 살고 있다. 총 민족 수는 141개에 이르며 이들 중 야쿠트인(Якуты)이 45.5%로 최대 민족을 이루고 있다 (김민수, 2011). 이외에도 사하공화국에 살고 있는 대표적인 토착소수민족으로는 에벤, 에벤키, 유카기르, 축치, 돌간족이 있다.

사하공화국은 1990년 〈야쿠트-사하 소비에트사회주의공화국 주권선언〉을 통해 러시아어와 야쿠트어, 기타 소수민족어들의 법적인 지위를 공식화 한 바 있고, 소수민족어를 소수민족 밀집 거주지역의 공식 언어로 명시했다.

사하공화국은 공화국 내 토착소수민족의 민족 언어와 전통문화를 보호할 필요성을 인식하고 1991년 〈민족학교 개선 및 발전 개념〉을 제정 및 선포한다. 1992년에는 사하공화국 헌법을 수정하여 야쿠트어와 러시아어, 그 밖의 소수민족 언어들에 대한 법적인 지위를 공고히 한다.

그러나 지난 2019년 사하공화국 대통령 아이센 니콜라예프(Айсен Николаев)는 〈북극의 사회경제발전전략 2030〉에 대해 논의하는 자리에서, 현재 사하 공화국의 인구하락률이 지속되고 있어 매년 1%씩 인구가 줄어들고

있다고 전했다. 이는 사하공화국의 사회경제환경이 개선되지 않으면서 인구 상황이 나빠지고 있으며, 인구의 감소와 함께 좋지 않은 사회적, 경제적 환경이 전반적인 교육 분야의 현대화작업을 늦추고 있어 필요한 교육환경을 제공하지 못하고 있다는 것을 의미한다.

사하공화국 교육과학부가 발표한 자료에 따르면, 공화국 내 전체 쉬콜라 (Школа)[5] 중 72.3%가 시골에 위치하고 있으며 이 중 63%는 규모가 매우 작고 심지어 학생들을 다 채우지 못하고 있는 것으로 드러났다. 이는 공화국에 살고 있는 토착소수민족들 중 많은 숫자가 여전히 유목민이거나 반유목민 생활을 하고 있다는 점, 사회경제적 조건이 개선되지 않으면서 사회보장문제와 실업률의 문제로 인하여 아이들에게 정규교육을 지속적으로 받도록 하려는 부모들의 의지가 약하다는 것이 주요 원인이 되고 있다. 또 다른 이유로는 이 부분 역시 사회경제적 환경의 낙후로 인한 것으로 볼 수 있는데, 학생을 전문적으로 가르칠 수 있는 교사의 만성적 부족 그리고 올바른 교재의 부족이다.

문화학자인 타티야나 파블로바-보리소바는 아이들의 민족정체성 교육에 있어 중요한 것은 첫째 언어교육이며, 둘째 학교 입학 전 가족의 품에서 자신이 살고 있는 지역의 주변 환경과 언어의 사용, 생활관습, 의례 등을 겪으며 익히고 난 후 교육기관에서 정규교육을 받는 과정에서 전문적으로 계획된 민족언어, 구전민요, 문학작품, 전통놀이, 세시풍속, 역사를 배우는 학습과정이 중요하다고 말한다. 그러나 옛 소련의 해체이후 러시아의 교육과정에 침투한 외

---

5) 러시아어로 초·중·고등학교를 의미. 러시아 자료의 경우, 초등학교 과정, 중학교 과정, 고등학교 과정을 따로 나누지 않고 '쉬콜라' 과정으로 묶어서 말하는 경우가 많아 본고에서도 우리말로 옮기지 않고 '쉬콜라'라는 용어를 통합적으로 사용하기로 하였음

국식 교육의 형태는 토착민족을 위한 교육계획에 방해가 되고 있다. 따라서 토착소수민족 아이들의 정체성 교육을 정규교육과정과 함께 춤, 노래, 예술작품 등 직접 몸으로 체험할 수 있는 주제별 과정을 추가교육과정으로 개설하는 것을 제안하고 있다. 특히 피아제 이론을 근거로 초등학교 저학년 과정에서 이러한 민족교육을 목적으로 하는 정규교육과 수업 외 활동을 강화할 때 토착소수민족의 어린세대가 지속적이고 확고한 민족정체성을 구축하는데 효과적이라고 제안한다.

이와 같은 일련의 교육안을 통해 '북방인'인 사하공화국의 토착소수민족 출신 어린이들의 정체성 구축은 민족정체성을 바탕으로(я - представитель своего народа 나 - 우리 민족의 대표자) → 러시아인으로서의 정체성(мы - россияне 우리 - 러시아인) 확립 → 지역민으로서의 정체성 확립(мы - северяне, мы - сибиряки, мы - дальневосточники 우리 - 북방인, 우리 - 시베리아인, 우리 - 극동인)로 이어질 수 있다. 다시 말해, 민족 집단 안에서 개인의 정체성을 인식하게 되는 것이 다문화 사회인 러시아의 기초를 구성하게 된다.

사하공화국의 북극지역(Арктическая зона)에는 약 2만2천명의 어린이가 거주하고 있으며 이 중 토착소수민족 출신의 아이들의 숫자는 9천명이 넘는다. 소수민족 밀집지역에는 65개의 일반교육기관과 9개의 유목학교가 있다 (В. Марфусалова, 2020).

증가되는 실업률, 소련의 해체 이후 축소되고 있는 사회복지, 개선되지 않는 사회경제환경, 가혹한 기후, 지역 인프라의 부족, 유목민 생활방식으로 인하여 토착소수민족 출신의 아이들은 안정적으로 정규교육을 받지 못하고 있다. 2007년 사하공화국 정부는 '유목민 가족'의 해체를 막으면서 아이들의 교육기회를 보다 넓히려는 목적 하에 유목학교를 세우게 되었다. 유목학교는 이들 소수민족의 오랜 삶의 방식인 순록사육을 유지하고 아이들이 가족 속에서 자연스럽게 민족고유의 정체성과 관습, 세시풍속 등의 생활양식을 익힐 수 있도록 하는데 효과적이다.

그러나 일반교육기관의 상황은 이보다 좋지 않다. 특히 고유의 문화를 전승하는데 가장 중요한 언어의 문제가 심각한 것으로 드러났다. 다양한 민족 특히 루스키(Русский народ)인들과의 통합교육은 민족어를 사용하고 학습할 교육환경이나 학습자 개인의 필요성을 축소시켰다.

이외에 사하공화국은 1999년 네륜그리(г. Нерюнгри)시에 〈아르크티카(Арктика)〉라는 학교를 세우고 도심에서 멀리 떨어진 지역에 살고 있는 영재아들을 선정하여 기숙학교의 형태로 교육을 진행하고 있다. 아르크티카에서는 토착소수민족의 고유의 문화 보존을 목적으로 하는 커리큘럼을 운영하고 있으며, 학생들 자치기구를 통해 스스로 민족 언어를 학습할 수 있도록 하고, 추가수업을 개설하여 전통문화 등을 교육하고 있다. 다양한 현대적 교육설비 활용으로 학생들이 러시아 국내외의 발전에서 뒤처지지 않도록 하고 있다.

사하공화국을 포함하여 북극지역 학교들의 문제점 중 하나인 전문적인 교사의 부족을 개선하기 위한 교육대학이 사하공화국 교육부에서 개발한 〈북극의 교사(Учитель Арктики)〉 프로젝트를 바탕으로 운영되고 있다. 이곳에서 교육받는 학생들은 북극권에 거주하는 토착소수민족들의 민족어와 문화를 올바르게 가르칠 수 있는 지식을 학습하고, 주변 북극권 국가들과 협력을 통해 발전할 수 있는 역량을 익히는 것을 목표로 하는 교육을 받고 있다. 적절한 교재의 부족 역시 토착소수민족 아이들의 교육에 있어 장애요인이었다면, 미래의 교사들은 토착민의 전통적인 언어와 문학, 예술, 문화 등을 올바르게 교육할 수 있고 아이들이 '북극의 시민'으로 성장할 수 있도록 정체성을 확립할 수 있도록 하는 교재개발에 대해 연구하고 있다.

이러한 부분은 분명 유의미한 결과를 가져올 수 있을 것이라고 기대할 수 있다. 그러나 상기 언급한 것처럼, 사하공화국 전체 학교들 중 많은 수가 비교적 혁신적인 교육프로그램의 영향과 전문가들의 열정의 영향권에서 벗어난 외곽지역이나 외딴 시골에 위치하고 있으며, 여전히 많은 아이들이 환경적 부분으로 인해 정규교육을 받지 못하고 있다는 점, 토착소수민족의 언어와 문화를 잘 가르칠 수 있는 전문적인 교사들이 지속적으로 일할 수 있는 환경을 만들어내지 못하고 있는 점, 다양하고 적절한 교재의 부족 문제는 교육을 통해 아이들의 민족정체성을 형성하려는 정부와 학자들의 계획이 현실화 되지 못하고 있는 주요 장애요인으로 남아 있는 실정이다.

또한 아르한겔스크의 북극전략연구센터는 소수민족들이 독립적인 언어 및 문화교육을 강화하려는 움직임과 관련하여 보고서를 통하여 '러시아 소수민족들의 전통과 언어, 관습 등은 법에 따라 보존되어야 할 국가적 자산이지만, 민족주의적 사상이 강화되는 것은 장기적으로 '단일 국가'로써 러시아연방의 국가적 경쟁력을 훼손하게 될 것이며 민족 간 갈등을 유발할 수 있다. 또한 이는 전 세계적인 시대적 상황인 '세계화' 추세에도 맞지 않는다.'라는 우려를 표명하였다.

러시아의 대표민족으로서 그리고 체첸사태와 같은 민족독립투쟁과 이로 인한 테러상황을 경험한 '루스키 민족'이 민족주의 혹은 민족정체성의 강화에 가지는 불만이나 이견은 현재로써는 러시아 내에서 여타 '소수민족들'과 합의점을 찾기가 쉽지 않을 것으로 보인다.

북극권 토착소수민족들의 민족 정체성을 유지·보존하면서 동시에 단일 러시아라는 국가적 합의점을 훼손하지 않을 수 있는 방법과 관련 우선적으로 시행되어야 할 것은 '단일 러시아, 단일 러시아 국민'을 정의할 수 있는 규범 및 법안을 마련하는 것이라고 생각된다; 동시에 지방정부 산하에 '토착소수민족 대표위원회'를 구성하고 이의 권한을 강화하여 소수민족들의 요구와 필요조건들이 지방정부를 통하여 중앙과 보다 빠르게 소통될 수 있도록 한다; 소수민족 언어와 문화를 전문적으로 가르칠 수 있는 교사뿐만 아니라, 동일 지역 내 다양한 민족 간 갈등을 해결할 수 있는 중재자로서의 역할을 할 수 있는 전문가를 양성한다; 북극권 지역과 그 지역의 토착민족들의 전통과 예술, 자연환경, 순록목축업을 바탕으로 관광산업화 할 수 있는 상품들을 개발하여 소수민족의 경제활동을 돕고 전통보존의 실용적 가치를 강화한다; 와 같은 일련의 지역 장기프로젝트가 마련되어야 할 것으로 생각된다.

Ⅲ. 결론

러시아의 북극은 지구상 그 어떤 지역보다 다양한 토착민족들이 오랜 세월 삶의 영역을 이어나가고 있는 장소이다. 북극의 토착민족들은 자신들만의 경제활동, 관습, 독특한 문화, 혹독한 기후를 이겨내며 자연과 조화롭게 살아가는 삶의 방식을 통해 살아왔고 살아가고 있다. 그러나 현재 북극권 원주민들은 북극의 기후변화로 인한 직접적인 타격 뿐 만 아니라 자원의 채굴·가공, 항로개발, 항만건설, 관광지개발 등의 사업과 이를 위한 새로운 이주민 및 그들의 새로운 문화와의 융화문제, 환경의 지속적인 훼손문제로 생활터전 및 전통적 경제활동 형태의 상실, 전통적인 생활양식의 급격한 변화, 자신의 땅을 활용하면서 이익의 분배에서는 소외되는데서 오는 상실감, 민족 언어 및 전통문화의 소멸·해체문제, 법률적 보호의 미비 등 다양한 문제를 겪고 있다. 연구 지역을 활용하고 정치적, 경제적 이익을 실현하고자 하는 러시아 정부의 정책들은 다수이나 실제로 동 지역의 의료, 교육, 식량 등의 부분에서는 여전히 낙후되고 열악한 상태를 면치 못하고 있다. 인간의 거주공간으로써 북극을 바라보는 시점은 생물적 다양성을 보존하고자 하는 것과 유사하게 문화적 다양성을 보존하는 것이 전 세기보다 오히려 더 복잡하고 예측 불가능한 다양성 속에 살고 있는 현 인류에게 보다 통합적이고 건강한 사고와 합의의 고정을 배우게 하는 길이라고 판단된다.

복잡하고 쉽지 않은 상황 속에서 토착소수민족 사이에서는 퇴보되어가고 있는 어린 세대의 민족정체성을 확립하는 것만이 오랜 세월 가혹한 지리적, 기후적 환경 속에서도 민족고유의 전통을 잃어버리지 않고 살아온 자신들의 정체성을 유지·발전시킬 수 있는 길이라고 믿으며 아이들의 정체성을 고취하고 이를 안정적으로 지속시킬 수 있는 방안을 모색하고 있다.

본고에서는 북극권 토착소수민족의 아이들에게 민족정체성을 일깨우고 확립하도록 하는 방법에 무엇이 있는지 그리고 이러한 방식의 전망은 어떠한지 사하공화국 사례를 중심으로 고찰하여 보았다.

북극권에 분포하고 있는 다양한 소수민족들의 전통과 문화, 언어를 보호하고 장려하는 것은 다문화 사회인 러시아의 인문·사회적 다양성을 보존하는 차원에서 반드시 이루어져야 할 일이라는 점에서 러시아 중앙정부와 사하공화국 지방정부의 의견은 동일하다. 양 측 모두 이러한 부분을 법적으로 공고히 하고 있다. 그러나 중앙정부의 경우 '선포' 이외에 실제적인 활동은 전무한 것으로 판단된다. 사하공화국 정부는 유목학교의 설립, 〈아르크티카〉 설립, 교사 양성을 위한 교육대학 운영 등 토착소수민족을 보호 및 보존하기 위한 활동을 지속하고 있지만 사회경제환경의 개선과 발전이라는 장애물을 쉽게 극복하지 못하면서 외딴 지역에 위치하는 많은 수의 일반학교에까지 영향력을 미치지 못함으로써 교육을 통한 아이들의 민족정체성 구축은 부분적으로만 진행되고 있다고 판단된다.

주목할 만한 부분은 일반 학자들이 지속적으로 어린 세대의 민족정체성 교육의 중요성을 주장하고 교육시스템과의 연계를 제안하고 있다는 점이다. 그러나 이러한 부분 역시 아직은 명확히 구체화되지 못한 표면적인 제안에만 머물고 있다. 러시아의 유럽지역에서 이주해 온 러시아인이 공화국 인구의 약 절반을 차지하고 있고 공교육이 러시아어로 이루어지고 있는 상황에서 세분화되고 구체화된 커리큘럼의 제안과 협의를 통해 민족어 및 민족문화를 교육할 것인가에 대한 연구가 더 필요한 것으로 여겨진다.

 본고의 주제 연구를 시작으로 사하공화국 이외 북극권 토착민족들의 정체성 형성 및 교육의 문제에 관한 확장 연구를 통하여 상황에 대한 보다 심도 있는 고찰 및 전망이 가능할 것으로 기대한다.

〈참고문헌〉

김민수, "러시아연방 사하(야쿠티아) 공화국 언어정책과 언어상황", 동북아문화연구 제29집, 2011.

김자영, "Женщина и язык, выраженные в духе русской культуры: ориентируясь на представление гендерного языка", 「한국시베리아연구」 22권1호, 2018.

배규성, "러시아 북방 토착소수민족의 법적 권리: 법적 규범과 현실", 「한국시베리아연구」 24권1호, 2020.

Абрамова Т., Горохова А., "СОВРЕМЕННОЕ СОСТОЯНИЕ ПРЕПОДАВАНИЯ ЯЗЫКОВ КОРЕННЫХ МАЛОЧИСЛЕННЫХ НАРОДОВ СЕВЕРА НА ПРИМЕРЕ РЕСПУБЛИКИ САХА (ЯКУТИЯ)", . МИР НАУКИ, КУЛЬТУРЫ, ОБРАЗОВАНИЯ. № 6 (85), 2020.

Задорин М., Минчук О., "Этнополитика России в Арктической зоне: интеграция, региональная мультикультуральность, традиция", Арктика и Север No.29, 2017.

Иванова А., "Язык и культура в формировании идентичности у детей коренных малочисленных народов Севера", *Cross- Cultural Studies: Education and Science* (CCS&ES), 2018.

Марфусалова В., Сакердонова А., "ЗНАЧЕНИЕ ИНСТИТУТОВ ОБРАЗОВАНИЯ В СОХРАНЕНИИ И РАЗВИТИИ ЯЗЫКОВ И КУЛЬТУРЫ КОРЕННЫХ НАРОДОВ АРКТИКИ", Вестник Северо-Восточного федерального университета им. М. К. Аммосова. Серия: Педагогика. Психология. Философия, 2017.

Неустроев Н., Монастырева И., "ФОРМИРОВАНИЕ ЭТНИЧЕСКОЙ ИДЕНТИЧНОСТИ МЛАДШИХ ШКОЛЬНИКОВ ВО ВНЕУРОЧНОЙ ДЕЯТЕЛЬНОСТИ", Проблемы современного педагогического образования, 2019.

Неустроев Н., Саввин А., "МАЛОКОМПЛЕКТНАЯ ШКОЛА АРКТИЧЕСКОГО СЕВЕРА: ПРОБЛЕМЫ И ПЕРСПЕКТИВЫ РАЗВИТИЯ", МИР НАУКИ, КУЛЬТУРЫ, ОБРАЗОВАНИЯ. № 2 (81), 2020.

Павлова-Борисова Т., Сивцев Е., "О ПРЕПОДАВАНИИ КУЛЬТУРЫ КОРЕННЫХ

МАЛОЧИСЛЕННЫХ НАРОДОВ В УСЛОВИЯХ ПОЛИКУЛЬТУРНОЙ СРЕДЫ ПРОМЫШЛЕННЫХ РАЙОНОВ РЕСПУБЛИКИ САХА (ЯКУТИЯ)", Научный журнал "GLOBUS" #11(57), 2020.

Пиаже, Жан, "Избранные психологические труды", М., 1994.

Шергина Т., "МОДЕЛЬ ИНДИГЕННОГО ОБРАЗОВАНИЯ В УСЛОВИЯХ СЕВЕРА", Проблемы современного педагогического образования, 2019.

러시아연방 바렌츠해 · 카라해 연안 소수 원주민의 치아인류학 특징

방민규*

Ⅰ. 머리말

북극해 바깥쪽의 바렌츠해(Barents Sea)[1]와 카라해(Kara Sea)[2] 연안 지역에 거주하는 소수원주민 집단은 기원전부터 혹독한 북극의 환경에 적응해 살아가며 그들 고유의 언어와 삶의 방식, 종교와 전통문화를 간직한 채 살아왔다. 유럽 동북부와 서시베리아 해당되는 이지역에는 우랄어족의 집단들이 거주하고 있다. 북극해에 가까운 지역에는 사모예드족 중 가장 많은 수를 차지하는 네네츠(Nenets)인들이 살고 있다. 또한 카라해로 유입되는 오비강(Obi River)하류 지역에는 오비-우그리아(Obi-Ugria)어족에 속하는 한티(Khants),

---

※ 이 글은 『한국 시베리아연구』 25권 1호에 게재된 것임
    이 논문은 2019년 대한민국 교육부와 한국연구재단의 지원을 받아 수행된 연구임 (NRF-2019S1A5C2A01081461)
* 국립해양박물관, 선임학예사
1) 면적 약 140만㎢, 길이 1,300㎞, 너비 1,046㎞. 동쪽으로는 카라해, 서쪽으로는 노르웨이해와 접하며, 러시아 북서부, 스칸디나비아반도의 북해안, 노바야젬랴섬, 노르웨이령 스발바레제도에 둘어싸여 있다. 16세기의 네덜란드 항해가 바렌츠의 이름을 따서 명명하였다.
2) 남쪽은 시베리아, 동쪽은 세베르나야젬랴, 서쪽은 노바야젬랴로 둘러싸여 있다. 북위 80° 이남의 면적은 약 75만㎢이고 수심 20m 미만의 대륙붕이 발달하였으며 오비강 · 예니세이강이 유입된다.

만시(Mansis)인들이 거주하고 있다. 페초라만(Pechora Bay) 연안에는 핀우그리아어를 사용하는 코미-지랸인(Komi-Zyryans)들이 살고 있다. 그러나 러시아의 동진과 그로 인한 이주민의 유입을 통한 서구 문화가 유입되면서 소수 원주민들은 서서히 자취를 감추고 있다[3].

한국은 현재 북극해 비연안국이지만 2013년 북극이사회 정식옵서버국의 지위를 획득해 북극해의 환경보호와 정책에 대한 연구를 진행하고 있다. 또한 지구온난화를 통한 북극항로의 활용에 관심이 많다. 이에 연안국 중 가장 적극적으로 북극해 자원개발과 탐사에 참여하고 있는 러시아의 연안을 경유하기 때문에 이들 지역에 대한 다양한 정보의 활용은 필수적이다[4].

북극해에 딸린 바렌츠해와 카라해 연안 소수 원주민들의 문화, 언어, 민속에 대한 연구는 동아시아의 문화교섭에 대한 새로운 문화구조의 가능성을 창출해 낼 수 있다. 또한 타문화와 접촉, 융화되면서 새로운 역사성을 만들어낸 과정을 이해한다면 기존의 연구들에서 벗어난 새로운 인문학 연구의 장이 될 것이다.

국내에서는 아직은 치아인류학적 특징을 통한 생물인류학 연구와 이를 통한 한국인 기원문제에 관한 논의는 미비한 실정이다. 일반적으로 치아발생은

---

3) 김정훈, 북극권의 인문지리 현황 분석: 러시아를 중심으로,『한국 시베리아연구』제24권 4호 (대전 : 배재대학교 한국-시베리아센터, 2020). pp. 61-96.
예병환, 러시아 내륙수운 현황 및 활성화 방안연구,『한국 시베리아연구』제 24권 3호 (대전 : 배재대학교 한국-시베리아센터, 2020). pp. 44-46.
이양경, 최우익, 러시아 야말로네네츠자치구의 기후변화 대응 거버넌스 연구,『한국 시베리아연구』제24권 3호 (대전 : 배재대학교 한국-시베리아센터, 2020). pp. 153-156.
4) 배규성 , 러시아 북방 토착 소수 민족의 법벅 권리: 법적 규범과 현실,『한국 시베리아연구』제24권 1호 (대전 : 배재대학교 한국-시베리아센터, 2020). pp. 223-234.
라미경, 기후변화 거버넌스와 북극권의 국제협력,『한국 시베리아연구』제24권 1호 (대전 : 배재대학교 한국-시베리아센터, 2020). pp. 37-39.

유전적인 통제를 통한 엄격한 규칙성을 발현하는 통합시스템으로 이 과정의 최종산물인 완전한 영구치의 발생은 치아의 형태, 크기 그리고 발육부진 등에 따른 성별의 차이와 상호작용의 정도를 반영한다[5]. 특히 치아 배열에 영향을 미치는 돌연변이는 어떤 집단에서 아주 낮은 빈도로 나타나는 특징을 보인다. 따라서 사람의 치아는 우연히 만들어 진 것이 아니라 아주 오래 전의 상황을 물려받은 결과로 볼 수 있다[6]. 또한 사람의 신체조직 중 치아는 무기질을 포함하여 치밀한 구조로 구성되어 있기 때문에 선사 및 역사시대 유적에서 오랜 기간 묻혀 있을 때에도 발견될 정도로 보존성이 높기 때문에 고고학, 체질인류학 연구분야에서 중요한 위치를 차지하고 있다[7]. 이와 더불어 치아는 타고난 유전적 특징뿐만 아니라. 그 시대의 식생활. 문화적인 상태를 반영하기 때문에 치아 자체의 형태변화는 간접적으로 문화의 진화상태를 파악하는데 매우 유용한 자료가 된다[8]. 이와 함께 사람 치아의 비계측적 특성은 유전적인 영향 또는 환경인 영향에 따라 다양하게 나타나며 이러한 특징은 어떤 민족의

---

5) Jordan E. Ronald / Abrams Leonard and Bertrams S. Kraus, *Dental Anatomy and Occlusion* (Baltimore : The Williams & Wilikins Company, 2nd ed., 1992), pp. 335-337.
6) 김희진 · 허경석 · 강민규 · 고기석, "한국인 앞쪽니와 큰어금니의 비계측 특징과 다른 종족들과의 비교," 『대한체질인류학회지』 제13호 (서울 : 대한체질인류학회, 2000), pp. 173-186.
7) Percy M. Butler, "Studies in the mammalan dentition-and of differentiation of the postcanine dentition," *Proceeding of the Zoological Society* (Vol. 107, 1939), pp. 103-132.
   Scott G. Richard / Christy G. Turner II, *The anthropology of modern human teeth* (New York : Cambridge University Press, 2004).
   А. А. Зубов / Н. И. Хальдеева, *Этническая одонтология* (М.:1979), с. 254.
8) Iscan M. Yasar, "The emergence of dental anthropology," *American Journal of Physical Anthropology* (Vol. 78(1), 1989), pp. 1-8.

체질인류학적 특징을 결정하는데 중요한 요인으로 사용되어 민족의 이동경로를 추정하거나 종족집단이나 민족 간의 관련성을 밝히는 고인류학 연구에 중요한 정보가 된다[9].

본 연구에서는 러시아연방 최서북단 지역인 바렌츠해와 카라해 연안 지역 소수 원주민들의 치아인류학 특징을 통해 한국인을 포함한 동북아시아 집단과의 생물인류학적 관계를 살펴보고자 한다.

II. 연구자료 및 연구방법

1. 연구자료

연구에 사용한 자료는 바렌츠해·카라해 연안 소수원주민의 자료로 네네츠(Nenets), 코미-지랸인(Komi-Zyryans), 오비-우그리아(Obi-Ugria) 집단의 자료를 활용하였다. 소련과학원 민족학연구소 야말반도 북유럽지부와 네네츠지부, 그리고 코미공화국 소비에트-핀란드 탐사대가 1971년부터 1976년 사이 5차례에 걸쳐 인류학 조사를 진행하였다. 탐사대와 동행한 러시아 치아인류학 연구의 창시자인 주보프(Зубов, А.А.)와 그의 제자인 할데예바(Хальдеева, Н.И.)가 수행한 연구결과를 참고하였다[10].

---

9) 허경석·오현주·문형순·강민규·최종훈·김기덕·백두진·고기석·한승호·정락희·박선주·김희진, "한국 옛사람과 현대사람 치아의 체질인류학적 특징," 『대한체질인류학회지』 제12호 (서울 : 대한체질인류학회, 1999), pp. 223-234.

10) А. А. Зубов / Н.И. Хальдеева, Этническая одонтология. (М.:1979), с. 93-113.

[그림 1] 조사대상 지역

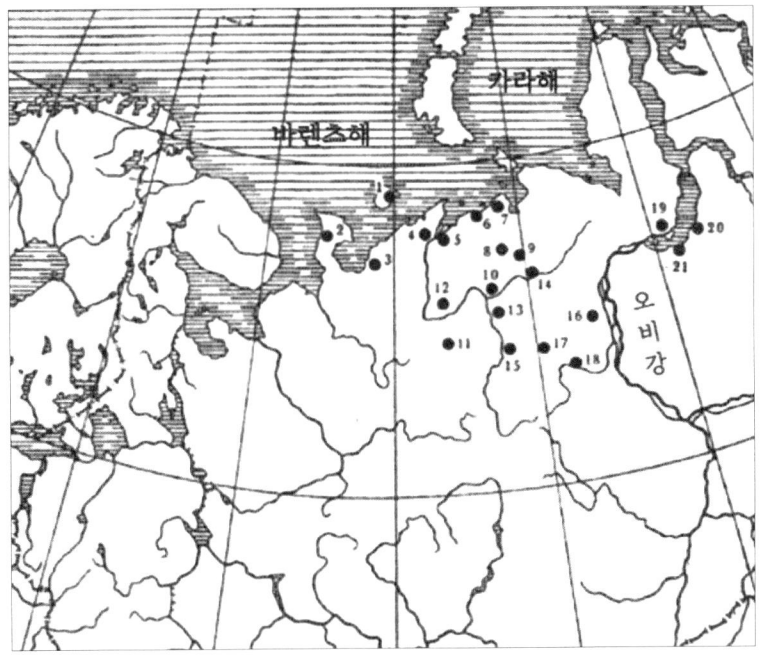

출처 : А. А. Зубов, Н.И. Хальдеева, 1973, с. 93.
1. 콜구예브섬(о-ва Колгуев) 2. 카닌스키(канинские) 3. 티만스키(тиманские) 4. 말라지믈레스키(малоземельские) 5-8. 볼쉐지믈레스키(большеземельские) 9-10. 콜빈스키(колвинские) 11. 이젬스키(Ижемский р-и) 12. 키피예보(с. Кипиево) 13. 소콜예보(Соколово) 14. 페트룬(Петруни) 15. 우스티-슈고르)с. Усть-Щугор 16. 한티(ханты) 17-18. 만시(манси) 19. 유즈노야말스키 네네츠(южноямальские ненцы) 20. 나딤스키예 네네츠(надымские ненцы)

2. 연구방법

사람치아 형태의 특징을 살펴보는 방법으로는 일반적으로 계측(Metric)과 비계측(Non- Metric) 방법을 사용한다[11].

---

11) А. А. Зубов, *Одонтология : Методика антропологических исследований*. (М. :

본 연구에서는 자료 활용의 용이성으로 비계측 항목에서의 연구만을 진행하였다. 현재까지 바렌츠해·카라해 연안 소수 원주민 집단의 치아인류학 특징을 비계측 방법을 이용하여 분석한 결과는 보고된 예가 많지 않기 때문에 이번 연구결과가 자료축적에 보탬이 되리라 본다.

연구 순서는 먼저 바렌츠해·카라해 연안 소수원주민 집단에게서 나타나는 가장 특징적인 치아인류학 특징들이 무엇인지를 살펴본 후 이런 특징들을 한국인을 비롯한 동북아시아 집단과 비교해 보았다. 이를 통해 한국인과는 치아 형태에서 어떤 공통점과 차이점이 나타나는지 살펴보았다. 비계측항목은 주보프[12]의 방법을 따랐으며 사용한 비계측 항목은 다음과 같다.

(1) 비계측 분석항목[13]

치아의 비계측 특징들은 치아계측과 함께 현대 인류집단에서 차이를 나타내며 조상과의 관계를 살펴볼 수 있다는 점에서 매우 중요하다. 치아의 비계측 특징들은 크게 치아의 개수와 위치에 따른 다양성과 치아 형태의 다양성으로 크게 나뉘는데 치아 형태의 다양성은 종족집단간의 유전적 친연관계를 파악하는데 필요한 중요한 정보를 제공한다.

1) 치아틈새(Diastema)[14]

입안 어느 치아사이에도 틈새가 존재할 수는 있지만 일반적으로 둘째앞니

Наука, 1968), с. 198.
12) А. А. Зубов, op. cit., pp. 135-167.
13) 비계측 항목은 크게 8개 항목이지만 조사대상이 세분되므로 총 11개 항목에 대한 조사를 진행하였다.
14) H. J. Keene, "Distribution of diastemas in the dentition of man," *American Journal of Physical Anthropology* (Vol. 21, 1963), pp. 437-441.

와 송곳니 사이의 틈새를 가리킨다. 성인과 어린이 모두에게서 발견되며 틈새 크기에 따라 구분한다. 아래턱보다는 위턱에서의 치아틈새 발현율이 높은 편이다[15]. 인류의 진화과정에서 오스트랄로피테쿠스에서 호모로 진화되는 과정에 둘째앞니와 송곳니 사이의 치아틈새가 사라지게 된다(그림 1).

[그림 2] 치아틈새

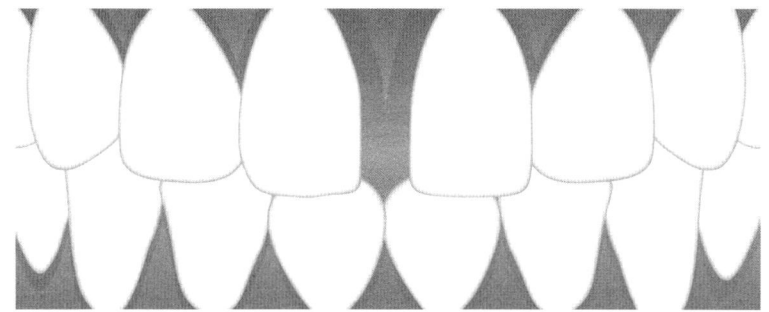

2) 날개모양 앞니(Winging, bilaterally)

정상적인 치열에서 특히 위턱 안쪽앞니의 가쪽 면이 볼쪽굽로 틀어진 치아를 말하며, V모양 치아 또는 날개 모양 치아라고 불린다[16]. 몽골로이드 집단에서는 최고 45%의 발현율을 보이지만, 유럽인에게서는 거의 발생하지 않는다(그림 2)[17].

---

15) 주보프(1968, p.141)는 아래턱 송곳니와 첫째옆니 사이 치아틈새 발현율이 6.8%인 반면 위턱에서는 13.8%로 높게 나타난다고 보고 있다.
16) Albert A. Dahlberg, A wing-like appearance of upper central incisors among American Indians, *Journal of Dental Research* (Vol. 38, 1959), pp. 203-204.
17) Scott, G. Richard and Turner II, G. Christy, *The anthropology of modern human teeth*, New York : Cambridge University Press, 2004. p.30.

[그림 3] 날개모양 앞니

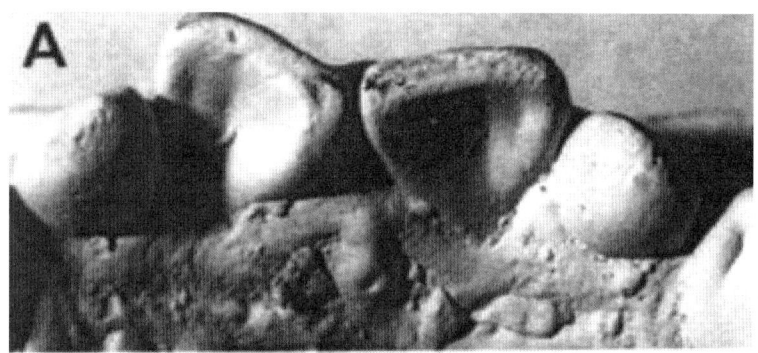
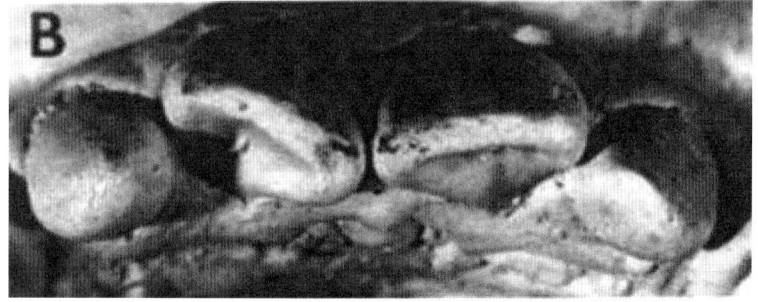

출처 : Scott G. R. & Turner C. G., 2004, p. 30.

3) 쐐기모양 치아(Peg-Shaped Teeth)[18]

치아가 비정상적으로 작고 못대가리처럼 생긴 치아이다. 주로 위턱 가쪽앞니에서 발생한다. 이런 형태의 치아는 선천적인 결함으로 인해 발생하는 것으로 보고 있으며 현대 주민 집단에서 3% 정도의 발현율을 보이며, 유럽인에게서 다소 높게 나타나는 것으로 보인다(그림 3).

---

18) Зубов, А. А. *Методическое пособие по антропологическому анализу одонтологических материалов*. Москва : ЭТНО-ОНЛАЙН, 2006. с. 65.

[그림 4] 못모양 치아

출처 : А. А. Зубов, 2006, с. 65.

4) 삽모양 앞니(Shoveling, shovel-shaped incisors)[19]

치아의 형태학적 특징 중 가장 활발히 사용되는 유전적 특징 중의 하나이다. 흐드리치카[20]에 의해 처음으로 언급된 이후로 몽골로이드집단에서 높은 출현빈도를 보여 준다는 연구결과가 발표되었다[21]. 앞니의 안쪽과 먼쪽의

[그림 5] 삽모양앞니

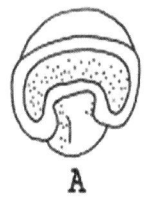 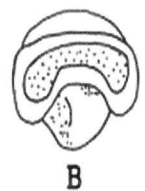 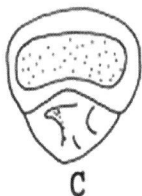 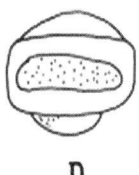

A: shoveled B: semi-shoveled C: trace of shovel D: no shoveling
출처 : 박선주, 1994, p. 237.

---

19) 방민규, 『치아고고학으로 본 한국인의 기원』, 맑은샘, 2017. p. 32.
20) Hrdlička Aleš, "Shovel-shaped teeth," *American Journal of Physical Anthropology* (Vol. 3, 1920), pp. 429-465.
21) Hanihara Kazuro, "Morphological pattern of the deciduous dentition in the Japanese-American hybrids," *Journal of the Anthropological Society of Nippon* (Vol. 76, 1968), pp. 114-121.

모서리융선의 법랑질이 혀쪽으로 연장되어 생기게 되는데 이 혀면 모서리융선이 법랑질의 테두리가 생길 정도로 돌출되어 혀면의 가운데를 오목(fossa)하게 만들게 된다. 혀쪽에서 바라보면 부삽모양을 띠게 된다. 혀면에 나타나는 부삽모양의 정도와 혀면오목의 깊이 정도에 따라 크게 4가지로 분류한다(그림 5).

5) 카라벨리 결절(Carabelli's cusp)
위턱 첫째어금니의 안쪽혀쪽도드리(protocon)의 혀면에 나타나는 비정상

[그림 6] 카라벨리 결절

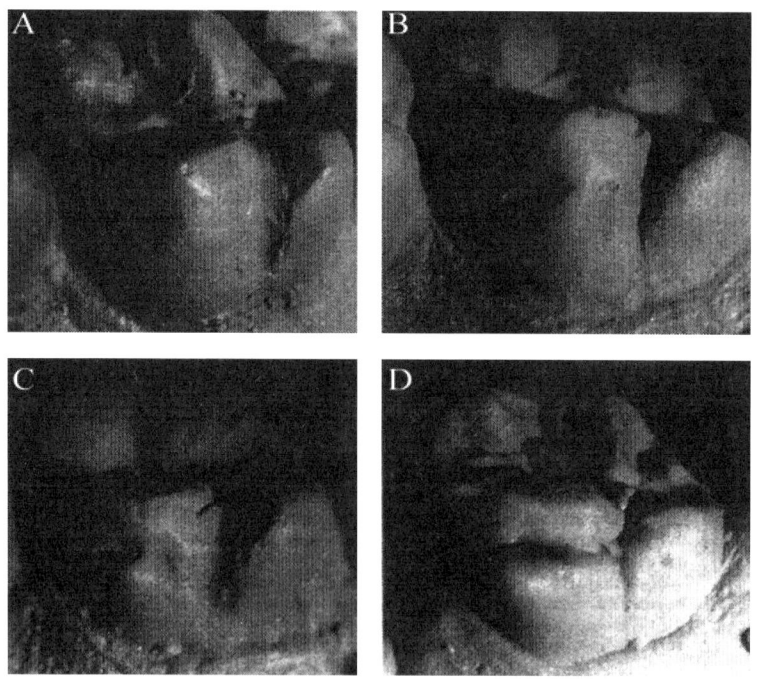

A: pit B: small C-D: high cone
출처 : G.R Scott & C.G. Turner, 2004, p. 43.

적인 결절로 제5도드리라고도 한다. 카라벨리 결절의 형태는 작은 홈(pit) 모양에서부터 완전한 도드리 모양에 이르기까지 매우 다양하며 달베르그[22] 등 많은 연구자들에게 의해 여러 분류방법이 고안되기도 하였다. 일반적으로는 스캇과 터너(Scott. G.R. & Turner. C.G.., 2004)의 4가지 분류방법을 사용한다(그림 5).

카라벨리 결절은 최근의 진화과정상에 따른 특징으로 보고 있으며 모든 현대 주민집단에서 다양한 빈도로 나타난다. 화석인류 자료에서는 나타나지 않은 특징으로 보고 있다.

6) 아래턱 어금니 교합면 도드리 유형

아래턱 어금니의 교합면 도드리 유형은 도드리의 수와 고랑에 의해 결정된다. 일반적으로 4~5개의 도드리가 고랑의 유형에 따라 존재한다. 고랑의 유형은 'T', 'Y', 'X' 자 모양으로 분류한다. 따라서 아래턱 어금니의 교합면 고랑유형은 'Y6', 'Y5', 'Y4', 'Y3', '+6', '+5', '+4', 'X6', 'X5', 'X4' 등의 형태로 구분한다[23].

'Y5'형은 화석인류에게서 가장 많이 발견되고 있으며, 나머지 유형은 현재 주민집단에서 최근 발달한 것이다. 이를 통해 'Y5'에서 '+5'나 'Y4'를 거쳐서 '+4'로 진화해 가는 것이 일반적인 경향이라고 보고 있다(그림 6).

---

22) Albert A. Dahlberg, "The paramolar tubercle (Bolk)," *American Journal of Physical Anthropology* (Vol 3, 1945), pp. 97-103.
23) А. А. Зубов, op. cit., p. 41.

[그림 7] 아래턱 어금니 교합면 도드리 유형

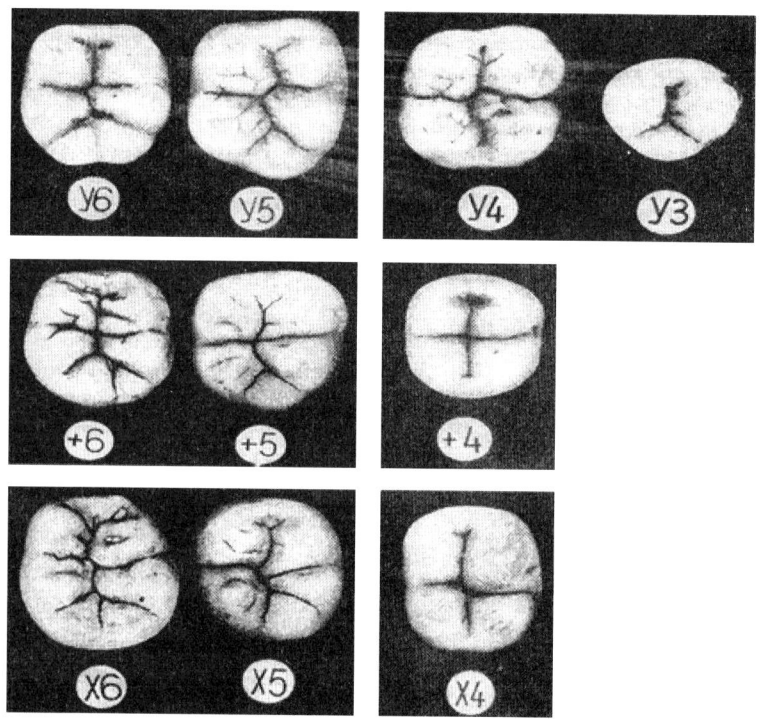

출처 : A.A. Зубов, 2006, p. 41.

7) 아래턱 어금니 먼쪽 세도드리부 융기(Distal trigonid crest)

아래턱어금니의 세도드리부(trigonid)의 볼쪽혀쪽면(protoconid-metaconid)을 이어주는 융기가 존재하는지를 관찰한다. 종종 볼쪽안쪽 도드리((protoconid)의 가쪽덧융선과 혀쪽안쪽 도드리(metaconid)의 가쪽덧융선이 합쳐져 다리처럼 이어지는 융기를 형성한다(그림 7).

[그림 8] 아래턱 어금니 먼쪽 세도드리부 융기

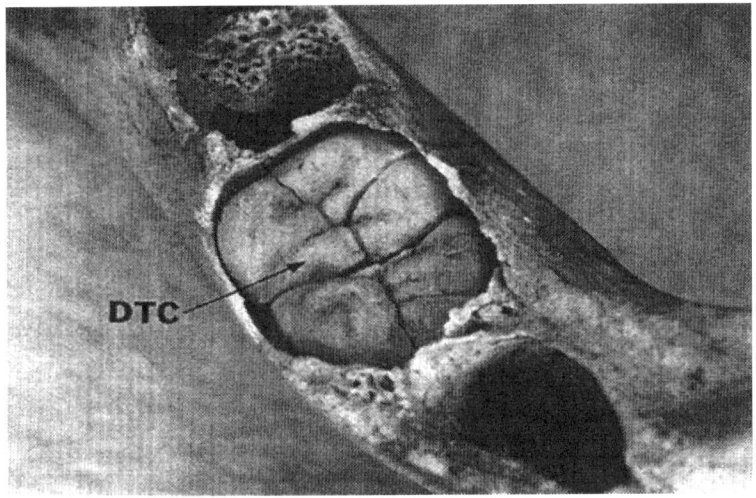

출처 : G.R. Scott & C.G. Turner, 2004, p. 56.

8) 아래턱 어금니 혀쪽 앞도드리의 마디있는 주름(Deflecting wrinkle)

일반적으로 아래턱 어금니의 안쪽혀쪽 도드리(Metaconid)의 교합면 융선은 도드리 정상으로부터 발육고랑을 향해 곧게 이어진다. 하지만 가끔은 이 융선이 곧게 오다 중심오목쪽으로 각이 져 굴절하는 현상이 발생한다. 둘째·셋째어금니에서는 거의 나타나지 않는다. 몽골로이드, 아메리카 원주민들에게서 50% 이상의 발현율을 보여주며, 유럽인에게서는 15%를 넘지 않는다(그림 8).

[그림 9] 아래턱 어금니 혀쪽 앞도드리의 마디있는 주름

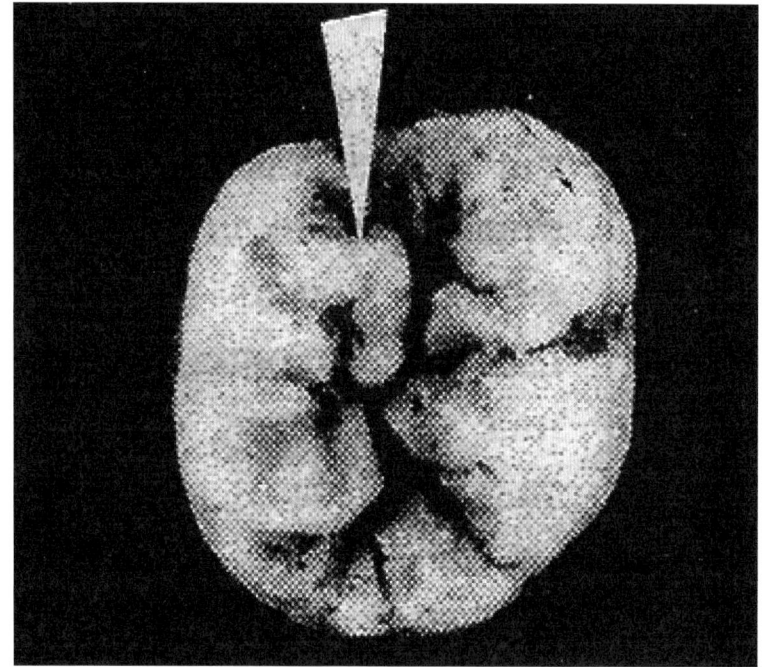

출처 : А.А. Зубов, 2006, с. 44.

Ⅲ. 바렌츠해 · 카라해 연안 소수원주민의 치아인류학 특징

1. 네네츠(Nenets)

거주지역은 야말-네네츠 자치구, 네네츠 자치구, 크라스노야르스크 변강주, 한티-만시 자치구 등이다. 2010년 러시아연방 인구조사에 의하면 44,640명이 거주하고 있으며 인구분포를 보면 다음과 같다. 야말-네네츠 자치구(29,772

명), 네네츠 자치구(7,504명), 크라스노야르스크 변강주(3,000명), 한티-만시 자치구(1,438명).

　조사대상 네네츠인의 치아인류학 특징은 다음과 같다. 치아틈새의 발현율은 콜빈스키 네네츠에서 33.0%로 가장 높게 나타났으며, 나딤스키(6.6%) 네네츠가 가장 낮게 출현하였다. 날개모양 앞니는 카닌스키 네네츠가 30.5%로 가장 높으며, 유즈노야말스키 네네츠가 11.9로 가장 낮게 관찰되었다. 쐐기모양 앞니 출현율은 유즈노야말스키 네네츠가 13.8%로 가장 높았으며, 콜빈스키가 3.9%로 가장 낮게 나타났다. 위턱 첫째앞니 삽모양앞니 출현율은 티만스키 네네츠가 67.5로 가장 높았으며, 콜빈스키 네네츠는 24.0%로 가장 낮게 나타났다. 위턱 둘째앞니 삽모양앞니 출현율은 티만스키 네네츠 76.7%, 콜빈스키 네네츠 18.2%로 위턱과 동일한 양상을 보여 주었다.

　위턱 어금니의 고랑유형을 살펴보면 첫째어금니의 도드리 고랑유형 중 '4'도드리형은 볼쉐지믈레스키 네네츠가 97.3%로 가장 높았으며, 티만스키 네네츠가 77.8%로 가장 낮게 나타났다. 둘째어금니의 '3·3+'도드리형은 티만스키 네네츠가 84.8%로 높게 나타났으며, 카닌스키 네네츠가 48.9%로 나타났다. 위턱 첫째어금니의 카라벨리 결절 출현율은 티만스키 네네츠가 42.2%로 가장 높게 나타났으며 나딤스키 네네츠가 11.1%로 가장 낮게 나타났다.

　아래턱 첫째어금니 고랑유형 중 '6'도드리형의 발현율은 말라지믈레스키 네네츠가 8.9%로 가장 높게 나타났으며 유즈노야말스키 네네츠가 0.8%로 낮게 나타났다. 아래턱 첫째어금니 고랑유형 중 '4'도드리형의 발현율은 티만스키 네네츠가 42.3%, 카닌스키 네네츠가 1.7% 각각 나타났다. 아래턱 둘째어금니의 '4'도드리형의 발현율은 콜빈스키 네네츠가 17.1%로 가장 높게 나타났으며, 콜루예브섬과 카닌스키 네네츠에서는 0.0%로 나타났다.

　아래턱 첫째어금니의 먼쪽세도드리부 융기의 출현율은 카닌스키 네네츠가

14.5%로 가장 높게 나타났으며, 티만스키 네네츠가 0.0%로 발현되지 않았음을 알 수 있다. 혀쪽 앞도드리의 마디있는 주름의 출현율은 콜구예브섬 네네츠가 39.3%로 높았으며, 티만스키와 말라지믈레스키 네네츠가 16.6%로 나타났다.

이상과 같은 조사결과를 살펴보면 툰드라지대에 거주하는 네네츠인들의 치아인류학 특징은 다소 복잡한 양상을 보여 준다고 할 수 있다. 몽골로이드의 특징이 얼마나 발현되는지에 따라 구분될 수 있다. 몽골로이드의 특징이 강하게 남아있는 곳은 카닌스키 툰드라, 콜구예브섬 네네츠라 할 수 있다. 대표적인 몽골로이드의 특징인 삽모양앞니, 아래턱어금니의 6도드리형, 먼쪽 세도드리부 융기, 혀쪽 앞도드리의 마디있는 주름 등의 높은 출현율이 다른 지역보다 높게 나타난다. 반면 유럽인에게서 높게 나타나는 치아인류학 특징인 카라벨리 결절, 아래턱 첫째어금니의 4도드리형의 낮은 출현율에서 다른 지역과 차이를 보여 준다.

몽골로이드의 특징이 약하게 나타나는 곳은 볼쉐지믈레스키, 말라지믈레스키, 그리고 일부 아시아 네네츠이다. 이 지역에서는 삽모양앞니, 먼쪽 세도드리부 융기, 혀쪽 앞도드리의 마디있는 주름의 특징이 약하게 나타난다. 아시아 네네츠보다는 유즈노야말과 자우랄 네네츠 집단에서 좀 더 높게 몽골로이드의 특징이 발현된다. 티만스키 네네츠인은 좀 더 복잡한 양상을 보여 준다. 먼쪽 세도드리부 융기(dtc)가 제일 낮게 발현되면서 카라벨리 결절, 삽모양앞니, 아래턱 어금니 4도드리형의 발현율은 높게 나타난다. 조사대상이 작아 일반적인 특징이라 하기에는 다소 무리가 있다.

네네츠 집단사이의 가장 큰 특징은 코미인, 러시아인 그리고 한티인과의 혼혈과정에서 생겨난 것으로 보인다. 지리적으로 격리되어 살고 있는 네네츠 집단 특히 카닌스키 툰드라, 콜구예브섬 그리고 서시베리아 타이가 지대의 네네츠 집단은 원주민의 특징을 잘 간직하고 있다. 특히 먼쪽 세도드리부 융기의 발현율이 높다. 또한 아래턱 둘째어금니의 6도드리형과 아래턱 둘째어금니 3도드리형의 낮은 발현율이 대표적이다. 이런 치아인류학 특징은 러시아연방의 남쪽 지역에 거주하는 주민들의 특징이기도 하다. 이런 특징들로 인해 네네츠 집단의 종족 기원을 남쪽 몽골로이드에서 찾는 경향이 러시아 학계에서는 강하게 나타난다.

네네츠 집단사이에서 보이는 고대 몽골로이드인의 특징은 오랜 기간 격리를 통해 형성된 것으로 보인다. 카라벨리 결절과 아래턱 어금니 4도드리형의 아주 낮은 발현율을 보여 주는 반면 페초라에서 서쪽 툰드라 지역에 이르는 지역의 카닌스키와 티만스키 네네츠 집단에서는 위턱 둘째 앞니의 날개모양 앞니와 위턱 둘째 어금니의 3도드리형의 높은 발현율을 보여준다. 네네츠 집단에서 보이는 혀쪽 앞도드리의 마디있는 주름(dw)과 아래턱 첫째어금니 4도드리형의 발현율은 상호연관이 있는 것으로 보이는데, 주보프와 할데예바[24] 에 의하면 높은 혀쪽 앞도드리의 마디있는 주름의 발현율은 반대로 아래턱 첫째어금니의 4도드리형의 낮은 발현율과 상관관계가 있다는 것이다.

네네츠 집단의 종족기원과 관련하여 러시아학계에서는 사모예드인들의 남시베리아지역으로부터의 이주와 극지 원주민과의 동화 과정을 통해 형성됐다는 두가지 기원설을 제시한다. 아시아 네네츠 집단의 종족적 특징에 대한 역사는 한티인들과 깊은 관계가 있어 보인다. 특히 콜빈스키 네네츠 집단의 종족 기원은 19세기 초반으로 올라간다. 콜빈스키 네네츠 집단의 형성에는 볼쉐지믈레 네네츠와 코미-이젬츠인 사이의 결혼이 가장 큰 역할을 한 것으로 보인다. 콜비스키 네네츠 집단은 코미어를 사용하지만 네네츠인라는 자각이 아직도 남아 있기 때문이다.

치아인류학 특징을 통해 네네츠 집단의 종족 기원을 명확히 밝혀내는 것은 어렵지만 종족 집단간의 이주와 결혼 등 혼혈·동화과정을 설명하는데 중요

---

24) А. А. Зубов / Н.И. Хальдеева, op. cit., pp. 93-113.

한 생물인류학 자료로 활용될 수 있음을 확인하였다.

〈표 1〉 치아 틈새와 날개모양 앞니(%)

구분		치아틈새 Ⅰ'-Ⅰ'		크라우딩 Ⅱ'	
		No.	%	No.	%
네네츠	콜루예브섬	63	15.9	60	13.3
	카닌스키	111	13.6	99	30.5
	티만스키	61	6.6	61	18.0
	말라지믈레스키	123	7.3	119	12.6
	볼쉐지믈레스키	123	17.9	127	15.8
	콜빈스키	97	33.0	78	17.9
	유즈노야말스키	163	8.6	162	11.9
	나딤스키	211	6.6	193	14.5
오비-우그리아	북한티(Ханты северные)	64	25.0	59	18.6
	북만시(Манси северные)	161	14.3	156	12.2
코미	이젬스키 지역	130	14.6	126	2.4
	키피예보	98	30.6	92	12.0
	소콜로보	70	22.8	65	12.3
	페트룬	78	16.7	68	14.7
	우스티-슈고르	37	16.2	36	19.4
	유즈니예	80	1.3	80	5.0

〈표 2〉 쐐기모양앞니(%)

구분		No.	0	1	2	3	2+3
네네츠	콜루예브섬	63	94.9	5.1	-	-	-
	카닌스키	111	90.8	9.2	-	-	-
	티만스키	61	93.3	6.7	-	-	-
	말라지믈레스키	123	98.3	1.7	-	-	-
	볼쉐지믈레스키	123	88.0	10.4	1.6	-	1.6
	콜빈스키	97	93.5	3.9	1.3	1.3	2.6

네네츠	유즈노야말스키	163	84.3	13.8	1.9	-	1.9
	나딤스키	211	92.8	6.7	0.5	-	0.5
오비-우그리아	북한티	64	81.3	15.3	1.7	1.7	3.4
	북만시	161	91.7	5.9	1.2	1.2	2.4
코미	이젬스키 지역	130	100	-	-	-	-
	키피예보	98	92.4	6.5	1.1	1.1	1.1
	소콜로보	70	95.3	4.7	-	-	-
	페트룬	78	89.5	6.0	3.0	3.0	4.5
	우스티-슈고르	37	100	-	-	-	-
	유즈니예	80	100	-	-	-	-

〈표 3〉 위턱 첫째앞니 삽모양앞니(%)

구분		No.	0	1	2	3	2+3
네네츠	콜루예브섬	65	9.2	52.3	33.8	4.7	38.5
	카닌스키	112	3.6	44.6	41.1	10.7	51.8
	티만스키	61	3.3	29.5	54.1	13.1	67.2
	말라지믈레스키	125	11.2	42.4	36.8	9.6	46.4
	볼쉐지믈레스키	129	6.2	47.3	39.5	7.0	46.5
	콜빈스키	100	17.0	59.0	24.0	-	24.0
	유즈노야말스키	163	11.0	38.0	44.2	6.8	51.0
	나딤스키	203	13.8	41.0	36.0	9.3	45.3
오비-우그리아	북한티	62	19.4	25.8	40.3	14.5	54.8
	북만시	162	4.9	42.6	38.3	14.2	52.5
코미	이젬스키 지역	129	38.0	45.0	16.2	0.8	17.0
	키피예보	99	42.5	54.5	3.0	-	3.0
	소콜로보	68	19.4	79.1	1.5	-	1.5
	페트룬	78	11.5	83.3	5.2	-	5.2
	우스티-슈고르	39	12.8	82.1	5.1	-	5.1
	유즈니예	79	38.0	41.8	16.4	3.8	20.2

〈표 4〉 위턱 둘째앞니 삽모양앞니(%)

구분		No.	0	1	2	3	2+3
네네츠	콜루예브섬	59	10.2	44.1	39.0	6.7	45.7
	카닌스키	97	-	36.0	47.4	16.5	63.9
	티만스키	60	1.7	21.6	51.7	25.0	76.7
	말라지믈레스키	117	5.2	42.6	35.0	17.2	52.2
	볼쉐지믈레스키	125	7.2	36.0	44.7	12.0	56.7
	콜빈스키	77	18.2	63.6	18.2	-	18.2
	유즈노야말스키	158	5.0	33.6	43.8	17.6	61.4
	나딤스키	194	14.4	36.6	43.4	5.6	49.0
오비-우그리아	북한티	55	7.3	23.6	40.0	29.1	69.1
	북만시	149	2.7	21.5	50.3	25.5	75.8
코미	이젬스키 지역	125	34.4	52.8	12.0	0.8	12.8
	키피예보	92	42.4	52.2	5.4	-	5.4
	소콜로보	65	21.5	72.3	6.2	-	6.2
	페트룬	66	15.2	80.2	4.6	-	4.6
	우스티-슈고르	37	8.1	75.7	16.2	-	16.2
	유즈니예	77	24.7	37.6	32.5	5.2	37.7

〈표 5〉 위턱 어금 도드리 고랑유형(%)

구분	M^1					M^2				
	No.	4	4-	3+	3	3, 3+	No.	4	4-	3+	3	3, 3+
1	59	93.1	5.2	1.7	-	1.7	26	7.6	38.5	50.0	3.9	53.9
2	100	96.0	3.0	1.0	-	1.0	47	15.0	36.1	27.6	21.3	48.9
3	45	77.8	22.2	-	-	-	33	3.1	12.1	42.4	42.4	84.8
4	96	92.7	5.2	2.1	-	2.1	69	17.4	30.4	23.2	29.0	52.2
5	109	97.3	2.7	-	-	-	71	19.5	22.5	34.0	24.0	58.0
6	87	95.4	3.4	1.2	-	1.2	22	36.4	8.8	22.7	32.1	54.8
7	145	92.3	4.7	2.3	0.7	3.0	95	10.5	28.4	44.3	16.8	61.1
8	178	94.3	5.1	0.6	-	0.6	87	25.3	16.0	47.2	11.5	58.7
9	61	93.5	4.9	1.6	-	1.6	31	25.8	9.7	38.7	25.8	64.5
10	148	95.3	2.0	2.0	0.7	2.7	65	13.8	18.5	26.2	41.5	67.7

11	90	97.8	1.1	1.1	-	1.1	94	11.7	20.2	26.6	41.5	68.1
12	78	100	-	-	-	-	26	38.4	19.4	7.6	34.6	42.2
13	74	97.4	1.3	-	1.3	1.3	22	22.8	13.6	13.6	50.0	63.6
14	72	100	-	-	-	-	21	14.3	9.5	19.0	57.2	76.2
15	37	97.3	2.7	-	-	-	19	57.8	26.3	5.3	10.6	15.9
16	88	97.8	1.1	1.1	-	1.1	80	22.5	27.5	27.5	22.5	50.0

1. 콜구예브섬(о-ва Колгуев) 2. 카닌스키(канинские) 3. 티만스키(тиманские) 4. 말라지믈레스키(малоземельские) 5. 볼쉐지믈레스키(большеземельские) 6. 콜빈스키(колвинские) 7. 유즈노 야말스키(южноямальские) 8. 나딤스키(надымские) 9. 북한티(Ханты северные) 10. 북만시(Манси северные) 11. 이젬스키(Ижемский р-н) 12. 키피예보(с. Кипиево) 13. 소콜예보(Соколово) 14. 페트룬(Петруни) 15. 우스티-슈고르(с. Усть-Щугор) 16. 유즈니예(южные)

2. 코미(Komi-Zyryans)

코미 소수 원주민 집단은 지랸인(Коми-зырян), 페르먀인(Коми-пермяк)의 두 그룹으로 구분된다. 동일 민족이더라도 출신지나 전통적인 거주지에 따라 언어적인 차이가 있으며, 정체성도 조금씩 차이가 있다. 코미-지랸인은 현재 코미 공화국의 주된 민족이라고 할 수 있다. 과거 코미인은 '지랸인(Зырян)'이라는 이름으로 더 많이 알려져 있었다. 이들은 오늘날 코미 공화국 영토 외에도 근처의 아르한겔스크 지역을 비롯하여 서쪽의 무르만스크와 시베리아의 옴스크(Омск), 튜멘(Тюмень) 지역까지 퍼져 거주하고 있다.

코미 소수 원주민이 형성되었던 곳은 현재의 고고학과 문헌자료를 통해 비체그다 강 유역으로 추정되며, 코미 땅에 거주하던 종족들은 10~11세기 본격적으로 민족으로서의 정체성을 갖게 되었다. 유즈노 코미 집단들이라고 할 수 있다. 코미-지랸 집단은 비체그다강 유역에서 남쪽, 동쪽 그리고 북쪽으로 이주한 것으로 보인다. 특히 페초라만 유역에 폭넓게 거주하였다. 페초라 코미-지랸 집단은 북쪽코미를 의하는 이젬츠라고 불린다. 베르흐녜페초라 코미집단은 종족 형

성과정에서 지랸인, 러시아인 그리고 네네츠인의 유전자가 섞여 있다[25]

코미-이젬츠 집단의 종족기원은 북쪽에서 찾을 수 있으며, 툰드라 네네츠 집단의 거주지역이다. 그들은 볼쉐지믈레 툰드라 지역에 살고 있고, 일부는 러시아인들과의 동화과정을 통해 좀 더 서쪽지역(카닌스코-티만스카야 툰드라)에 살고 있다. 현재 일부 이젬츠인들이 카닌스키 툰드라와 티만스키 툰드라 지대에 거주하고 있다. 1971년 조사 당시 인디그 마을에 208 가족이 거주하였는데, 네네츠 79가족, 러시아인 66가족, 코미인 16가족, 루스끼-네네츠 혼혈 가족 13가족, 코미-네네츠 혼혈가족 13가족, 한티-네네츠 혼혈가족 1가족, 우드무르스크-네네츠 혼혈가족 2가족, 코미-루스끼 혼혈가족 8가족 그리고 기타 10가족이 살고 있엇던 것으로 보아 혼혈과정이 소수 원주민 집단 사이에 꽤 진행된 것으로 보인다.

치아인류학 특징을 살펴보면 코미-지랸 집단의 치아틈새 출현율은 조사대상 6개 집단 중 키피예보 집단이 가장 높은 30.6%을 보였으며, 유즈니에 집단이 1.%로 가장 낮게 나타났다. 날개모양 앞니는 우스트-슈고르 집단이 19.4%로 높게 나타났으며, 이젬스키 집단이 2.4%로 낮게 나타났다. 쐐기모양 앞니는 키피예보 집단이 6,5%로 가장 높게 나타났다.

위턱 첫째앞니의 출현율은 유즈니에 집단이 20.2%로 가장 높게 나타났으며, 소꼴로보 집단은 1.5%로 가장 낮게 나타났다. 위턱 둘째 앞니의 삽모양앞니 출현율은 첫째 앞니와 동일한 양상을 보였는데, 유즈니에 집단이 37.7%로 가장 높게 출현하였으며, 키피예보 집단이 5.4%로 낮게 나타났다. 위턱어금니 도드리 고랑유형 중 첫째어금니의 '4'도드리형은 키피예보와 페트룬 집단이 100%로 높으며, 소꼴로보 집단이 97%로 다소 낮게 나타났다. 위턱 둘째어금니에서 '3 · 3+'도드리형은 페트룬 집단이 76.2%로 가장 높았으며, 우스티-

---

25) А. А. Зубов / Н.И. Хальдеева, op. cit., p. 95.

슈고르 집단이 15.9%로 낮게 나타났다.

위턱 첫째어금니의 카라벨리 결절은 우스티-슈고르 집단이 43.9%로 가장 높았으며, 페트룬 집단이 17.2%로 가장 낮게 나타났다. 아래턱 첫째어금니 고랑유형 중 '6'도드리형의 발현율은 유즈니에 집단이 7.0로 가장 높게 나타났으며 소꼴로보 집단이 2.0%로 낮게 나타났다. 아래턱 첫째어금니 고랑유형 중 '4'도드리형의 발현율은 페트룬 집단이가 12.6%, 키피예보 집단이 4.6%로 각각 나타났다. 아래턱 둘째어금니의 '4'도드리형의 발현율은 키피예보 집단이 88.6%로 가장 높게 나타났으며, 소꼴예보 집단에서는 58.8%로 나타났다.

아래턱 첫째어금니의 먼족세도드리부 융기(dtc)의 출현율은 키피예보 집단이 10.4%로 가장 높게 나타났으며, 소꼴로보와 우스티-슈고르 집단에서는 0.0%로 발현되지 않았음을 알 수 있다. 혀쪽 앞도드리의 마디있는 주름(dw)의 출현율은 우스티-슈고르 집단이 16.0%로 높았으며, 소꼴로보 집단이 11.9%로 나타났다.

치아인류학 특징으로 본 본 코미-지랸 집단의 생물인류학 특징은 유럽인의 형질을 반영하고 있다고 할 수 있다. 특히 우그리아 집단과 툰드라 네네츠 집단과 뚜렷한 차이를 보인다. 하지만 러시아인과의 비교에서는 삽모양앞니, 먼쪽 세도드리부 융기, 아래턱 첫째어금니의 6도드형의 출현율은 높지만, 카라벨리 결절의 출현율은 다소 낮게 나타나 극지와 근접한 유럽 동북부 지역과 북서시베리아 지역에서는 다소 변화가 나타나는 것으로 보인다. 이 지역은 유럽-몽골로이드 사이의 혼혈이 발생하는 고리와도 같은 같은 곳으로 아시아 형질의 특징이 시작되는 곳이기도 하다. 만약 비체그다 만 남쪽 코미 집단이 몽골로이드 유전자와 가깝게 나타난다면 시베리아 삼림지대와 남쪽 삼림지대에서 종족기원을 찾을 수 있다.

종합해보면 유럽인의 형질은 비체그다만 연안 코미-지랸 집단에게서 잘 나타나고 있다. 러시아인과 발틱인 사이에서 출현한 혼혈의 모형과도 유사하다고 할 수 있다. 남쪽 코미 집단은 극지역인(핀어인)과는 형질적으로 차이를 보여 준다고 할 수 있다. 페초라만 코미-지랸 집단은 전반적으로 남쪽 집단에 가까운 생물인류학적 특성을 보여 주지만 일정정도 차이가 나타난다. 우스티-슈고라 지역의 상류 페초라 코미-지랸 집단은 몇 가지 특성에서 우그리아인과 가깝다. 이젬스키 집단은 약하지만 몽골로이드 특징을 갖고 있는데, 러시아인과의 혼혈을 통해 종족적 특성은 유럽인의 특징이 강하게 남아 있다. 페트룬과 소꼴로보에 살고 있는 이젬츠인은 서로 비슷한 형질을 갖고 있다. 단지 비체그다만 집단과는 앞니와 어금니의 축소 특성의 발현율이 높다는 점에서 차이가 난다. 이러한 특징은 북쪽 지역 대부분의 핀어인과 콜빈스키 네네츠에게서 보이는 특징이기도 하다.

〈표 6〉 카라벨리 결절(%)

구분		No.	0	1	2	3	4	5	2-5
네네츠	콜루예브섬	56	64.3	25.0	5.4	3.6	-	1.7	10.7
	카닌스키	107	53.3	27.1	8.4	10.3	0.9	-	19.6
	티만스키	45	24.5	33.3	22.3	17.8	2.2	-	42.2
	말라지믈레스키	117	48.0	34.0	15.4	2.6	-	-	18.8
	볼쉐지믈레스키	124	45.1	30.7	14.5	8.9	0.8	-	24.2
	콜빈스키	102	41.2	33.3	15.7	9.8	-	-	25.5
	유즈노야말스키	158	50.0	28.5	13.3	8.2	-	-	21.5
	나딤스키	189	67.7	21.2	4.8	5.8	0.5	-	11.1
오비-우그리아	북한티	69	18.9	44.8	18.9	17.4	-	-	36.3
	북만시	159	27.1	37.7	13.2	18.9	3.1	-	35.2
코미	이젬스키 지역	109	40.4	17.4	18.3	17.4	6.4	-	42.1
	키피예보	86	40.8	24.4	14.0	15.1	3.5	1.2	33.8
	소콜로보	71	38.0	35.2	14.1	12.7	-	-	26.8
	페트룬	81	34.6	48.2	7.4	7.4	1.2	1.2	17.2
	우스티-슈고르	41	26.8	29.3	29.3	12.2	2.4	-	43.9
	유즈니예	82	56.1	18.3	12.2	8.5	4.9	-	25.6

<표 7> 아래턱 첫째어금니 고랑유형(%)

구분	No.	Y6	+6	X6	6	Σ6	Y5	+5	5	Σ5	Y4	+4	X4	4	Σ4
1	44	13.6	-	-	2.3	15.9	36.4	13.6	31.8	81.8	-	53.9	-	2.3	2.3
2	61	8.2	1.6	1.6	1.6	13.0	36.0	21.3	24.7	85.3	-	48.9	1.7	-	1.7
3	7	-	-	-	-	28.6	-	28.6	57.2	14.2	84.8	-	-	42.3	
4	45	-	2.2	-	8.9	11.1	26.7	8.9	46.6	88.9	-	52.2	-	-	-
5	63	1.6	1.6	-	1.6	4.8	25.4	20.6	44.4	92.0	-	58.0	1.6	-	3.2
6	53	3.8	-	-	3.8	36.0	15.0	30.0	86.7	3.8	54.8	-	-	9.5	
7	120	3.3	-	-	0.8	4.1	59.2	15.9	14.2	91.8	3.3	61.1	-	-	4.1
8	141	0.7	-	-	2.1	2.8	49.6	21.3	22.0	94.4	1.4	58.7	-	-	2.8
9	44	2.3	-	-	4.5	6.8	34.1	11.4	45.4	93.2	-	64.5	-	-	-
10	96	-	2.1	-	2.1	4.2	26.1	25.0	33.2	88.4	1.1	67.7	-	1.1	7.4
11	63	4.8	1.6	-	-	6.4	49.1	14.2	19.1	87.2	-	68.1	-	3.2	6.4
12	43	-	2.3	2.3	-	4.6	25.6	32.6	32.6	90.8	-	42.2	-	2.3	4.6
13	50	2.0	-	-	2.0	4.0	34.0	12.0	38.0	88.0	6.0	63.6	2.0	-	8.0
14	47	2.1	-	-	2.1	4.2	21.2	17.2	38.4	83.2	4.2	76.2	-	4.2	12.6
15	29	-	-	-	3.4	3.4	31.0	10.4	51.7	96.6	-	15.9	-	-	-
16	71	2.8	-	-	4.2	7.0	23.9	19.7	41.0	84.6	1.4	50.0	-	5.6	8.4

1. 콜구예브섬(о-ва Колгуев) 2. 카닌스키(канинские) 3. 티만스키(тиманские) 4. 말라지믈레스키(малоземельские) 5-8. 볼쉐지믈레스키(большеземельские) 9. 북한티 10. 북만시 11. 이젬스키(Ижемский р-и) 12. 키피예보(с. Кипиево) 13. 소콜예보(Соколово) 14. 페트룬(Петруни) 15. 우스티-슈고르) с. Усть-Щугор 16. 유즈니예(южные)

<표 8> 아래턱 둘째어금니 고랑유형(%)

구분	No.	Y6	+6	X6	6	Σ6	Y5	+5	5	Σ5	Y4	+4	X4	4	Σ4	Y3	+3	X3	3	Σ3
1	26	0.0	3.8	11.6	0.0	15.4	0.0	11.5	34.7	57.8	3.8	15.3	7.7	0.0	26.8	0.0	0.0	0.0	0.0	0.0
2	54	0.0	16.7	0.0	0.0	16.7	1.8	18.5	11.1	35.1	0.0	20.4	26.0	0.0	46.4	1.8	0.0	0.0	1.8	
3	33	0.0	3.0	6.1	0.0	9.1	0.0	21.2	3.0	33.2	0.0	39.3	6.1	9.1	54.7	0.0	0.0	0.0	3.0	
4	67	0.0	1.5	0.0	0.0	1.5	4.5	10.4	12.0	28.4	0.0	34.4	25.3	10.4	70.1	0.0	0.0	0.0	0.0	
5	64	0.0	6.2	3.1	1.5	10.8	1.5	12.8	15.7	31.5	1.5	28.2	20.3	7.7	57.7	0.0	0.0	0.0	0.0	
6	29	0.0	0.0	0.0	0.0	0.0	0.0	10.4	13.8	6.9	38.0	24.2	17.1	86.2	0.0	0.0	0.0	0.0		
7	98	1.0	0.0	2.0	0.0	3.1	1.0	23.5	15.3	41.8	1.0	28.6	19.4	6.1	55.1	0.0	0.0	0.0	0.0	

8	97	0.0	0.0	0.0	0.0	1.0	0.0	13.4	14.5	32.0	2.0	38.0	21.0	4.0	65.0	0.0	0.0	0.0	1.0	2.0
9	28	0.0	3.6	3.6	3.6	10.7	0.0	10.7	7.1	28.5	0.0	28.6	28.6	3.6	60.8	0.0	0.0	0.0	0.0	0.0
10	68	0.0	0.0	0.0	0.0	0.0	0.0	7.4	4.4	13.3	3.0	51.3	25.0	7.4	86.7	0.0	0.0	0.0	0.0	0.0
11	96	0.0	1.0	1.0	0.0	2.1	0.0	4.2	5.2	10.4	8.4	44.7	28.1	6.3	87.5	0.0	0.0	0.0	0.0	0.0
12	35	0.0	0.0	0.0	0.0	0.0	0.0	5.7	0.0	11.4	17.2	43.0	22.7	5.7	88.6	0.0	0.0	0.0	0.0	0.0
13	29	0.0	0.0	0.0	0.0	3.4	20.7	6.9	34.4	3.4	41.6	13.8	0.0	58.8	3.4	0.0	0.0	3.4	6.8	
14	29	0.0	0.0	0.0	0.0	0.0	0.0	6.9	6.9	24.1	6.9	41.4	17.3	6.9	72.5	0.0	0.0	0.0	3.4	3.4
15	20	0.0	0.0	0.0	0.0	0.0	0.0	10.0	20.0	35.0	0.0	35.0	20.0	5.0	60.0	0.0	0.0	0.0	5.0	5.0
16	73	-	1.4	4.1	-	5.5	-	12.3	5.5	21.9	4.1	45.1	11.0	11.0	71.2	0.0	0.0	0.0	-	1.4

〈표 9〉아래턱 첫째어금니 먼쪽 세도드리부 융기와 혀쪽 앞도드리의 마디있는 주름(%)

구분		먼쪽 세도드리부 융기		혀쪽 앞도드리의 마디있는 주름	
		No.	%	No.	%
네네츠	콜루예브섬	30	10.0	28	39.3
	카닌스키	48	14.6	54	38.9
	티만스키	5	0.0	6	16.7
	말라지믈레스키	28	3.6	30	16.7
	볼쉐지믈레스키	41	4.9	67	19.3
	콜빈스키	44	4.6	44	22.7
	유즈노야말스키	102	10.7	111	21.8
	나딤스키	120	7.5	130	20.0
오비-우그리아	북한티	31	3.2	41	14.6
	북만시	70	7.1	82	17.1
코미	이젬스키 지역	53	1.9	61	6.6
	키피예보	29	10.4	40	12.5
	소콜로보	37	0.0	42	11.9
	페트룬	36	2.8	41	12.2
	우스티-슈고르	19	0.0	25	16.0
	유즈니예	43	2.3	58	12.1

3. 오비-우그리아(Obi-Ugria)

카라해로 흘러 들어가는 오비강 하류 지역에는 오비-우그리아어를 사용하는 한티, 만시인들이 거주하고 있다.

치아인류학 특징을 살펴보면 치아틈새 출현율은 북한티 집단(25.0%)이 다소 높게 나타났으며 북만시 집단은 14.3%로 나타났다. 날개모양 앞니도 같은 양상으로 북한티 집단은 18.6%, 북만시 집단은 12.2로 나타났다. 쐐기모양 앞니의 출현율은 북한티 집단이 15.3%로 북만시 집단 5.9% 보다 높게 나타났다. 위턱 첫째 앞니 삽모양앞니의 출현율은 북한티집단이 54.8%, 북만시 집단이 52.5% 비슷하게 나타났다. 둘째앞니의 삽모양앞니의 출현율은 다소 다른 양상인데 북한티 집단이 69.1%, 북만시 집단이 75%로 나타났다.

위턱 어금니 도드리 고랑유형 중 위턱어금니 도드리 고랑유형 중 첫째어금니의 '4'도드리형은 북한티 집단이 93.5%, 북만시 집단이 95.3%로 나타났다. 위턱 둘째어금니에서 '3·3+'도드리형은 북한티 집단이 64.5%, 북만시 집단이 67.7%로 비슷한 출현율을 나타냈다.

위턱 첫째 어금니의 카라벨리 결절은 북한티 집단이 36.3%, 북만시 집단이 35.2%로 유사한 값을 보여주었다. 아래턱 첫째어금니 고랑유형 중 '6'도드리형의 발현율은 북한티 집단이 6.8%, 북만시 집단이 2.1%로 다른 특징들과 차이를 나타냈다. 아래턱 첫째어금니 고랑유형 중 '4'도드리형의 발현율은 북만시 집단에서만 관찰이 가능하였으며 7.4%의 출현율을 나타냈다. 아래턱 둘째어금니의 '4'도드리형의 발현율은 북한티 집단이 60.8%, 북만시 집단에서는 86.7%로 차이가 나타났다.

아래턱 첫째어금니의 먼쪽세도드리부 융기(dtc)의 출현율은 북한티 집단이 3.3%, 북만시 집단에서는 7.1%로 발현되었음을 알 수 있다. 혀쪽 앞도드리의 마디있는 주름(dw)의 출현율은 북한티 집단이 14.6%, 북만시 집단이 17.1%로 나타났다.

종합해보면 오비-우그리아 집단은 코미-지랸 집단보다 형질적으로 몽골로이드의 특징이 더 강하게 남아 있음을 알 수 있다. 네네츠 집단과 비교하면 몽골로이드의 특징이 좀더 약한편이다. 한티와 만시 집단은 유전적 친연성이 가까운 것으로 보이며 위턱에서의 삽모양앞니, 아래턱 어금니의 도드리 고랑유형 그리고 카라벨리 결절의 출현율 등에서 유사한 값을 보여 주었다. 북한티 집단과 북만시 집단은 비교적 최근에 한 갈래에서 갈라진 것으로 보인다. 특히 십모양앞니의 높은 출현율과 비교적 높은 카라벨리 결절의 발현율 그리고 먼쪽 도드리부 융기의 낮은 발현율을 통해 오비-우그리아 집단의 종족 형성과정의 복잡함을 살펴 볼 수 있다.

IV. 동북아시아 집단과의 비교

삽모양 앞니는 종족집단을 분류할 때 대표적인 체질인류학 지표로 사용한다. 특히 몽골로이드 집단의 경우 100%의 발현율을 보여주기도 한다. 반면 서양인의 경우 삽모양 앞니가 나타나지 않기도 한다[26]. 흥미롭게도 이런 삽모양 앞니는 혼혈집단의 경우 거의 나타나지 않는다. 혼혈과정이 진행된 코미-지랸 집단에서도 잘 나타나고 있다.

어금니는 종족집단의 체질적 특징을 연구할 때 가장 많이 활용되는 체질

---

26) Hanihara Kazuro, "Mongoloid dental complex in the deciduous dentition," In the Proceeding of the VIIIth International Congress of Anthropological and Ethnological Science (Tokyo : Science Council of Japan 1, 1968), pp. 298-300.

인류학 자료로 인간진화의 복잡성과 변이를 설명해 줄 수 있다. 여러 종족집단의 위턱어금니에서 보이는 다양한 형태의 발현율은 아직까지 체질인류학 지표로 사용될 정도로 밝혀지진 않은 상태이다. 반면 아래턱어금니의 치아형태학 특징들은 각 종족집단을 구분할 수 있는 체질인류학 지표로 활용된다.

바렌츠해·카라해 연안 소수 원주민의 삽모양 앞니 출현율은 1.5%에서 67.2%까지 차이를 나타내고 있다. 쁘리아무르지역과 연해주 지역 종족집단의 삽모양앞니의 발현율은 34.7~63% 정도로 나타난다. 연해주 지역 한인들이 가장 높은 발현율을 보여 주며(85.1%), 에벤끼는 34.7%로 가장 낮은 결과를 보여주었다.

바렌츠해·카라해 연안 소수 원주민의 위턱 첫째어금니의 4-도드리형은 1.1%에서 22.2%로 다소 높게 나타났다. 코미-지랸 집단의 낮은 발현율은 동북아시아 지역 집단과 같은 양상을 보여준다. 연해주 지역 원주민들의 위턱 첫째어금니의 4-도드리형은 2.6% 정도이며, 혼혈집단은 다소 높은 6.7%를 나타낸다. 이런 4-도드리형태는 위턱 둘째어금니에서는 원주민이 47.4%로 높아지며 혼혈집단도 36.9%로 높아지는 것을 볼 수 있다.

바렌츠해·카라해 연안 소수 원주민의 위턱 첫째어금니의 3+, 3도드리형은 극히 낮은 발현율을 나타냈는데, 동북아시아 집단에서도 대부분의 연해주 지역 종족집단의 경우 출현하지 않았고 단지 우데게 그룹에서 6.5%의 발현율을 보였다. 아래턱 첫째어금니의 6도드리형은 몽골로이드와 혼혈집단에서 발현율이 높은 편이며 유럽종족집단에서는 발현율이 낮은 것으로 나타났다. 바렌츠해·카라해 연안 소수 원주민의 아래턱 첫째어금니의 4도드리형은 1.7%에서 42.%로 나타났는데 동북아시아 집단과 비교해 상당히 낮은 발현율이다. 반면 동북아시아 지역 개별 집단의 조사 결과를 살펴보면 우데게-러시아인 혼혈집단이 30.8%, 우데게-나나이족 혼혈집단이 27.8%로 나타났다.

아래턱 첫째어금니 먼쪽 세도드리부 융기는 세도드리부에 융기가 존재하는지 여부로 조사결과가 표시된다. 이 특징도 종족 집단의 주요한 체질인류학 지표로 사용된다. 유럽종족집단에서는 5%의 발현율이 최고치일 정도로 거의 출현하지 않는다. 반면 몽골로이드 집단에서는 30%정도까지 발현하며 그 중 한국인에게서 가장 높은 발현율을 보인다. 바렌츠해·카라해 연안 소수 원주민의 먼쪽 세도드리부 융기 발현율은 0.0%에서 14.6% 나타났는데 동북아시아 지역과 비교하면 극히 낮은 발현율이다. 반면 동북아시아 집단의 아래턱 첫째어금니 먼쪽 세도드리부 융기의 발현율은 17.5%에서 48.6%로 비교적 높게 나타난다. 남쪽에서 북쪽으로 갈수록 발현율이 낮아지는 경향을 보이는 것이 흥미로운 점이다[27]. 동북아시아 집단의 아래턱 첫째어금니 마디 있는 주름의 발현율은 29.4%로 평균 정도에 해당되며, 혼혈집단은 다소 낮은 20%의 발현율을 보였다. 이 특징은 주로 몽골로이드와의 접촉이 있었던 곳에 나타나는 것으로 보인다.

연구결과 지리적으로 멀리 떨어져 있는 바렌츠해·카라해 연안 소수 원주민과 동북아시아 집단사이의 형질적 친연성을 살펴보는 것은 무리가 있다. 하지만 치아에서 보이는 몽골로이드 특징인 삽모양 앞니, 아래턱 첫째어금니의 6도드리형, 그리고 아래턱 첫째어금니의 마디 있는 주름의 높은 발현율을 통해 유라시아 대륙의 주민 이동과정과 형성과정에 대한 정보를 제공할 수 있게 되었다.

---

27) Scott G. Richard / Turner II G. Christy, The anthropology of modern human teeth (New York : Cambridge University Press, 2004), p. 382.

〈표 10〉 동북아시아 집단과의 비교(%)

구분	특징								
	1	2	3	4	5	6	7	8	9
콜루예브섬	38.5	-	10.7	5.2	2.3	2.3	0.0	10.0	39.3
카닌스키	51.8	-	19.6	3.0	-	1.6	0.0	14.6	38.9
티만스키	67.2	-	42.2	22.2	-	-	9.1	0.0	16.7
말라지믈레스키	46.4	-	18.8	5.2	-	8.9	10.4	3.6	16.7
볼쉐지믈레스키	46.5	1.6	24.2	2.7	-	1.6	7.7	4.9	19.3
콜빈스키	24.0	2.6	25.5	3.4	-	-	17.1	4.6	22.7
유즈노아말스키	51.0	1.9	21.5	4.7	-	0.8	6.1	10.7	21.8
나딤스키	45.3	0.5	11.1	5.1	-	2.1	4.0	7.5	20.0
북한티	54.8	3.4	36.3	4.9	-	4.5	3.6	3.2	14.6
북만시	52.5	2.4	35.2	2.0	1.1	2.1	7.4	7.1	17.1
이젬스키	17.0	-	42.1	1.1	3.2	-	6.3	1.9	6.6
키피예보	3.0	1.1	33.8	-	2.3	-	5.7	10.4	12.5
소콜로보	1.5	-	26.8	1.3	-	2.0	0.0	0.0	11.9
페트룬	5.2	4.5	17.2	-	4.2	2.1	6.9	2.8	12.2
우스티-슈고르	5.1	-	43.9	2.7	-	3.4	5.0	0.0	16.0
유즈니예	20.2	-	25.6	1.1	5.6	4.2	11.0	2.3	12.1
나나이	51.1	7.4	27.0	89.5	1.8	18.0	0	31.7	21.0
오로치	62.3	5.0	23.0	66.7	8.5	8.6	1.3	20.0	17.4
울치	61.3	5.0	23.3	89.7	0	26.3	6.4	17.5	38.4
니브히	63.0	3.3	17.1	88.0	2.1	15.6	-	22.2	9.0
우데게이	51.2	0	27.3	73.1	0	50.0	-	21.0	26.3
에벤키(퉁구스)	34.7	4.0	34.8	85.0	12.1	15.1	28.0	13.3	33.3
에스키모	65.0	5.0	17.0	32.9	0	11.1	0	48.6	20.0
부리야트	79.0	4.1	4.0	78.0	0	18.8	28.6	20.7	17.3
한국인	85.1	3.8	-	61.0	0	19.8	27.8	38.4	41.4
중국인	89.6	2.0	7.4	43.7	3.5	15.5	84.9	-	5.9

1. 삽모양앞니 2. 쐐기모양 치아 3. 카라벨리결절 4. 위턱 둘째어금니 4-형 5. 아래턱 첫째 어금니 4도드리형 6. 아래턱 첫째어금니 6도드리형 7. 아래턱 둘째어금니 4도드리형 8. 아래턱 어금니 먼쪽 세도드리부 융기 9. 아래턱 어금니 혀쪽 앞도드리의 마디있는 주름

V. 맺음말

바렌츠해·카라해 연안 소수원주민인 네네츠, 코미-지랸, 오비-우그리아 집단의 치아인류학 특징은 다음과 같다.

네네츠 집단은 복잡한 양상을 띠고 있는 있는데, 몽골로이드의 특징이 어느 정도 영향을 끼쳤는지에 따라 지역에 따른 차이가 나타난다. 몽골로이드의 특징이 강한 곳은 카닌스키 툰드라와 콜구예보 섬 지역 네네츠 집단이다. 이 지역은 삽모양앞니, 혀쪽 앞 도드리의 마디있는 주름, 아래턱어금니의 6도드리형, 먼쪽 세도드리부 융기의 높은 발현율을 보여 준다. 반면 카라벨리 결절, 아래턱 어금니의 4도드리형의 낮은 출현율을 통해 유럽인의 형질을 잘 나타내고 있다.

코미-지랸 집단은 뚜렷하게 유럽인의 형질을 보여 주고 있으며 우그리아인과 특히 툰드라 네네츠인과도 구별된다. 러시아인과의 혼혈을 통해 다양한 치아인류학 특징이 나타나는 지역이라 할 수 있다. 유럽인과 아시아인의 혼혈을 이어주는 고리와도 같은 지역이므로 이지역의 치아인류학 특징을 한마디로 정의하긴 어렵다.

오비-우그리아 집단에서는 코미-지랸 집단보다 몽골로이드 특징이 더 강하게 나타난다. 한티와 만시인은 서로 간에 유전적 친연성이 높아 치아에서도 유사한 양상을 보여 준다. 삽모양앞니의 높은 발현율과 낮은 카라벨리 결절의 출현이 대표적인 특징이다

북극해 연안 소수 원주민 집단의 문화는 동아시아의 다원적 문화구조의 주요한 토대를 이루고 있다. 이런 연구를 통해 큰 틀에서의 북극해 환경보호에 기여 할 수 있으리라 기대한다. 또한 한국인의 기원문제를 논의하기 위해서는 좀 더 자료가 축적되고 융복합연구가 꾸준히 진행될 때에만 더 확실한 해답을

얻을 수 있을 것이다.

　지리적으로 멀리 떨어져 있는 집단 간의 비교를 통해 종족 집단간의 이동과 주민 형성과정에서의 혼혈과정이 치아인류학 특징에 어떻게 나타나는지를 살펴보았다. 유전자 영향이 강한 치아를 통해 종족집단 간의 체질적 특성을 설명하는 것이 매우 유용하게 사용될 수 있음을 보여 준다는 점에서 고고학과 체질인류학 분야에서 좀 더 활용되기를 기대한다.

<참고문헌>

김정훈, 북극권의 인문지리 현황 분석: 러시아를 중심으로, 『한국 시베리아연구』 제24권 4호, 2020.

김희진 · 허경석 · 강민규 · 고기석, "한국인 앞쪽니와 큰어금니의 비계측 특징과 다른 종족들과의 비교," 『대한체질인류학회지』, 대한체질인류학회, 제13호, 2000.

라미경, 기후변화 거버넌스와 북극권의 국제협력, 『한국 시베리아연구』 제24권 1호, 2020.

박선주, "우리 겨레의 뿌리와 형성," 『한국 민족의 기원과 형성』, 서울: 소화, 1997.

방민규, "시베리아와 극동지역 소수민족의 치아인류학 특징" 『한국 시베리아연구』, 배재대학교 한국-시베리아센터, 제21권, 2호, 2017.

방민규, "북극해 연안 소수민족의 치아인류학 특징" 『한국 시베리아연구』, 배재대학교 한국-시베리아센터, 제22권, 2호, 2018.

배규성, 러시아 북방 토착 소수 민족의 법벅 권리: 법적 규범과 현실, 『한국 시베리아연구』, 배재대학교 한국-시베리아센터, 제 24권, 2호, 2020.

원석범, "19세기 부랴트족의 가정에서의 소유관계," 『한국 시베리아연구』, 배재대학교 한국-시베리아센터, 제 13권, 2호, 2009.

예병환, 러시아 내륙수운 현황 및 활성화 방안연구, 『한국 시베리아연구』 제24권 3호, 2020.

이양경, 최우익, 러시아 야말로네네츠자치구의 기후변화 대응 거버넌스 연구, 『한국 시베리아연구』 제24권 3호, 2020.

허경석 · 오현주 · 문형순 · 강민규 · 최종훈 · 김기덕 · 백두진 · 고기석 · 한승호 · 정락희 · 박선주 · 김희진, "한국 옛사람과 현대사람 치아의 체질인류학적 특징," 대한체질인류학회지』, 대한체질인류학회, 제12호, 1999.

Loring, C. Brace & Alan, S. Ryan. "Sexual dimorphism and human tooth size difference." Journal of Human Evolution Vol. 9, 1980.

Percy, M. Butler. "Studies in the mammalan dentition - Differentiation of the postcanine dentition." Proceeding of the Zoological Society Vol. 107, 1939.

Albert, A. Dahlberg. "The paramolar tubercle (Bolk)." American Journal of Physical Anthropology Vol. 3, 1945.

Stanley, M. Garn & Arthur, B. Lewis and Rose, S. Kerewsky. "Size interrelationships of the mesial and distal teeth." Journal of Dental Research Vol. 44, 1965.

Hanihara Kazuro, "Mongoloid dental complex in the deciduous dentition." In the Proceeding of the VIIIth International Congress of Anthrological and Ethnological Science, Tokyo : Science Council of Japan 1, 1968.

Hanihara Kazuro. "Morphological pattern of the deciduous dentition in the Japanese-American hybrids." Journal of the Anthropogical Society of Nippon Vol. 76, 1968.

Hrdlička Aleš. "Shovel-shaped teeth." American Journal of Physical Anthropology Vol. 3. 1920.

Iscan, M. Yasar. "The emergence of dental anthropology." American Journal of Physical Anthropology Vol. 78(1), 1989.

Jordan, E. Ronald. Abrams, Leonard and Bertrams, S. Kraus, Dental Anatomy and Occlusion. 2nd ed., Baltmore : The Williams & Wilikins Company, 1992.

Coenraad, F. A. Moorrees, The Dentition of the Growing Child. Cambridge, Mass.: Harvard Univ Press, 1959.

H. J. Keene, "Distribution of diastemas in the dentition of man," American Journal of Physical Anthropology (Vol. 21, 1963), pp. 437-441.

Scott, G. Richard and Turner II, G. Christy, The anthropology of modern human teeth.. New York : Cambridge University Press, 2004.

Turner II, G. Christy, "Late Pleistocene and Holocene population history of the East Asiabased on dental variation." American Journal of Physical Anthropology Vol. 7, 1987.

Зубов, А. А. Одонтология. Методика антропологических исследований. М.: Наук а, 1968.

Зубов, А. А. / Хальдеева, Н. И. Этническая одонтология, Москва: Наука, 1989.

Зубов А. А. / Халдеева, Н. И. Одонтология в современной антропологии, Москва: Наука, 1989.

Зубов, А. А. Методическое пособие по антропологическому анализу одонтологических материалов. Москва : ЭТНО-ОНЛАЙН, 2006.

Левин, М. Г. Этническая антропология и проблемы этногенеза народов Дальнего Востока-Труды ИЭ АН СССР, Москва: Издательство Академии Наук СССР, 1958.

Марков, С. Н. Летопись Аляски. — М.: Русский центр «Пересвет», 1991.

Пан, минкю. "Проблема происхождения населения Корейского полуострова по данны м одонтологии." Автореф. дис. канд. биол. Наук, Москва, 2009.

Хальдеева, Н. И.. "Буряты, Хакасы, ДальныйВосток," Этническая одонтология СССР. Москва : Наука, 1979.